星山隆
Hoshiyama Takashi

日本外交からみた宇宙

地球の平和をいざなう宇宙開発

作品社

まえがき

本書の狙いは、宇宙を語る際に比較的なじみのある科学技術からの切り口ではなく、宇宙開発を外交・安全保障という視点から俯瞰することにより、読者の方に宇宙と外交を理解してもらうことにある。宇宙や宇宙開発という場合によく連想するのは、ロケット打ち上げの成功、宇宙飛行士の活躍、「はやぶさ」による小惑星探査成功、火星や金星などの探査、最近ではニュートリノ振動の発見によりノーベル物理学賞（二〇一五年）を受賞した梶田教授の偉業などであろう。しかし、こうした画期的な研究や技術開発の成功について個々に掘り下げていく切り口では宇宙開発全体のイメージは時につかみにくいといううらみがある。本書では、宇宙開発が「多面的」であるという特徴を踏まえて、外交、安全保障という角度から宇宙開発を横串に刺すことによりその実像をとらえようと試みた。

我が国では、二〇〇八年に宇宙基本法を制定し、宇宙利用の拡大を図るとともに、宇宙の軍事利用を解禁し、新しい宇宙開発時代を迎えることとなった。それまでは宇宙開発を外交、安全保障の視点からみることはほとんどなく、科学技術の視点からみることが一般的であった。実は、宇宙研究開発が「多面的」である理由の一つに宇宙技術の「軍民両用」がある。同じ技術が軍事用にも、民生用にも使える両用技術であるということである。我が国の宇宙開発はその開始以来すでに六十年以上がたつが、宇宙関係者の間では宇宙開発を外交や防衛の視点から見ることにまだ戸惑いがあるようにも感じる。ロケットや人工衛星の開発にしろ、国際宇宙ステーションの運用にしろ、宇宙ビジネスの振興にしろ、宇宙開発は国際競争や国際協力の側面が強い。また、軍事的意味合いも見え隠れしている。宇宙開発がもつ外交的、安全保障的意味を理解しておくことは我が国の今後の宇宙政策を考える上でも有用であろう。

宇宙利用が世界的にますます拡大する趨勢の中で、文部科学省、総務省、経済産業省といった従来の政府関係者のみならず、外交や防衛にかかわる人々にとっても宇宙開発がもつ意味を理解する必要は増していると思われる。また、宇宙研究開発に携わる人々にとっても自らの業務が外交・安保とどのように関わりをもっているのかを知っていることが望ましいだろう。

本書は、このような問題意識から、安全保障、外交、国際公益への貢献という三分野から宇宙と外交の関係を解説し、外交的視点から宇宙を鳥瞰している。記述に当たっては、宇宙開発の技術には深入りせず、また同様に、外交についてもなるべく詳細に入らずグローバルな視点でとらえることを心掛けた。

あらかじめ一点お断りしておきたいのは、宇宙研究開発の目的は多様であり、外交・安全保障のために役立つという点はその一つの側面にすぎないということである。本書は、宇宙開発を外交・安全保障の側面から論じることを目的としているので、ややもすると宇宙開発は安全保障のため、軍事目的のためにある、もしくはそこに重きがあるのではないかと一面的に受け止められてしまうことを懸念する。本書全体を読んでいただければわかるように、宇宙開発は日本の平和と繁栄、そして国際社会の発展に貢献しているというのが筆者の主張であり、我々の生活や安全に大いに役立っているし、その役割は今後ますます高まるものと考えている。他方、宇宙開発に軍事的側面があり、そこだけ平和利用から切り離すことができないという国際社会の現実はあるが、それだからこそ、宇宙開発やそれをめぐる外交の役割が日本、そして世界を平和に導いていく上で重要であるというのがもう一つの主張である。本書の副題を「平和へのいざない」としたのはこのためである。

筆者はもともと外務省の職員であるが、二〇一三年から二〇一五年にかけて宇宙航空研究開発機構（JAXA）に出向し、外交実務と宇宙開発の国際実務の双方を経験する機会を得て、国家政策としての宇宙開発を考えることができた。JAXAに出向したこの二年半の間に、外交と宇宙が絡むさまざまなテーマについて、大学や研究所において講義を行ったり、いくつかのホームページに寄稿したが、そこでの内容を整理し直したのが本書である。したがって、ひとつひとつのテーマは一話完結となっており、どの章から読んでも理解できるようになっている。一方で、一話完結であることから、宇宙技術が「軍民共用」であって、宇宙開発と軍事分野が不可分の関係にあることや、宇宙技術の進展によってさまざまな分野で国際協力が進んでいることなど重要な論点が繰り返し出てくるので、しつこいと感じる読者がいると思われるがこの点ご容赦願いたい。なお、講義や発表が早い時期のテーマについては若干古い記述があるが、重要と思われる点は最低のアップデートと補足を行った。

序章では、筆者が以前所属していたことがある世界平和研究所で、宇宙開発の現状について包括的な説明を行う機会を得たので、全体のイントロダクションとしてもってきた。この章にはその後の章で記したトピックがおおむね網羅されているので全体の要約として読んでいただきたい。

第一部の「宇宙と外交」では、宇宙開発が日本外交にとってどういう意味を持つのかを中心に論じた。第1章では、国際宇宙ステーションが外交的にいかなる意義をもつかについて、ステーションの活動や日米関係から論じた。第2章では、外交活動では国際法が重要な地位を占めるが、宇宙国際法についてその現状と特徴を検討した。また、第3章では日本企業支援が外交の任務として重要性を増している昨今、宇宙ビジネスの現状と日本外交の役割について概観した。第4章では、日本の宇宙力の高さがソフトパワーという国力の一部になっている現状とその意味について検討した。

第二部の「宇宙と安全保障」では、世界の宇宙開発、宇宙利用が活発化する状況で、世界、アジア、日本において宇宙開発がどのように進んでいるのかについて、特に軍事利用を念頭に概観した。まず、第5章では、日本の宇宙基本計画の中で安全保障がどのように位置づけられているのかをみた。次の第6章では、宇宙分野における米中関係が世界的に注目される中、米国議会における専門家の証言を拾って中国の宇宙開発の現状を俯瞰した。また、第7章では、アジア各国の宇宙開発がどういう状況にあるのかを概観した。

第三部の「宇宙と地球規模課題」では、宇宙技術が国際公益にどう役立っているのかについて、災害(第8章)、気候変動(第9章)、農業(第10章)、エネルギー(第11章)の各分野に分けて論じた。宇宙技術が地球規模課題に役立つようになったのは最近のことである。この分野における国際貢献は、限られた宇宙先進国だけができるものであり、日本はその数少ない国である。単に国際貢献として重要であるのみならず、日本の外交を下支えするものであり、平和で繁栄する国際秩序の構築に役立つという視点が重要である。日本の宇宙開発においては今、「安全保障の確保」と並んで、「利用の促進」が重点課題になっているが、利用の促進という場合、ビジネス振興につながる点が強調されがちであるが、本書では、地球規模課題という国際公益に貢献するための「利用」促進も同じく重要であるという外交的視点を強調している。

ところで、外交と安全保障の意味の違いについて、あらかじめ説明しておきたい。「外交・安全保障」という二つの用語をつないで、ほぼ一体のものとして使う場合があるが、外交と安全保障を異なるものとして分けて用いることも多い。おおまかな違いを言えば、外交は軍事力を使わずに国の安全を守り、安全保障は外交のみならず、軍事力をも用いて国の安全を守ると整理することができる。

もう少し言えば、「外交」とは、国家間の国際関係における交渉や対外的な政治活動を指し、本書が扱うテーマはすべて外交活動の一部である。経済貿易、条約交渉、対外広報、軍事衝突に至る前のさまざまな交渉、災害、気候変動、エネルギーなどの地球規模課題に対処するための国際協力などは外務省が中心になって行うさまざまな対外活動に含まれる。本書を読まれる際には、外交の目的が国益を追求することであり、その国益の中心は国家と国民の安全と財産を守ることである点を頭の片隅に置いていただきたいと思う。

他方、「安全保障」は、国家・国民の安全を他国からの攻撃や侵略などの脅威から守ると定義される。かつては軍事、防衛に限定して使われたが、現在はエネルギー安全保障とか、食料安全保障などの用語にもあるように広範囲に使われることが多くなっており、「外交」との境界が曖昧になっている。現代は、国家間の対立を軍事力でなく、外交、すなわち交渉や話し合いで解決すべきというのが世界的趨勢であり、安全保障の中心には外交があるといってよいのであろう。

本書執筆に当たっては、宇宙航空研究開発機構をはじめ関係者の方に事実関係の確認など多くの協力をいただいた。この場を借りて心からお礼を申し上げたい。

最後になるが、本稿記述は個人の見解であり、二〇一五年八月まで所属していた宇宙航空研究開発機構（ＪＡＸＡ）や現在復職している外務省の見解ではない点を厳にお断りしておきたい。

日本外交からみた宇宙——地球の平和をいざなう宇宙開発　目次

序章

外交・安全保障からみる日本の宇宙開発

本章は二〇一三年四月に世界平和研究所において「宇宙と外交」の現状につき説明を行った際の内容に若干の修正とアップデートを加えたものである。世界平和研究所の会長は「宇宙開発の父」とも称される中曽根康弘元総理である。この説明の折には御出席いただいた。

我が国の宇宙開発の歴史を遡れば、戦後連合軍により宇宙開発が禁じられ、独立により解禁されたのが一九五二年です。一九五五年には東大の糸川英夫博士がロケット開発を始めました。一九五九年になり中曽根総理（現世界平和研究所会長）が第二次岸信介内閣の科学技術庁長官として初入閣したことで、初めて国家としてロケット開発を推進する方向性を打ち出し、同時に糸川博士のロケット開発研究も後押しされました。こうして宇宙後進国として日本の宇宙開発はその歩みを始めましたが、この黎明期に、中曽根科学技術庁長官が、国家として宇宙政策を推し進める枠組みをつくるという貴重なイニシアティブをとったわけです。▼1 その後五十年以上の艱難辛苦を経てようやく欧米の宇宙先進国にキャッチアップしつつあるというのが現状です。宇宙技術力を国際比較すると、図表序―1に示すように米国、ロシア、欧州が先を行き、少し離れて日本と中国が四位争いを行い、▼2 インド、カナダが追いかけてきているといったところです。これは、ロケットや人工衛星の技術、宇宙科学の先進度、有人宇宙活動といった総合的な宇宙力を比較したものです。問題の一つはようやく先頭集団が見えてきたところで、この地位をキープすることでよしとするのか、さらに先を行きトップ3レベルを目指すのかという将来の方向付けが今国家戦略として問われているということだと思います。そこのところを二〇一三年の宇宙基本計画が今後五〜十年を見越してどう表現するのか注目されましたが、厳しい財政状況が強調され、野心的な方向性は出ませんでした。宇宙基本計画[3]というのは日本政府が定める今後の宇宙政策ですが、大きな方向としては、二〇〇八年に初めて制定された宇宙基本法に従い、これまでの研究開発主導から、災害・地球環境問題・国土管理・資源探査など社会的ニーズに対応した利用、宇宙産業の育成、および外交・安全保障分野での活用を推進していくになりました。本章では、この二〇一三年宇宙基本計画の内容を検討することにより、我が国の宇宙開発が抱えているさまざまな課題を、特に外交・安全保障の切り口からみることにします。

（なお、その二年後の二〇一五年一月に宇宙基本計画が再度改訂され、国家戦略として「安全保障」を重視する方向がより明確になっている点は第5章参照。）

結論を先に述べれば、宇宙開発は、日本の外交・安全保障にとって多くの点で重要な役割を担っており、今後はさらにその重要性が高まっていくということです。

1．宇宙と安全保障

日本の宇宙力は、世界で四、五位につけているというのが現状ですが、外交、特に安全保障の観点からみると、宇宙技術の国際競争力において日本として少なくとも現在の位置から脱落することなく、さらに上を目指すことが望まれます。というのは、宇宙の最先端技術の優劣は知力や産業力における国際優位を示すだけではなく、軍事技術の潜在力でもあるからです。ご承知のとおり、日本は専守防衛を国是としているので弾道ミサイルをもちませんが、ロケットの打ち上げ能力は高い軍事能力を示すことになります。また、高度な人工衛星技術を保持していれば、脅威とみなされる国の動きを観測、偵察し、ミサイル攻撃を早期に捕捉、対応する潜在能力を示すことになります。北朝鮮の脅威が増し、核兵器所有国が多い東ア

図表序 -1　宇宙競争力指標の国別比較（2011 年）

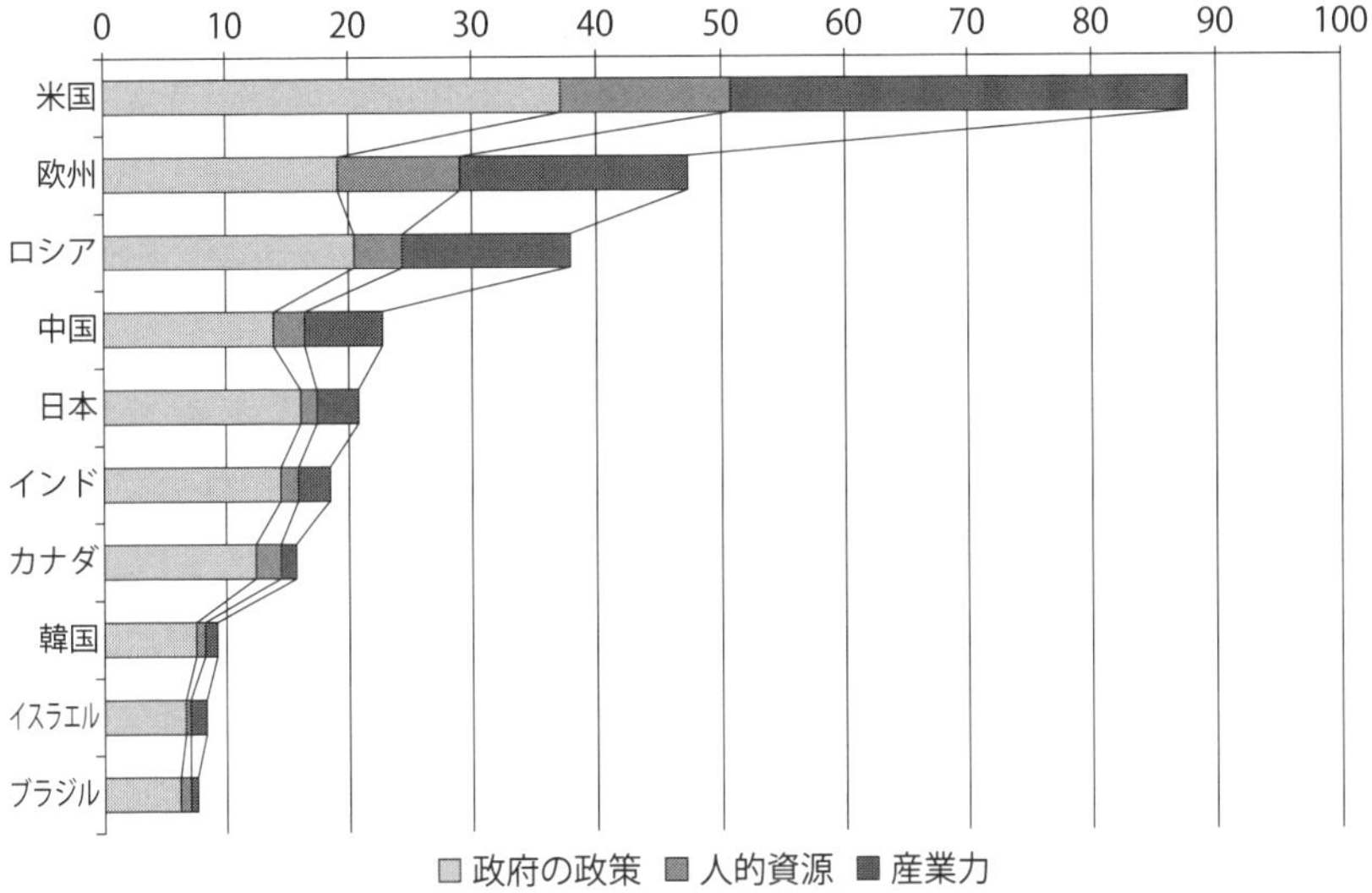

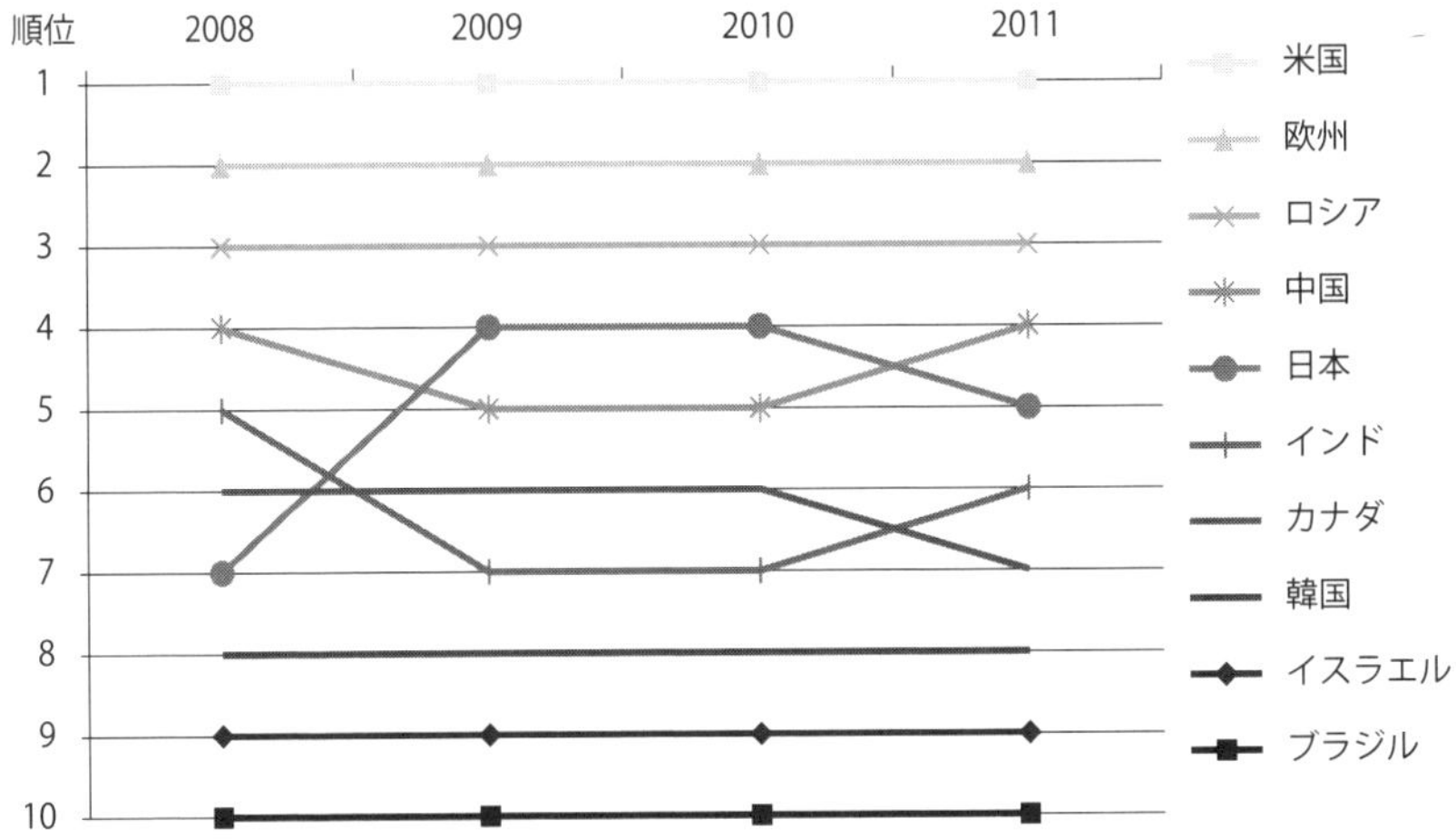

出典：SPACE NEWS, July30, 2012.

ジア地域において、日本が攻撃兵器を持たないのみならず、軍民両用技術である宇宙技術においても大きく後れをとるということは何とか避けたいところです。

こうした中、第一次安倍内閣時に、自民党河村建夫議員のイニシアティブにより宇宙基本法が与党から上程され、その後、自民党、民主党、公明党による超党派の議員立法となり、二〇〇八年の福田内閣時に成立しました。これにより、専守防衛の範囲で、宇宙の安全保障利用が認められるようになったことが重要です。

宇宙基本法は、科学技術の進展に重点が置かれていた宇宙開発の役割を拡大し、我が国の安全保障に資する開発、我が国の産業振興に資する宇宙開発、国民生活の利便に資するような利用重視の宇宙開発といった総合的な方向性を政府が国家戦略として責任をもって推進していくことを定めたものです。制定の背景には、日本をとりまく安全保障情勢が変化し、宇宙の平和利用の解釈を「非軍事」に限定することなく、国際標準である「非侵略目的」に変更し、防衛目的の軍事衛星を利用、開発する必要が高まったということがあります。

今後、防衛面での活用につき具体的にこれをどう進めていくのか、またその技術基盤をどのように強化していくのかは国家戦略として一つの大きな焦点になると思いますし、産業側もこの分野の方針につき明確な方針を期待していました。

宇宙基本法制定後初めて発表された二〇〇九年宇宙基本計画では、安全保障重視を書きこみ、軍事用の人工衛星開発の強化を含め、宇宙からの防衛力を強化していこうとの方向を明確にしました。その点、今回二〇一三年一月に発表された宇宙基本計画は、防衛面での書き込みが少ない気がします。確かに、宇宙活用の重点分野として「安全保障・防災」「産業振興」「宇宙科学等のフロンティア」の三つをあげています。政府文書は重要順に並べることが通常なので、安全保障と防災に最も高い優先順位が与えられていることとなり、そうでなくても三分野をほぼ同等とみているということになります。他方、安全保障という用語自体は軍事のみならず、外交、エネルギー、農業（食糧自給）、災害、環境、感染症などを含むかなり広い概念として使われるようになっているので、安保分野といってもその中でどう優先付けをしているのかをよくみる必要があります。

ロケットや人工衛星の技術が防衛の技術基盤として使いうることは衆知のことであり、あえてにぎにぎしく書く必要もないし、むしろ挑発的な印象を与えることのないようにとの判断があったかもしれません。あるいは、財政的な制約により、宇宙の防衛利用に割く予算的余裕に乏しいということだったものと思われます。総じて、安保に関する記述に厚みがなく、防衛利用にも資する技術基盤の維持・強化についても強調していない分、産業振興、産業技術基盤維持により大きな重点が置かれているように見えるというのが私の印象です。

どの政府文書もそうですが、ある重要な行政分野の戦略を描くというのは簡単ではありません。私もかつて外務省職員として政府開発援助（ＯＤＡ）や国際文化交流の戦略策定に参加した経験があります。政治、有識者の考えを反映させつつ、納税者である国民に対しわかりやすく、かつ明確な方向付けを書くの

▼1　「東京大学のペンシルロケット開発着手をもってわが国の宇宙科学技術開発研究のスタートラインとする見方をもってすれば、わが国の宇宙政策活動のそれは、一九五九年、当時の科学技術庁長官中曽根康弘氏の私的諮問機関として十数名の学識者委員をもって組織された『宇宙科学技術振興準備委員会』である。同委員会は約一か年の審議により『当面の宇宙科学技術研究開発計画』と題する報告を取りまとめている。」（宇宙開発政策形成の軌跡、八藤東禧、一九八三年）。その後、一九六〇年、総理府に設置された宇宙開発審議会が正式に宇宙開発政策形成活動を始めた。

▼2　日本が、中国に既に抜かれているとの見方もある。

▼3　宇宙基本計画とは、二〇〇八年に制定された宇宙基本法に基づき、宇宙開発利用に関する施策を総合的かつ計画的に推進するため、政府の宇宙開発戦略本部（本部長：内閣総理大臣）が作成する計画。五―十年の基本方針と施策を取りまとめている。これまで二〇〇九年六月、二〇一三年一月、二〇一五年一月と改訂が相継いでいる。

みならず、すべての項目を網羅する必要もあってその作業は思いのほか難しいものです。ODAを例にすると、途上国の具体的援助要請に対し、経済社会開発ニーズの大小、実行可能性、費用対効果等を吟味しプロジェクトを適切に選定、そして実施することに尽きるところがあります。予算総額も国際社会における我が国の経済力に相応した額という国際的相場観があり、外交的に援助の重点をどの国に置くのかという判断では議論がありうるものの、援助戦略策定の方程式はそう複雑ではありません。

しかし、宇宙戦略の策定は実は特に難しいものだと思います。その理由は、(1)宇宙技術が本質的に軍民両用の技術であり、日本をめぐる軍事情勢を踏まえる必要があること、(2)宇宙開発は技術開発と科学研究の両面があり、両者のバランスが計りにくいこと、(3)宇宙開発の費用は高額であり、必要な予算の相場観が国内的にも国際的にもみつけにくいこと、(4)宇宙開発から生まれてくる成果が短期的には予測しにくいこと、(5)宇宙産業はある種特殊なビジネス環境にあること、といった諸点があるからです。これら多面的な要素をバランスよく踏まえ、全体として日本の将来を見据えた中長期計画を策定するというのはどうしても大所高所の判断が重要になります。以下で右五点を簡単に敷衍したいと思います。

(1) 宇宙技術は軍民両用

言うまでもなく、ロケットや人工衛星はどの国でもやる気になれば製造できるというものではありません。日本は幸い米国から技術協力を得ることができましたが、それでも肝心な部分は軍事上の機密技術としてブラックボックスで隠されていました。それでも、これは中曽根会長のおかげでありますが、日本は自力開発にこだわり大変な苦労の末これを成し遂げたのです。一九九八年の北朝鮮のミサイル実験によって、日本は偵察衛星機能を併せ持つ多目的衛星をもつ決断をしましたが、すぐに自力で実用に供することができたのはNASDA(宇宙開発事業団、現JAXA)が民生用の観測衛星という高度技術をもっており、衛星を宇宙に運搬するロケットもあったからです。その後も、JAXA(宇宙航空研究開発機構)は狭義の安全保障分野に資する技術の研究開発にも直接かかわっていますし、観測衛星や通信衛星の高度化も安全保障に間接的に資するという意味で、長く安保の実用面で貢献してきたことになります。このようにロケットや人工衛星はさまざまな高度技術を結集した巨大システムですから、防衛にも役立つ国家基幹技術[4]として維持・強化していくことが望まれます。日本は専守防衛を国是としており、攻撃兵器としてこうした技術を使うことはできませんが、現在および将来の脅威に対抗しうる技術を保有しているというのは日本の安全にとって潜在的な抑止力としての意味をもちます。

中曽根会長は一九八〇年代半ばに、総理大臣として、現在の日米間のミサイル防衛の端緒となる戦略防衛構想（ＳＤＩ。スターウォーズ計画）への参加を決めました。政府としての参加ではなく、民間企業が研究の一部に参加ということでしたが、ミサイル防衛は今日の日本の防衛にとって極めて重要な役割を果たすに至っています。

同じく中曽根会長が当時推進者の一人となった原子力発電技術も似た側面がありました。日本政府の意図に関わらず、今も一部の外国では日本がいつか核兵器所有を狙っているのではないかという疑いをもつ声は少なくありません。日本が核兵器を持つことは現状ありえませんが、実際に日本が原子力発電の高度な技術を保有していることは日本の安全にとって一種の抑止力になっているという考え方は間違ってないと思います。

このようにロケット技術や人工衛星の最先端技術を国際情勢に合わせて常にアップデートしていくとい

▼4　二〇〇六年三月に策定された第三期科学技術基本計画において、『国家的な大規模プロジェクトとして基本計画期間中に集中的に投資すべき基幹技術』が「国家基幹技術」と定義され、総合科学技術会議が精選する。宇宙輸送システム、海洋地球観測探査システム、次世代スーパーコンピューター、Ｘ線自由電子レーザー、高速増殖炉サイクル技術、の五つ。前二者が宇宙関係。二〇一一年八月の第四期科学技術基本計画では国家安全保障・基幹技術の強化として、宇宙輸送や衛星開発および利用が掲げられている。

うのは、必要な人材プールを確保しておくことと併せて日本国民の生命と安全を守るという意味で必要な投資です。

因みに、二〇一三年宇宙基本計画で推進することが決定されたプロジェクトである準天頂衛星システムや多目的防災システム構想は、主には民生目的ですが安全保障にも役立ちます。前者は米国が提供するGPSデータの補強・補完という目的をもつ測位衛星ですから、自衛隊も他ユーザーと同様精度の高い測位システムから利益を得ることができます。また、後者は東アジア地域の観測の能力および頻度を強化し、災害の多いアジア諸国の被害を共同でかつ低コストにより観測することを狙っています。この災害システムの構想がもし実現すれば、防災が主目的でも、アジア諸国が共同で地域全般における海洋の安全航行、事故、海賊行為、紛争等の状況を覗く用途にも使いうるわけですから、将来的に地域の平和目的に資する機運を促す可能性もあります。このように、宇宙技術が本質的に軍民両用で、時に多目的に資するということが、かえって費用対効果を測る判断をむずかしくしているところもあります。

(2) 宇宙開発は技術系と科学系の両輪

一言で宇宙研究開発といっても、ロケット、人工衛星、宇宙船といったインフラの技術開発、製造を主目的とする「技術系」と、天文学、宇宙物理といった宇宙科学の学術探求を主目的とする「科学系」に分けられます[▼5]。特に、宇宙探査は双方にまたがります。前者を工学、後者を理学に区分けすることも可能かもしれませんが、実際にはその線引きはかなり相対的なものです。例えば、JAXA内には学術研究に重きを置く宇宙科学研究所があり、同研究所を中心に行った「はやぶさ」による小惑星探査は有名ですが、そこでは探査機の開発も行っており、理学と工学の双方の結集が「はやぶさ」の成功になりました。

二〇一三年宇宙基本計画では、宇宙科学研究所によるこれまでの成果を高く評価しています。私も全く同感です。特に、学術中心の開発研究は、成果が見えやすくニュース性も高いので、高い評価が得られやすい側面があります。米国でもそのような傾向が出ています。他方、ロケットや人工衛星の打ち上げは、最初の成功は劇的に取り上げられても国民が一旦打ち上げ成功に慣れてしまえば、その後は成功して当たり前、失敗すれば叩かれますし、コストの高さが強調されてしまうこともあります。先に述べた安全保障面での基盤技術であるとの国策的役割も忘れられがちです。財政事情を強調した今回の宇宙基本計画では、「技術系」と「科学系」を費用対効果の視点から比較し、技術系が相対的に厳しい評価を受けました。「技術」と「科学」は両輪であり共に重要なのですが、達成しうる成果が計りにくいことから予算配分でどうバランスをとるのかは実に難しいところだと思います。JAXA内でも戦略会議その他の場でプロジェクト比較が喧々諤々となされています。政府でもここのところを多面的な目で検証し、外交・安保、経済、技術、ビジネス等あらゆる側面を考慮し総合的に国益を見極めていく必要があります。

(3) 予算の制約

二〇一三年宇宙基本計画は、二〇〇八年の宇宙基本法が制定された後の二〇〇九年に初めて宇宙基本計画が策定されたのに次ぐものです。宇宙基本法に定めた新方針である安全保障、産業振興、国民生活の利便性向上等の面での「利用拡大」をフォローしている点は同じですが、内容を見ると三年半の間に両政府方針は大きく変化しています。前回の二〇〇九年宇宙基本計画が宇宙利用の全般的な拡大をめざし予算の大幅増を方針（五年間で二・五兆円程度）としたのに対し、今回の二〇一三年宇宙基本計画では財政難により予算増が厳しいとの認識の下、毎年度約三〇〇〇億円の宇宙関係予算の横ばい状況を継続し、分野別に

▼5　この整理には議論があるが、わかりやすく「技術系」、「科学系」とした。宇宙基本計画でも、宇宙科学を「学術としての宇宙探査」とそうでないものを区別している。

▼6　日本は一九七〇年に自国ロケットで人工衛星打ち上げに成功し、米、ソ連、仏に次ぐ四番目。

優先順位付けを行うとの方針を強く打ち出しました。その結果、産業振興、産業基盤の維持が特に強調される一方で、ロケット、人工衛星、有人宇宙利用といった「技術系」の大型案件は総合的な判断が必要とされ、実施判断について慎重姿勢を示しました。[7] ここは金額が大きいので予算との兼ね合いもあり安易に判断できないのは理解できるところですが、五―十年を見越した宇宙基本計画としては方向性を示すべきであったとの声があります。[8]

他方で、二〇一三年宇宙基本計画では比較的コストのかからない科学系の研究開発はほぼ現状どおりでいくとの判断を行っています。[9] 二〇〇九年宇宙基本計画にあった二〇二〇年頃の月探査目標も今回は記述から消えています。

また、文科省が直接所掌する国際宇宙ステーション計画（以下「ＩＳＳ」という。）も削減方針が明示されました。このプロジェクトは先に述べたミサイル防衛技術につながるＳＤＩ構想と同様に、やはり一九八〇年代半ばに中曽根会長がレーガン大統領に参加を約束して始まったものですが、紆余曲折を経てようやく日本の宇宙飛行士が活躍する現状までたどり着いています。まさに本格的な有人宇宙活動として我が国にとって初めての取り組みですが、これまで七一〇〇億円の巨費を投入している大型プロジェクトとしては、我が国の産業競争力強化につながる成果が現時点では明らかでないと判断されました。削減理由を「我が国の産業競争力強化につながる成果は現時点では明らかではなく」としている点は説明が十分とは言えず誤解を招きます。「費用対効果」も「産業力強化への裨益度」も判断基準の一部に過ぎず、宇宙開発のプロジェクトは多面的な要素をもつからです。[10] ＩＳＳ予算を削減するのであれば、それを国益比較で上回るプロジェクトは何なのかを有識者を含めて大いに議論しておく必要があります。しかし、政府の明確な方針になったからには、文部科学省、ＪＡＸＡとして削れるところは削るべきです。他方、ＩＳＳでは、日本実験棟「きぼう」での利用が二〇〇八年八月に開始されて以来、実際の活動はわずか四年半ほどであり、その実験テーマは広く国民に開かれ、採用に当たっては外部研究者により喧々諤々の議論が行われてきました。宇宙での長期滞在を可能にしたＩＳＳでは、数多くの微小重力環境での宇宙実験や宇宙観測が行われています。この実験成果が年間四〇〇億円の予算に見合っているのかの議論がありますが、「きぼう」の成果のみでなく、その他の科学・技術の成果、教育の効果、国際協力などの外交・安全保障上の利益、今後の宇宙探査に向けての人類社会への貢献といった要素を総合的に見て判断する必要があります。例えば、日本の費用分担を実行するためにH－ⅡＢロケットが開発され、「こうのとり」と愛称される宇宙ステーション補給機が開発されました。すでに三機が飛んでいます。[11]日本のランデブー・ドッキング技術により、「こうのとり」は一発でＩＳＳへと連結され、ＮＡＳＡの度肝を抜きました。こうしてＩＳＳはＪＡＸＡが米連邦航空宇宙局（ＮＡＳＡ）の信頼を獲ちとった場でもありました。我が国にとり最重要の二国間関係である日米関係の維持・強化にとっても宇宙分野は相互の信頼を高める上で大きな役割を果たしています。「こうのとり」で物資をＩＳＳに運ぶミッションは、国際約束に基づく日本として利用権に応じた負担分であり、四〇〇億円の半分程度がこの輸送費用になっています。ＩＳＳからの超小型衛星の放出という新たな試みも成功しています。また、ＪＡＸＡでは、正式プロジェクトではありませんが、「こうのとり」を利用して地上に帰還するタイプの宇宙往還機の実験を行うことも検討されていま

▼7　例えば、基幹技術である宇宙輸送システムに関しては、「基幹ロケット、物資補給や再突入、サブオービタル飛行、極超音速輸送、有人宇宙活動、再使用ロケット等を含め、我が国の宇宙輸送システムの在り方について速やかに総合的検討を行い、その結果を踏まえ必要な措置を講じる。」としている。

▼8　二〇一三年二月六日、「ＪＡＸＡ産業連携シンポジウム２０１３」において、民間企業代表者の数名が多くの施策の将来見通しが具体的でないと指摘している。

▼9　「今後も一定規模の資金を確保し、世界最先端の成果を目指す」との表現。

▼10　今次宇宙基本計画でも、「大型の宇宙探査は、国際協力を前提として外交、安全保障、産業基盤の維持、産業競争力の強化、科学技術等のさまざまな側面から判断されなければならない。」として、多面的な考慮が必要としている。

▼11　ロケット打ち上げ費用は非公表であるが、報道によると、Ｈ２Ａは八五億円―一二〇億円、「こうのとり」を運ぶＨ２Ｂは約一五〇億円といったオーダーである。

す。宇宙往還機の技術は冒頭にもお話ししたように、高度な軍事技術としても利用可能であり、JAXAも未だ成功していない難技術です。「はやぶさ」が小さいながらカプセルを地上に帰還させているのでいずれは成功できると見られていますが、こうした技術を一歩一歩積み重ねることによってのみ、さまざまな利用が実現していきます。ひいては将来に向けて一般人の宇宙旅行や無人、有人の月、小惑星、惑星探査につながっていくと思います。こうした長期的視点も宇宙の研究開発を考える上で欠かせないものでしょう。

ところで、JAXAの中では、将来技術の開発、実用化に向けた数多くのプロジェクト案、プログラム候補が存在し、予算が付くのを待っていますが、内部の競争は激しく採用されるのは容易ではありません。これは国からの補助金を待つ他の分野の科学者と同じです。毎年、JAXA理事長を中心に厳しい組織内審査が行われていますが、宇宙の開発テーマは多様であり、大げさに言えば予算ニーズは無限にあります。今後も、ユーザーでもある政府が示す政策、決定に従いつつ、JAXA自身が「利用」の拡大という国民の期待に応えるべく知恵を絞っていく必要があります。民間企業の意見を吸い上げる体制も二〇一三年三月にできました。

予算の厳しい制約と言えば、米国のNASA予算はJAXAの十倍であるにもかかわらず、やりたいプロジェクトが断念、縮小に追い込まれているそうです。スペースシャトルが退役したのも予算をほかのプロジェクトに回すためでした。こうして厳しい財政事情の中で、トータルでどの程度の予算を振り向けるべきかの相場観を見極めるのは容易ではありません。防衛装備もそうですが、これで万全ということはありません。宇宙技術（通信衛星や測位衛星）がインターネットと連携し、米国に軍事革新をもたらしました。一九九一年の湾岸戦争が有名ですが、日本も同盟国である米国との共同行動が今後さらに進んでいくことが予想される中で、宇宙利用の拡大、深化は必須と思われます。宇宙関係予算の制約が厳しければ、将来を見通した方向性は出しにくいのが現在の予算システムなので、利用を拡大するにはどうしても予算増大の方針が望まれるところです。二〇〇九年版宇宙基本計画では、計画の予測可能性[12]を重視したのに対し、二〇一三年宇宙基本計画では、毎年度、政府が宇宙開発利用に関する経費の見積もりを行うとの方針を示している点で大きな違いがあり、毎年の見直しが頻繁となれば、常に一歩先を行くべき技術開発は難しくなることが予想されます。[13]それを回避するためには、現実の政治にあたる政府と、将来技術にあたるJAXAをはじめとする開発機関がすり合わせを強化する必要があるでしょう。JAXAは宇宙に関する技術集団であり、関係企業の技術水準も把握していることから、日本の宇宙技術で他の先進国に遅れているのはどの分野か、日本が優れていてさらに伸ばすべき技術は何かを熟知しています。政府は、国家戦略としてのニーズのみならず、国民や産業界の欲するところを知っています。実はこのインターフェースに取り組む体制を充実させることが特に重要だと思います。

それでは、改めて日本の宇宙予算はどうなのかということですが、政府全体では近年三〇〇〇億円強で推移しています。図表序―2は、宇宙関係機関（民生分野）の予算ですが、米国NASAの一割、欧州ESAの四割と、日本のJAXA予算はかなり見劣りします。[14]米国の場合これと同額以上の宇宙関連の軍

▼12　第1章「宇宙基本計画の位置づけ」の中で、「人工衛星・ロケットや必要なセンサーなどの機器等の開発・調達に概ね三～五年程度の時間が必要である等、宇宙開発利用の性格上、開発から利用まで長期間に亘る場合が多く、これを継続的・計画的に推進していくためには、予測可能性を高める観点からも、長期間を見通した計画とする必要がある。」と記述。

▼13　宇宙基本法第二十四条3．では、「宇宙基本計画に定める施策については、原則として、当該施策の具体的な目標及びその達成の期間を定めるものとする。」としている。二〇一三年一月六日、「JAXA産業連携シンポジウム2013」において、民間企業代表者の数名は今次基本計画に関し、準天頂システムの導入決定を評価する一方で、その他の施策の方向性が具体的でないと指摘している。

▼14　JAXA予算は、二〇〇三年三機関統合時に予算が下がって以降、この十年約一八〇〇億円前後（補正予算を含む）で推移している。

図表序-2　米国（NASA）、欧州宇宙機関（ESA）との予算規模比較

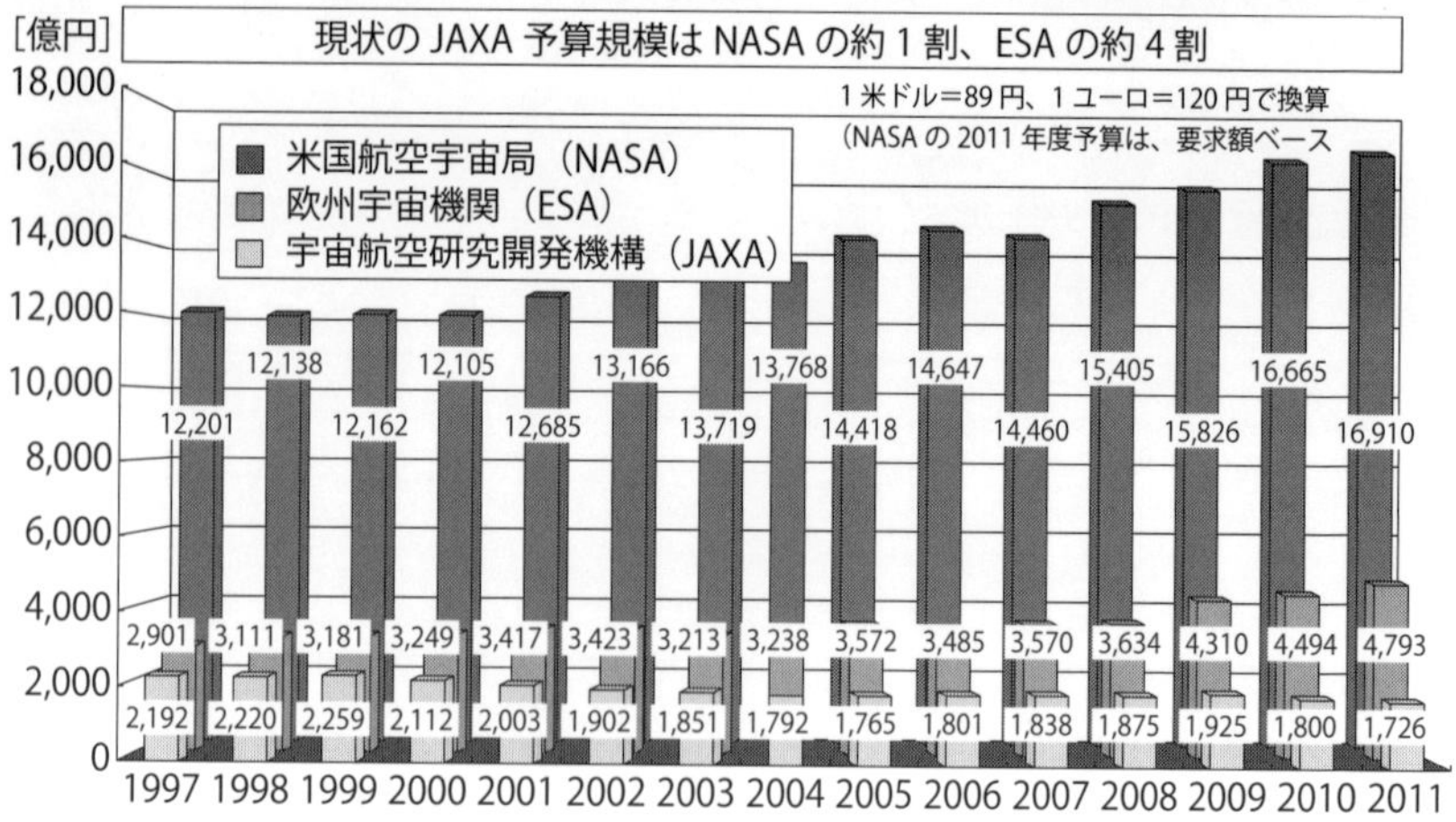

（注）米国はNASAの他にも国防省等の宇宙予算がある。

事予算があるし、欧州は別途各国が軍民利用の独自予算を持ち、軍事面では北大西洋条約機構（NATO）という機構が存在します。欧州では冷戦終了により、欧州が直接攻撃される脅威が大幅に減っているという事実も考慮に入れる必要があります。予算的劣勢は毎年積み重なっていることから、国際競争力の面からも彼我の差は広がるばかりの趨勢です。ただ、その技術開発実績を見ると予算の割にJAXAは健闘していると称賛できるのではないでしょうか。いずれにしても、日本の宇宙関係予算の半分以上を占めるJAXAの技術基盤を維持・強化しつつ、同時にあらたな政策課題である安保、防災面での利用拡大、さらには産業振興をも狙うというのであれば、予算の拡大は避けられないと思います。あと政府方針である利用拡大という点についていえば、近年、宇宙技術が地球規模課題の解決に貢献するようになってきています。防災、気候変動、農業、エネルギーなどの分野において宇宙先進国である日本がなしうる役割が大きくなっています。利用拡大というと、日本人の利便拡大、産業振興がイメージされますが、地球規模課題の解決に役立つ宇宙技術を途上国で生かしていくことも利用拡大の重要なテーマだと思います。

（４）予測困難な宇宙開発の成果

ＮＡＳＡを驚かせた日本のランデブー・ドッキング技術は、国際協力の一環としてＩＳＳに物資輸送するため新たに開発をしたものではありません。宇宙開発において将来必要になると見越して、あらかじめ開発してきたものです。この技術は、宇宙デブリ（宇宙ゴミ）を追跡して捕捉する技術にも当然応用できます。もちろん、敵国の衛星を追跡・捕捉するために使うことも可能な軍民両用技術です。

宇宙開発から、医療機器や照明装置などで使われるレーザー技術が生まれ、ＩＣ（集積回路）技術が発展したのは有名ですが、今後も多くの技術、知見が生み出されることが予想されます。おもしろいのは、予想外の方向に利用が可能になることもあるということです。例えば、製薬会社の研究者がＩＳＳにある日本の実験棟「きぼう」を利用したところ、当初は抗アレルギー薬の実験目的であったのが、筋ジストロフィーの治療薬の開発が有望であるということで研究方向が転換されました。アレルギー症や骨粗しょう症、さらにはアルツハイマーにも宇宙実験が役立ちつつあり、今後の成果が期待されています。宇宙では無重量状態なので、たんぱく質の結晶が純粋にできるということで地球上では作れない貴重な実験環境になっています。タンパク質結晶分析以外でも、生物科学、物質科学、医療科学といった分野で研究が進んでいます。

防衛面で見ると、北朝鮮のミサイル発射をいち早く探知するための早期警戒衛星の開発可能性が検討されていますが、この技術は極めて高度であり信頼できる実用化に至るまで時間がかかるようです。ＪＡＸＡなどにより別目的で開発研究が行われてきた成層圏プラットフォームという飛行船による観測▼15が北朝鮮のミサイル発射探知にあるいは利用できるのではという声も出ています。このように宇宙の研究開発はスケールが大きく、十年、二十年といったタイムスパンで将来技術を先取りしていくべき事例が少なくありません。また、ある研究開発結果が所期の目的とは異なる形で実用に供されることもあるのです。

こうした不可知性をも念頭に、先物買いで予算をつけるというのは容易でないというのも宇宙戦略策定のむずかしさだと思います。

（5）簡単ではない宇宙産業振興

宇宙産業は、大国にとって国策産業なので、通常の産業とは異なります。途上国でも特別な位置づけが与えられるケースが増えています。宇宙技術が軍事技術につながっているというのがその理由の一つです。北朝鮮が長距離弾道ミサイルの成功に国益をかけているというのはその典型例です。ロケット技術は弾道ミサイル技術につながるし、人工衛星も軍事目的に使いうるので、軍拡を抑制する視点から、ロケットや人工衛星の技術をどこまで輸出できるのかについて国際的な制約があります。また、人工衛星は一旦宇宙に打ちあがれば修理がきかない高価なインフラなので、過去の宇宙における利用実績が商売上大きくものをいうとの事情があり、日本は技術立国ではありますが、悲しいかな宇宙では後発国です。特にビジネス面での国際競争力は強いとはいえません。長く宇宙技術を軍事利用できなかったというハンデもあり、ロケット打ち上げサービスの輸出や人工衛星の製造・輸出については、品質面ではいいところまで来ていますが、コスト面では欧米や中国の後塵を拝しています。受注が多くなりある程度の量産が可能となればコストダウンが可能になりますが、製造実績、運用実績の少ない日本製品は信用の面でも優位にあるとはいえず、受注をとれないからコストも下がらないという悪循環から抜け出せていません。したがって、企業側から見て宇宙産業基盤を何とか維持していくためには国内における官需の増加に期待し、打ち上げ回数を増やすことで実績を積み上げたいというのはそうした事情があります▼[16]。

そこで、国会、政府が期待するのは、宇宙産業の振興を政策的に進めたいということで、二〇〇八年の宇宙基本法制定以来の政策課題になっています。ＪＡＸＡの位置づけといえば、「政府全体の宇宙開発利用を技術で支える中核的な実施機関」というものであり（平成二十四年改正ＪＡＸＡ法）、ＪＡＸＡ自身もその役割を担うべく、二〇〇八年以降手探りの努力を続けています。それにもかかわらず、どのような活動が可能なのか、政府の意向はどの辺にあるのかはまだはっきりしていないように思います。例えば、世界貿易機関（ＷＴＯ）や日米調達合意が存在する中で、国やＪＡＸＡが企業に直接補助金を出すようなことはできないことは明らかですし、商用衛星をＪＡＸＡと企業が共同で開発するというのも無理でしょう。

ＪＡＸＡがこれまで産業利用より技術開発に重点を置いてきたのはなぜかといえば、一言でいえば政府の方針がそこになかったということだと思います。科学技術庁という科学発展を司る官庁が監督してきたこともあるでしょうが、当時の政治的、社会的制約の中で、宇宙の技術開発力を高め宇宙先進国にキャッチアップするということが政府の優先方針であったことは自然だったと思います。また、一九六九年の国会決議以来長く続いた政府方針である宇宙の「平和利用」（軍事目的利用の禁止）という制約があったし、[17]

[15] 宇宙航空研究開発機構（ＪＡＸＡ）と独立行政法人 情報通信研究機構（ＮＩＣＴ）は、成層圏プラットフォームの研究の一環として、平成十六年「定点滞空飛行試験」を実施。世界で初めて大型無人飛行船の遠隔操縦、自動操縦による定点滞空を実施し、自律制御による機体制御技術を確立するとともに、遠隔操縦システム等の運用法を確立し、また追跡管制システムの機能・性能を実証した。

[16] この点、今次宇宙基本計画は、次のように指摘している。「日本の宇宙開発は主に新技術の開発と実用化、宇宙科学の研究といった視点から進められてきた。この結果、多額の税金を投入して開発した技術であっても商業的な競争力が乏しく、衛星やロケットは日本政府以外からはほとんど受注できていない。日本国内の企業であっても、外国から衛星を購入し、外国のロケットで打ち上げている（実際には、衛星メーカーがロケット打ち上げごと契約することが多い）など、日本の宇宙開発が必ずしも国民生活の向上や経済の発展に貢献できていない現状にある。」。

[17] わが国における宇宙の開発及び利用の基本に関する決議（昭和四十四年五月九日衆議院）
「わが国における地球上の大気圏の主要部分を越える宇宙に打上げられる物体及びその打ち上げ用のロケットの開発及び利用は、平和の目的に限り、学術の進歩、国民生活の向上及び人類社会の福祉を図り、あわせて産業技術の発展に寄与するとともに、進んで国際協力に資するため、これを行うものとする。」
この「平和の目的に限り」の文言はその後「非軍事」であると解釈された。

日米政府間にはいわゆる「日米衛星調達合意」もありました。前者で言えば、日本企業が宇宙関連の軍需品を製造できないというのは、技術的にもビジネス的にも大きなハンデです。後者の方は一九八九年に米国が、日米間の通商摩擦の際にスーパー三〇一条の適用対象として政府関連の実用衛星、すなわち、通信、放送、気象観測、測地などを目的とした衛星を国際競争入札に付すように要求したことによるものです。当時の日本の産業力では、国際競争入札に勝つのは困難で、事実上、日本は実用衛星の製造から長く撤退することになりました。その結果、右合意以降、JAXAは、実利用目的ではなく、研究開発目的の衛星設計等、新規技術の開発を志向せざるをえなくなり、企業はその製造を受け持つという官需に支えられて産業基盤を維持するという関係ができたわけです。

日本の産業規模を見ますと、宇宙機器産業の売上げでみると二六〇〇億円程度と決して大きくなく、九割が官需という状況です。ロケットは三菱重工業、IHIエアロスペース、また、人工衛星は三菱電機、日本電気（NEC）という大企業による寡占市場となっています。▼18 これらの企業は大企業ゆえに体力もあり、宇宙分野はその一部として儲けが不十分でも存続しています。技術の高度化の機会として、また最先端産業である宇宙にかかわっている企業イメージが宇宙にとどまる理由になっているとも聞きます。そうは言っても、国際市場は先発の欧米企業にほぼ独占される中、少しでもこれに入り込むことで利益を出したいというのが企業の期待ですし、宇宙基本法が狙う方向です。そしてわずかですがロケットでも人工衛星でも国際受注をとる例が出始めています。すでに述べましたように、海外へ輸出する（外需）ためには、技術、コストの優位のほか、信頼性や宇宙において人工衛星が数年から十数年きちんと働いたという実績が何よりも重要です。技術力向上や営業努力のみでは不十分であり、官需（予算）を拡大し、ロケット、人工衛星を多く飛ばし、実績を積み上げるというのが迂遠のようで早道になります。同じ予算のパイの中で、JAXAの研究開発予算を減らし、衛星購入を増やすというやり方は決して産業界の望むところではなく、国と企業の共倒れになりかねません。そうした難しさの中で、国際競争に勝つため、日本政府は宇宙分野でもパッケージ・インフラ輸出を後押しする努力が始まっています。これは他国もやっており、日本としても是非力を入れる必要があります。首相や閣僚が相手国要人に製品の売り込みを行ったり、在外公館でも大使が登場して企業支援を行うケースが出始めています。ODAや政策金融を使ったり、途上国の宇宙人材の育成を手伝うといった付加価値をつけるやり方も途上国に対しては有効です。JAXAも人材育成等で手を貸しています。

日本企業は国際競争面でようやくキャッチアップしつつある状況にあり、政府としてはここで更なる後押しをしたいところですが、以上のとおり簡単にはいきません。「技術開発」と「利用」は車の両輪の関係にありますが、前者は利用促進の基盤であるとの認識のもと、ここを弱めることのないよう、予算の配分についてもバランスをとって地道に進めていくのが現実的と思われます。今後、JAXAが産業基盤を維持するためにどのような役割を果たすべきなのかは大きな課題ですが、その位置づけ、方向性、予算付けは、国際情勢も踏まえて政府、JAXA双方がよくよく考える必要があるでしょう。これまでのように産業の実利用の一歩先を行く技術開発で中長期的に産業界を引っ張る役割を果たすのか、産業ともっと寄り添う形の役割を模索し民間企業との共同体的存在になるのかです。

この点、宇宙開発において、JAXAと民間企業の違いは何かという点にも触れておきたいと思います。JAXAは利潤を追求する必要がなく中長期的視野から国策技術の開発を追求できることから、商用化の

▼18　「日本国内の宇宙機器産業の売上げは研究予算にとどまる。我が国の宇宙利用（通信、放送、ナビゲーション）は、国内の宇宙機器産業とは断絶しており、外国衛星によって支えられている」（企業関係者説明）。宇宙四社の売上額が約二六〇〇億円という規模をみる目安として、三菱電機一社の総売上高は三兆五二〇〇億円（二〇一二年度予想）（「週刊ダイヤモンド」二〇一三年四月十三日号による）が参考になるかもしれない。

可能性は開発にあたっての絶対基準ではありません。これに対し、民間企業は実際にモノを作り高度の技術力をもっていますが、商用化でき利益が見込まれる技術の開発が中心になりやすく、その分短中期的視点が重視されることになります。したがって、国策として、JAXAがこれまでやってきた中長期的視点での技術開発の方向付けを行い、政府と民間企業の橋渡し役という基本的役割を維持していくことは不可欠と思います。民間企業に技術開発の役割を一部移行していくとの方向性が特に米国で出ていますが、米国内でも異論が出ており、日本が同じ道を選ぶことには慎重な議論が必要かもしれません。

同時に、JAXAと民間企業が宇宙開発においてある意味で分業体制にある点も指摘しておく必要があります。JAXAは製造を行わず、大規模プロジェクトを実現するためのエンジニアリングとマネジメントに強みと経験を有しています。民間企業は製造部門、すなわちシステム、サブシステム、コンポーネントの製造というところに強みをもっています。JAXAはシステムとシステムをつなぐ設計士であり、それを作るのは民間企業だということです。したがって、民間企業が有する産業技術基盤も重要ですが、同時にJAXAの有するシステム構築技術基盤も不可欠なのであり、合わせて車の両輪として位置付けるべきでしょう。

この観点でみると、二〇一三年宇宙基本計画では、産業基盤の維持・強化の重要性が頻繁に言及されていますが、JAXAの技術基盤維持については、直接的な言及が見当たりません。二〇一二年改正のJAXA法でJAXAが「政府全体の宇宙開発利用を技術で支える中核的な実施機関」として位置づけられたことからも、JAXAの技術基盤を維持・強化していくことは宇宙基本計画の前提になっています。他方で、JAXAの定員は二〇〇三年の三機関統合以来減員が続いています。▼19「利用」の重点方針が過度に進められ、基幹職員が新規開発ではなく、既存技術の焼き直し、運用業務に大きくシフトすることとなれば、宇宙という特殊分野での技術基盤、特に先端技術の新規開発力が弱まる恐れがある点は特に注意する必要があるでしょう。定期的に新規開発を行い、若手に大型プロジェクトの開発経験を積ませるという世代間の技術継承も必要です。開発に従事しなくなった世代を「利用」にシフトしていくことで人材の効率活用をはかることもあり得ます。ロシアでは最近ロケット打ち上げミスが目立っていますが、冷戦時代からの技術継承がうまくいっていないとの指摘もあります。

2．宇宙と外交

トータルな宇宙政策の策定がなぜ難しいかについて、五つの特徴を挙げて説明してきましたが、私の本職である外交と宇宙とのかかわりという視点からも簡単に触れておきたいと思います。

これまで宇宙の安全保障利用については少なからず触れてきましたが、衛星利用が軍事的に有効であればあるほど、いざ有事となれば、敵の衛星を破壊する戦術がとられる可能性が高まっていると指摘されています。二〇〇七年には中国の人民解放軍が衛星破壊実験を行ったとして批判され、また同時に宇宙のデブリ（宇宙ゴミ）を大量に増やしたことで物議をかもしました。敵国の衛星機能を麻痺させれば、軍のみならず、相手国国民の生活も大混乱に陥りますが、やる気になれば今でもできる技術状況になっています。実は冷戦時代にも米ソが同じ戦術をとるおそれがありました。当時は問題として意識されていませんでしたが、衛星破壊や衝突からもたらされるデブリをどうするのかも大きな国際問題になりつつあります。広大なはずの宇宙空間は高速で飛び回る多数のデブリで覆われつつあります。数百億円もの高価な人工衛星

▼19　ＪＡＸＡの常勤職員数につき十四年度の三機関統合時に一七九〇人が二十四年度一五四〇人となっている。なお、米国は四万三五〇〇人、欧州は一万一九五人（ＪＡＸＡ調べ）。宇宙基本法では第二十一条で「国は、宇宙開発利用を推進するため、大学、民間事業者等と緊密な連携協力を図りながら、宇宙開発利用に係る人材の確保、養成及び資質の向上のために必要な施策を講ずるものとする。」とし、二〇〇九年版宇宙基本計画では、「政府は、本計画に盛り込まれた施策の着実な推進のため、民間における活動の促進を図るとともに、必要な予算、人員の確保に努める。」としている。

がデブリと衝突し使用不能になるというニュースが遠からず茶の間を騒がすかもしれません。まずは、各国がデブリを極力出さないように国際的なルールを決めていく必要があります。人工衛星同士、もしくは人工衛星とデブリが衝突しそうな場合は、あらかじめそれらの動きを監視し、回避する行動をとりますがその監視能力を高める技術も必要です。この分野では米国が突出しています。また、こうしたデブリの問題をどう解決するのか、国際的な議論が行われていますが、日本としても宇宙先進国として、また重要な国際ルール作りに関与していく意味でも積極的な姿勢が望まれます。

このように、人工衛星が攻撃されて、我々の生活が突如不自由に見舞われたり、さらには戦争になるような事態を避けるのは外交の重要な役割です。同様に、宇宙空間がデブリによって激しく汚染され、人類が人工衛星から享受している利便性を損なってしまうことのないよう世界全体で取り組むルールを作るというのも外交の仕事です。

こうした努力が仮に功を奏さず、デブリが増大していけば除去衛星でデブリをあまり使われない軌道に移動したり、除去する必要が出てきますが、日本はこの技術開発では先頭集団にいます。デブリ対策は安全保障にもかかわるので、日米宇宙協力の重要テーマにもなりつつあります。こうした分野の交渉や国際協力実施も外交が直接かかわることになります。こうして外務省は、外国政府との交渉や協議全般を所掌していることから、これまでお話しした点のいくつかでも関係しています。例えば、ISSに参加する際の米国との協定の交渉、宇宙ビジネスにおける現地大使館をはじめとする政府の支援、宇宙デブリ排出などの国際ルールを定めるための国際交渉については外交の出番になります。また、これまで触れた分野以外でも、米国や欧州など先進国との安全保障分野を含む宇宙協力に関する協議も重要ですし、途上国に対する宇宙分野の支援や協力についても話し合いを行っています。途上国に対して、災害や農業分野で宇宙技術を使った援助が増える傾向がありますが、ここでも外務省とJICA（独立行政法人国際協力機構）がかかわっています。さらに、今後注意を要するのは、アジアでもある種の宇宙競争が始まりつつあることであり、その競争が軍事的要素を帯びてくるとアジアの平和が脅かされてしまいます。宇宙を平和的に、かつ長期持続的に利用していくというコンセンサスをアジアで作っていくのも、外交の重要な仕事になっています。ご承知のとおり、こうした業務に関する外務省の役割は、外国政府との間で相互の意向を確認、調整する一方で、国内の関係省庁や関係機関の意見をすり合わせて、最終的に政府としての合意を形成することです。特に重要案件である場合には総理大臣や外務大臣といった政府の要路同士の合意に持っていくためのお膳立てをする業務に多くの労力を割いているわけです。こうして、宇宙分野における海外との調整が重要性を増していることから、外務省ではこれまで宇宙関連業務を科学外交の一部として所掌していたのを切り離して、宇宙室という独立部署を二〇一二年に立ち上げ対応するようになっています。

また、外務省の業務というよりは、宇宙活動が外交に果たす役割として重要なものに地球規模課題に対する日本の貢献というのがあります。防災、気候変動、農業、エネルギーなどの分野で、観測衛星をはじめとする宇宙技術が地球的課題の解決、軽減に不可欠な役割を果たすようになっており、宇宙先進国である日本はその活躍が大いに期待されています。貢献することが責務になりつつあるといってもいいかも知れません。これらの活動を通じて、望ましい国際秩序作りに貢献するとともに、日本のイメージ向上によって日本外交を有利に展開することも期待できます。一国がもつ宇宙力というのはハードパワーでもあり、同時に国の魅力を示すソフトパワーでもありますが、このソフトパワーをどのように生かしていくのかというのも外交の仕事です。

3. 宇宙技術の重要性

宇宙基本法では、宇宙の開発および利用の重要性が時代の変化により増していることから、その役割を拡大するよう政府に求め、施策を「総合的かつ計画的に推進」すべきと定めています。同法の中では、さまざまな目的や施策を掲げており、これまで縷々述べてきたように国家戦略としてこれら多様な要請をどうバランスよく収めるのかが大変な難問になっています。このことは、二〇〇九年、二〇一三年の二回の宇宙基本計画の方向性が拡大路線か緊縮路線かで大きく相違したことからも明らかです（そして、安倍内閣の下、二〇一五年にも再改訂され、拡大と緊縮の中間に位置付けられていますが、長期的視点からの積極的な計画になっています。）。両者の違いは、宇宙の政府予算が今後拡大できるか否かの見通しに差があったことが最大の理由です。この違いにかかわらず、二〇〇九年版宇宙基本計画が示したように、予算さえあれば行うべきプロジェクトは多数存在するという認識は共通しています。

もう一点、両宇宙基本計画の間で異なる点は、ＪＡＸＡの役割をどう評価していくべきかの違いであったかと思われます。二〇一三年宇宙基本計画は、「利用」の拡大、特に産業基盤の改善に重点をおいたことから、予算が伸びない状況下、相対的にＪＡＸＡの技術基盤維持・強化に対する優先度が下がっているとの印象を受けました。この政策がどの程度の強度で行われていくかは、今後の予算状況、政府の運営方針に左右されるところ大でありますが、五年、十年の中長期で続けば大きな影響が出てしまうかもしれません。

私が本日お話ししたのは、宇宙と安全保障のかかわりが中心でしたが、宇宙の技術基盤を維持・強化していくためには、ＪＡＸＡの技術系を縮小する方向にもっていくべきではないというのが一つの問題意識です。宇宙開発技術は、軍民両用の技術であることから、専守防衛という制約を設けている防衛政策上、宇宙技術は国家の基盤として特にその維持・強化に留意することで、我が国の安全に対する一種の抑止力を維持しておくべきということです。宇宙基本法でも、「技術的基盤の研究開発の推進」が定められています。[▼20] 現在の世界情勢、そしてアジアの情勢は我が国を取り巻く防衛上の懸念を裏付けていますし、紆余曲折はあっても今後とも緊張状況が続くことに大きな変化はないと思われます。そうであれば、宇宙の技術基盤を維持・強化し、将来の安全保障、特に防衛面での活用にもつながるような技術開発には必要な考慮が払われるべきだと思います。宇宙の技術開発には特に長い時間がかかるので、備えは早めに行っておく必要があります。

そこで提案したいのは、宇宙基本計画でも掲げている二大目標である「宇宙利用の拡大」と「自立性の確保」の関係につき、今一度整理してみてはどうかということです。両宇宙基本計画の体裁をみると、「利用の拡大」を軸にどのようなプログラムに優先を置くかを検討していますが、もう一つの軸として「技術の自立性」を立ててみてはどうかということです。日本がもつ宇宙技術において、どこが強く、どこが弱いのかを徹底的に洗い、強い部分をさらに伸ばし、弱い部分のキャッチアップを図るのです。縦軸として「利用の拡大」を置き、分野別に重点プログラムを見るのと並行して、横軸として「技術」を置き、国際競争力の視点から足りない技術基盤を強化するとの両軸併用のアプローチをとるのです。

全く別の言い方をすれば、国家基盤技術の維持・強化を最優先とし、このための予算枠はあらかじめ一定額確保するやり方をとることで、同じパイを、「技術」と「利用」が奪い合うことのないようにするのです。こうして「技術」と「利用」がなるべく二律背反にならないように政策のかじ取りをすることで、宇宙基本法の理念を達成することは可能だと思います。

基盤技術の最優先と安保の重視という私の考え方は、今までも述べてきたように宇宙開発の多面性からみれば、必ずしもバランスあるものとは言えないかもしれません。議論が百出するのは宇宙政策の宿命としてやむを得ないでしょう。幸いにも、宇宙開発をどのように進めるのかという国家戦略を構築する体制

▼20

（信頼性の維持及び向上）

第十七条　国は、宇宙開発利用に関する技術の信頼性の維持及び向上を図ることの重要性にかんがみ、宇宙開発利用に関する基礎研究及び基盤的技術の研究開発の推進その他の必要な施策を講ずるものとする。

（先端的な宇宙開発利用等の推進）

第十八条　国は、宇宙の探査等の先端的な宇宙開発利用及び宇宙科学に関する学術研究等を推進するために必要な施策を講ずるものとする。

は宇宙法の制定以降の体制整備によって整いつつあるわけであり、今後は各界からの代表者、有識者によりバランスある議論が進むことがより期待できる状況にあります（二〇一四年一月には内閣に国家安全保障局が設置され、より戦略的な国家政策が立案できる体制ができた）。先ほど述べた縦軸の「利用」と横軸の「技術」という両面からプロジェクトを見るやり方を採用するのであれば、技術サイドと政策サイドのすり合わせが今まで以上に重要になります。技術サイドではJAXAと民間企業が蓄えてきた技術力と経験が中心となるでしょう。政策集団と技術集団が調整能力と信頼を高めることにより、最大の成果が生まれることが期待できます。

最後になりますが、宇宙の将来につき明るい展望を描いてみたいと思います。地上では経済が発展すればするほど、それを破壊する戦争行為を忌避する世論の高まりがあります。核兵器はあまりの破壊力の大きさゆえに、広島、長崎以降「使えない兵器」、「使ってはいけない兵器」という認識が積み重なって来ています。それでは宇宙はというと技術進歩によって宇宙利用の重要性が高まり、人類の生活利便に欠かせなくなればなるほど、人工衛星を破壊するような行為は人類への敵対行為であるとの認識が高まっていく可能性があります。何となれば、宇宙技術は、ハードパワーでもありますが、大いなるソフトパワーでもあるからです。ISSでは米ロを含む十五の先進国による国際協力が続いていますが、協働を通じ宇宙のすばらしさと怖さが共通認識として醸成されてきています。巷間言われるように、宇宙を（陸、海、空に次ぐ）第四の戦場にしないよう、国際社会が一致してルールを作っていかなくてはなりません。宇宙を平和の空間にしなくてはならないとする国際機運は確かに存在しますし、少なくともISSに参加する十五か国に生まれたそのような空気を世界全体に広げるという新たな外交的挑戦が始まっています。そうした挑戦に日本が関与していくための外交力の裏付けとしても、宇宙の技術基盤は大事なのです。

中曽根会長が政治家になられた目的は、日本の科学技術を発展させるためであり、そして日本が戦争に負けたのは科学技術の差であったと考えていたと伺いました。私の説明を終えるにあたり、中曽根会長のお言葉を引用させていただきます。日本政府、そしてＪＡＸＡが会長の含意を実践できれば、日本の宇宙開発は引き続き有望だし、日本ひいては世界の平和に役立つことができると思います。

「科学技術と一言で言いますが、私は科学は基礎で神経に相当し、技術は骨や肉にあたると考えています。当然、日本は両方を推進することが大切です。宇宙に関しても、科学と技術の両方が不可欠です。」

「今、科学技術は、〝役に立つ〟ことを求められていますが、目先だけの利益を考えたら科学技術は伸びません。外から目標を決められるのではなく、〝誰が何と言おうとこれをやる〟という信念を専門家が持つことも重要でしょう。[21]」。

（二〇一三年四月記）

▼21　「日本の宇宙産業」vol.3（宇宙航空研究開発機構発行）

第一部

宇宙と外交

第1章　国際宇宙ステーションと日本外交

本章では、国際宇宙ステーション（International Space Station、以下「ＩＳＳ」という。）という人類にとって初めてとなる「国境のない場所」での国際協力プロジェクトが日本外交にとっていかなる意味合いをもつかにつき紹介する。国際宇宙ステーションと聞いて我々が通常イメージするのは、宇宙飛行士が微小重力空間で活動する様子であったり、地球の子供たちと交信する姿である。宇宙船から見る青い地球も印象的である。そこに外交・安全保障と意義づけがあるといわれてもピンと来ないかもしれないが、実は重要な意味があるのである。

結論を先に述べると、ＩＳＳは、①日米関係の強化に役立っている、②価値を共有する国々と共に好ましい安全保障環境を醸成する一翼を担う、③日本の防衛力向上にも資する基幹技術を涵養している、④国際平和や宇宙探査といった国際公益に貢献することで日本のソフトパワーを高めている、といったように多様である。現在の数ある宇宙活動の中でも、国際平和に貢献している最たるものがＩＳＳであるというのが筆者の見方である。

併せて、ＩＳＳ計画のリーダーである米国がかつて宇宙分野で日本にいかなる協力を行ってきたかをふりかえることで、宇宙協力が現在の日米関係の重要な構成要素としてつながっている状況を俯瞰する。最後に、今後ＩＳＳはどうなっていくのか、日本はどう関わろうとしているのかというＩＳＳ延長問題について現状をみるとともに、ＩＳＳのあとの国際宇宙協力はどうなっていくのか、すなわちポストＩＳＳを概観することで、改めてＩＳＳの意義や国際宇宙協力の意味について考えてみたい。

１．多目的の国際宇宙ステーション

宇宙空間に浮かぶ国際宇宙ステーション（ＩＳＳ）は、地上約四〇〇キロ・メートル上空に建設された人類史上最大の宇宙施設であり、サッカー場くらいの大きさである。航空機が飛行するのが地上十キロほどであるから、遠いといえば遠いが近いといえば近い距離である。条件がそろえば、日の出前と日没後の二時間ほどの間に地上から肉眼で見ることができ、金色に輝く蛍が飛ぶように、薄明りの空を駆け抜けていく。実は浮かんでいるのではなく秒速約八キロ、一周約九十分のスピードで地球の周りを回っている。また、その中は地上の一〇〇万分の一ほどの重力しかなく、各種の宇宙放射線が降り注ぎ、その周辺には大気がほとんどない。こうした特別な環境を利用して、宇宙での実験・研究や地球・天体の観測などを行うプロジェクトが国際宇宙ステーション（ＩＳＳ）計画である。科学・技術をより一層進歩させ地上の生活や産業に役立てることを目的としている。ＩＳＳ計画にはアメリカ、ロシア、ヨーロッパ、カナダ、日本の十五か国が参加しており、各国が最新技術を結集したこの国際プロジェクトに、日本も日本実験棟「きぼう」や宇宙ステーション補給機「こうのとり」（ＨＴＶ）などで参加している。

実は、一言で宇宙研究開発といっても、宇宙の広大さ、深遠さに比例するように多様な意義、目的を包含しており、見る視点、角度によってその評価が異なることから、各プロジェクトの全体評価を行うのは大変難しいという特徴がある。とりわけＩＳＳプロジェクトは多面的である。主なものを挙げれば、（i）医療や素材産業に役立つビジネスの視点からの研究成果、（ii）人類の起源、宇宙の神秘を解明する宇宙科学分野での成果、（iii）人類による火星探検への一里塚としての技術成果、（iv）宇宙の神秘に夢を抱き未来の科学技術を担う若者への教育効果といった顔である。例えば、日本政府は、ＩＳＳの成果について、表１－１のように指摘している。

表 1-1　文科省から見た ISS 計画参加の成果▼1

(1) 有人・無人宇宙技術の獲得・発展 参加しなければ獲得できなかったさまざまな宇宙技術（宇宙滞在・活動技術、搭乗員関連技術、有人運用技術、物資補給技術、それらを支える基盤としての大型システム統合技術等）を獲得。これにより、国際協力で行う有人宇宙活動において中核的な役割を担えるレベルに到達した。
(2) 宇宙環境利用による社会的利益 微小重力環境等の特徴を活用し、地上では得られない研究成果を創出（創薬につながるタンパク結晶生成、次世代半導体に関する材料創製、超小型衛星放出技術等）。
(3) 産業の振興 ISS への物資輸送（ISS 予算の約 2/3〔約 240 億円：平成 26 年度〕）を通し、我が国の宇宙産業の基盤強化、自在な宇宙活動能力の確保に貢献。関連技術の海外輸出やスピンオフにも実績。
(4) 国際プレゼンス（国際的地位）の確立 「きぼう」、「こうのとり」の開発と安定運用等を通して、宇宙先進国としての地位を確立。信頼出来るパートナーとして ISS 参加国から高い評価を受けると共に、アジア唯一の ISS 参加国としてアジア諸国との協力関係を形成。
(5) 青少年育成 有人宇宙活動国のみが可能な自国宇宙飛行士による青少年育成を実施。宇宙への興味、「夢」への努力をかきたて、理系人材、次世代を担う人材の輩出に貢献。

2．外交・安全保障から見るＩＳＳの意義

上記で、文科省の視点からみたＩＳＳの成果をみたが、外交的視点で見ると、表１－１の（４）「国際プレゼンス（国際的地位）の確立」という説明では十分わかりやすいとはいえず、大きく４つの外交・安全保障上の意義があると思われる。（１）日米関係の強化、（２）望ましい安全保障環境の構築、（３）日本の防衛力向上にも資する先進技術を涵養する場、（４）国際公益への貢献を通じた日本のソフトパワー向上である。以下、ひとつひとつ見ていく。

（１）日米関係の強化

よく知られているように宇宙開発は戦後すぐ米ソの軍事競争として始まったが、この国際宇宙ステーション構想は同じ東西対立の文脈のなかで、冷戦も終盤の一九八四年一月米国のレーガン大統領によって提案された。欧州、カナダと時を同じくして、日本では中曽根総理が参加を表明した。そこには、ロン・ヤス関係のみな

らず、西側の結束誇示の必要、日米経済摩擦の緩衝材としての期待、宇宙先進国に名を連ねることへの特別な思いがあった。宇宙開発は巨大な予算を伴うものであるが、ＩＳＳ計画は特に巨額であり、予算不足を主たる理由として進捗は大幅に遅れた。一九九八年にようやく建設が緒に就き二〇一一年に完成したが（宇宙飛行士の滞在は二〇〇〇年から開始）、構想から実現に至るまでの間に冷戦が終結したこともあり、ロシアの参加を得てその経験・技術を取り込むという大きな方向転換があった。東西対立から生まれたはずのＩＳＳが今や宇宙先進国による国際協力活動の場として国際平和を体現する象徴となったのである。構想立上げから完成、そして現在の活動に至るまで、このプロジェクトのキャプテンは米国である。あまり知られていないが、日本は年間約三六〇億円の予算を使って、ＥＵやカナダ以上にこの米国主導のプロジェクトを支えてきている。因みに経費の分担割合は、米国側セグメントで必要な経費については米国が七六・六％、日本が一二・八％、ＥＵが八・三％、カナダが二・三％、ロシア側セグメントで必要な経費についてはロシアが単独で一〇〇％と、この割合に応じて利用権も配分されている。

一九九〇年の湾岸戦争で宇宙の衛星群とＩＴ技術の飛躍的発展が相伴って軍事技術革命が起きたことはよく知られているが、その後も宇宙の軍事利用は進展し続けている。日本でも北朝鮮による一九九八年のミサイル発射実験がきっかけでその年内には情報収集衛星の保有が決定され二〇〇三年にまず二機が打ち上げられた（現在四機体制）。そして二〇〇八年には宇宙基本法の制定によって宇宙の安全保障を目的とした利用が解禁されるに至り、自衛隊が、防衛目的の軍事衛星を開発、所有、運用することが可能となった。米国との共同で研究・開発が進む弾道ミサイル防衛システムは今や我が国防衛にとって欠かせない存在である。二〇一三年十月には日米外務・防衛閣僚による安全保障協議委員会（２＋２）の場において日米両国が宇宙状況監視や宇宙からの海洋監視の分野において協力を行っていくことが確認された。宇宙状況監視というのは、稼働中の人工衛星などが宇宙ゴミ（debris）と衝突し損傷することがないよう日米が情報共有により宇宙空間を共同監視しようという試みであり、不審な宇宙物体を把握するうえでも、秩序ある宇宙空間の形成につながる。海洋監視は文字どおり、海洋上の船舶の動きを日米が宇宙技術を利用して共同してトラッキングすることをめざしている。

実は宇宙技術というのは軍民両用技術であるというところに最大の特徴があり、軍事面での協力に未だ制約が多い日本にとって、宇宙分野は貴重な日米協力強化の場となりつつあり今後の協力潜在性は高い。もとよりＩＳＳにおける協力は軍事目的ではないが、技術を基盤とする協力の場として日米関係強化にとって中心的な役割を担ってきた。ＩＳＳの実施過程で日本が示した技術力の高さと信頼関係が、日米の宇宙協力の基盤となっている。こうした国家の基盤技術の開発と運用にあたり中核的役割を果たしているのが国立研究開発法人である宇宙航空研究開発機構（ＪＡＸＡ）であり、関連の製造企業である。

（2）望ましい安全保障環境の構築

日米間の宇宙協力が進む中、日本がＩＳＳ計画に創設メンバーとして参加している事実は、宇宙という重要な安全保障環境における国際ルール作りに我が国が参画していく上で貴重な足掛かりを与えている。宇宙空間における国際ルールがなぜ重要かと言えば、宇宙は今や陸、海、空に次ぐ第四の戦場であるとも言われ軍事上重要な空間になるに至っているからである。因みに第五の戦場はサイバースペースで、現在は喫緊の懸案としてむしろサイバー対策の必要性がクローズアップされているところである。宇宙とサイバーの違いは「戦死者が出る戦場かどうか」と言われるが、どちらも国民生活に深刻な影響を与える点では同じである。二〇〇七年に中国が自国の気象衛星を破壊する実験を行い人工衛星の破片などからなる宇宙ゴミ（debris）を急増させたが、宇宙活動の危険を高めたとして国際的非難を浴びた。同時に、有事に際して敵国の衛星を破壊すれば、軍事的にも、民生上も大きなダメージを相手方に及ぼしうるという現実を世界に改めて知らしめ、こうした実験や軍事競争を促しかねない宇宙活動を規制する必要性が高まって

▼1　国際宇宙ステーション・国際宇宙探査小委員会中間とりまとめ概要（平成二十六年七月、文部科学省科学技術・学術審議会宇宙開発利用部会）

いる。次章で詳しくみるが、このような国際規制を国連のような権威ある多国間組織で設定・合意することが望ましいが、将来に向けて自国の宇宙開発を縛ることになりうる規制の導入については、軍事的考慮や南北対立の様相が絡んで難航し、これまで成功してこなかった。しかし、宇宙空間の利用が急速に進む中、迫りくる危険を回避するため国際ルール作りに向けた動きが強まってきている。現在、EUのイニシアティブの下、日本、米国というISSメンバーが協調し、新たに国連の枠外における国際ルール作りに向けた協議が始まっている。[2] 二〇〇八年にEU内で採択され、「宇宙活動に関する国際行動規範」と呼ばれているが、「行動規範」との言葉から類推できるように、関係国を法的に拘束するわけではないが、参加国が尊重すべき指針となる。内容としては、宇宙デブリ発生低減のため宇宙物体の意図的な破壊等を差し控えること、宇宙物体への危険な接近をもたらす可能性のある運用予定、軌道変更、再突入、衝突等のリスクを通報すること、などが規定されている。民生のみならず、軍事の宇宙活動をカバーしている点が画期的とされている。

安倍総理が、二〇一三年三月にTPP（環太平洋パートナーシップ協定）交渉参加決定を発表するに当たり、「TPPの意義は、我が国への経済効果だけにとどまりません。日本が同盟国である米国とともに、新しい経済圏をつくります。そして、自由、民主主義、基本的人権、法の支配といった普遍的価値を共有する国々が加わります。こうした国々と共に、アジア太平洋地域における新たなルールをつくり上げていくことは、日本の国益となるだけではなくて、必ずや世界に繁栄をもたらすものと確信をしております。さらに、共通の経済秩序の下に、こうした国々と経済的な相互依存関係を深め、参加国を拡大していくことは、我が国の安全保障にとっても、また、アジア・太平洋地域の安定にも大きく寄与することは間違いありません。」と述べている。冷戦終了に伴い散乱の度合いを強める国際秩序を新たに形成しなおすこと、そしてそのためのルール作りは二十一世紀に入った国際社会にとって最重要の課題になっているが、以上の例のように経済交渉の分野においてすら安全保障の意味合いが強くなる傾向がある。

そうであれば、宇宙空間の秩序作りは、安全保障に直結することもあり、経済分野以上に次世代の国際秩序の形成にあたって、重要な一部分をなしていくことは間違いない。

ＩＳＳ計画の主目的は、宇宙先進国が共に英知を絞り宇宙空間に宇宙開発の前進基地を作って活動するというものであるが、そのメンバーは宇宙の安全保障環境を形作る上で大きな影響力をもつ。しっかりした宇宙の行動ルールができなければ、自らの生命が宇宙デブリとの衝突の脅威に晒されるという意味で宇宙飛行士は最前線のステークホルダーであるし、有人宇宙開発を先導する米国、ロシア、ＥＵ、カナダ、そして日本にとり人命と宇宙資産双方を維持することは大きな関心事である。

幸い、ＩＳＳは西側諸国のみならず、ロシアの参加も得ているプロジェクトである。ロシアの計画参加当時、米国にとっては冷戦終了後の混乱の中でロシアのミサイル技術が海外に流出するのを防ぐ意図があったし、ロシアとしては、財政難に陥っていた次期ステーション計画を継続したいということで思惑が一致したとされている。こうして、ＩＳＳは時に敵対する大国間の協調の場という意味で、平和の象徴といえる存在なのである。

宇宙開発分野において米国、欧州、ロシアに続き、世界第四位の座を日本と争っている中国も、ＩＳＳとは独自の有人宇宙活動を行っており、いずれはポストＩＳＳの国際プロジェクトに参加する可能性もあることから平和で安全な宇宙環境を形作ることに共通の利害を有している。日本はＩＳＳの創設メンバーとして、宇宙のルール作りの一翼を担う義務があり、また応分の発言権をもっているという意味で宇宙空間の秩序形成に参画し、国際平和に貢献してきている。冷戦時代は敵対国の軍事衛星を破壊する行為はしないという暗黙のルールが米ソ間にできていた。▼3 冷戦後の現在、改めてこのようなタブーを作っていくための象徴的存在がＩＳＳにおける有人宇宙活動といえよう。

▼2　二〇一三年五月にはウクライナのキエフで、同十一月に第二回がタイのバンコクで、第三回が二〇一四年五月にルクセンブルクで会議が行われ、二〇一五年七月にニューヨークで公式会合が行われた。

▼3　「Space Policy Primer」（Lieutenant Colonel Michael O.Gleason,Ph.D. :Eisenhower Center）

日本は国際社会がルールで動く「法の支配」をめざし、武力をちらつかせたり、武力を使う「力の支配」ではない世界作りに参画していこうとしているが、自らの主張を通すためには金のみならず汗もかく必要があるというのは国際社会でも同様である。宇宙分野でもそうであるが、ＩＳＳのような大型の国際宇宙協力に日本が参加しなかったり、離脱するようなことになれば宇宙のルール作りで日本の意見がとおりにくくなり、自らが望まないルールに従わざるを得ないような事態になりうるのである。

（3）日本の防衛力向上にも資する先進技術を涵養する場

宇宙における国際協力は原則ギブ・アンド・テイクである。給付（貢献）した分だけ、見返りがあるということだが、日本のＩＳＳ年間予算である約四〇〇億円のうち、半分以上がＩＳＳに必要物資を運ぶ輸送船である通称「こうのとり」（ＨＴＶ）の製造とその打ち上げのためのロケット（ＨⅡ—Ｂ）経費に使われている。ＩＳＳには常時六人の宇宙飛行士が滞在しており、「こうのとり」が、ロシアの「プログレス」、米国の「ドラゴン」等とともに彼らの食料や実験機材を運ぶ役割を担っている。日本の宇宙飛行士はこれまで十一人誕生しており（宇宙滞在経験のない若手宇宙飛行士も含む）、若田宇宙飛行士はこれまでに五回も宇宙に滞在している。日本人の搭乗権利も日本の貢献度に比例している。国際プロジェクトである以上約束した責務を果たすことはもとより、今後三六〇億円に見合った便益がトータルで得られるのかという視点がより重視されるようになっている。厳しい財政事情の中で、毎年これだけの予算を使う便益は何なのかという問いが国民から発せられているのである。六トンに及ぶ物資を運べる「こうのとり」を打ち上げ、それを地球から四〇〇キロ離れたＩＳＳまで運ぶロケットを開発・遂行する過程で日本はさまざまな技術を習得してきたが、これもＩＳＳ参加によって得られた特筆すべき成果の一つである。そのほかの成果を検証し、また、今後さらに何を期待できるのかを熟慮しなくてはならないだろう。

ロケット技術は弾道ミサイル技術とほぼ同じであるとされ、それをもつのは世界で十か国にすぎない。日本は国際協力という機会を利用して、ＨⅡ—Ｂロケットの新規開発といったロケット技術の向上を図っ

表 1-2　宇宙滞在の国別記録

	国	合計滞在日数	人数
1	ロシア	2 万 4575 日	117 人
2	米国	1 万 7465 日	335 人
3	日本	929 日	9 人
4	ドイツ	658 日	11 人
5	イタリア	627 日	7 人
6	カナダ	506 日	9 人
7	フランス	433 日	9 人

2015 年 6 月 12 日現在、ロシアは旧ソ連を含む。

出典：ＪＡＸＡの油井宇宙飛行士長期滞在プレスキットより

表 1-3　ISS の各国利用割合（NASA および CSA が提供する資源について）

	各国の負担・利用権の割合	各宇宙機関の予算に占める ISS 費用の割合
NASA(米国)	76.60%	29%
JAXA(日本)	12.80%	23%
ESA(欧州)	8.30%	約 10%
CSA（カナダ）	2.30%	約 11%

（注）1.　ロシア部分はすべてロシアが必要経費を賄い、利用権を有する。

2.　各国は負担・利用権の割合で、宇宙飛行士の搭乗権を有する。

出典：国際宇宙ステーション（ISS）計画概要（JAXA）

た。また、「こうのとり」をＩＳＳ本体にドッキングさせるには高度な誘導制御技術が必要であるが、日本が開発した正確・安全なドッキング技術は米国の民間宇宙船にも採用されるなど米国から称賛を浴びた。「こうのとり」本体は物資輸送というミッションを終え大気圏に戻る際にほぼ燃え尽きるが、空力加熱に耐える素材を開発し、定められた地上に帰着することを目指す小型回収カプセル実験も試みられてきている。また、将来の日本単独の有人飛行に向けた準備という側面もあり、日本が未だ成功していない少なからぬ基幹技術を開発・実証する場になっている。こうした技術は将来安全保障技術としても応用可能なものとなりうる。二〇一三年六月中国が有人宇宙飛行船の地球帰還を成功させたニュースが世界で繰り返し報じられ、中国の宇宙技術の進捗を印象付けた。日本では巨額投資が必要なことや人命安全を優先する考え方などから独自の有人飛行を追及することは現状難しいようであるが、それでも国家の基幹技術を世界最先端レベルに保つプロジェクトの実施機会は大切にしたい。ＩＳＳで生まれる技術は民生技術として開発されているが、宇宙技術が本質的に軍民両用技術であることから、コインの両面として潜在的にではあるが我が国の防衛力および関係企業の技術力を涵養していることになる。安保にも資する技術的成果はISS参加の副次的成果ではあるが、一種の抑止力としての効果を持ちうるのである。

日本政府も宇宙技術の重要性を認識し、二〇一三年一月に制定され、二〇一五年一月に改訂された宇宙基本計画では安全保障・防災、産業振興、宇宙科学等のフロンティアという三つの課題に重点を定めた。いずれの分野でもさまざまなプログラムが予算待ちという状況であり、数あるプロジェクトのプライオリティ付けを行うのは容易ではない。安全保障面では、北朝鮮のミサイル実験以来日本でも宇宙の安全保障利用が事実上始まり二〇〇八年には宇宙基本法により防衛目的に限るが、宇宙の軍事利用が解禁されるに至ったことはすでに述べた。本来その分宇宙開発予算が増加して然るべきところが厳しい財政状況の下予算増が進んでいないのである。防災・減災面でも宇宙技術がなせることは多い。そうした中、以上に述べたISSがもつ安保・外交面での特性をどう評価するのかが日本の宇宙活動の方向性を見定めていくうえで一つの注目点となっている。その際、日本のISS予算が現状米国、ロシアよりはるかに低いものの欧州を上回っていることとの関連で、冷戦後に欧州をめぐる安保環境が著しく改善し、逆に日本のそれが悪化している点はISS発足時と異なる事情として留意していいだろう。

（4）国際公益への貢献を通じた日本のソフトパワー向上

冒頭で述べたように、東西対立から生まれたはずのISSは、今や宇宙先進国による国際協力の場として国際平和を象徴する役割を持ちつつある。ISSが宇宙から地球を広く見渡し、そこでは参加国の宇宙飛行士が日々、二十四時間協力して活動している。こうした活動を損ない、宇宙飛行士の生命を危険にさらすような行為は慎むべきという相場観が生まれつつあるように感じる。その相場観に反するような軍事的利用やデブリの放出は慎まれるべきとの明文ないし暗黙のルール化が進むことが今後期待されるところであり、その意味でISSは国際平和に貢献してきている。日本もその参加国の一つとして宇宙環境の安全維持という国際公益の一翼を担っているといえるのである。

また、日本がＩＳＳへの参加を通じて得ている成果は、有人宇宙探査、天文・地球観測における知見の獲得、無重力環境を利用した成果の医療への応用、新規素材の創製など多様であり本来こうした有為な宇宙利用にこそＩＳＳの真骨頂がある。他方、こうした革新的な成果は科学技術という顔としてのみならず、同時に外交・安保の顔としてみると人類のフロンティアを広げることで国際社会全体に貢献している事実もある。日本の各種観測衛星が、気候気象メカニズムの解明や温暖化ガスの測定に成果を出すことで国際公益に役立っている点はわかりやすいが、ＩＳＳが生み出す価値創出も宇宙先進国のみに実施可能な人類への貢献なのである。宇宙探査でいえば、ＩＳＳでの活動は人類の次なる有人宇宙活動へのステップであり、人類が直接宇宙に赴き活動する限界を拡げる場ともなっている。次世代の国際協力プロジェクトが火星の有人探査になるのか、小惑星の探査・捕獲になるのかなど国際的議論は始まったばかりであるが、後者になれば、二〇一三年二月にロシアに落ちた隕石による甚大な人的被害といった事態を防止する足掛かりになるかもしれない。将来の宇宙探査について国際協力を推進していくための閣僚級会議（国際宇宙探査フォーラム）が翌二〇一四年一月にワシントンで開かれ[4]、日本で第二回が開催されることが決まっている（二〇一七年後半予定）。人類が壮大な宇宙に共同で挑戦していくための会議開催は、日本が主要プレーヤーとして国際公益の一翼を担っていることの証左でもある。こうしてＩＳＳという宇宙の舞台における諸活動を通じ、我が国は科学技術立国、平和国家としてのイメージを高めてきたし、宇宙先進国間の宇宙コミュニティで積み上げられてきた信頼関係も一つの財産である。相対的国力が落ちてきている日本にとって宇宙活動で培われたソフトパワーの意味は、外交上も、経済上も看過できないものといえよう。現在、

▼4　二〇一四年一月にワシントンＤＣで開催された国際宇宙探査フォーラム（ＩＳＥＦ）では、将来の宇宙探査協力に関する国際的な枠組みや共通の原則について議論することの必要性が確認され、二〇一六年又は二〇一七年に日本で第二回宇宙探査閣僚級対話が開催されることが決まった。

アジア諸国をはじめ世界の多くの国が宇宙分野における日本との協力を望んでいるという事実もそれを裏書きしている。

外務省による世論調査によれば、[5]一般のアメリカ人の八四%が日本を「信頼できる友邦である」、六四%が日本のイメージを「民主主義、自由主義など米国と価値観を共有する国」、また九七%は日本が国際社会で重要な役割を果たしているのは「科学分野」とみている。このように日本は米国国内で貴重なソフトパワーを有している。ロケット打ち上げや宇宙飛行士の活躍は日本国内でも大きな話題になるが、アメリカ人の宇宙熱ははるかに高い日常的なものであり、例えば、アメリカ人の米航空宇宙局（NASA）への好感度は七三%の高さである。[6]これらの数字をみると米国において享受している日本のソフトパワーの高さの一因として日米宇宙協力が寄与していると考えてもいいだろう。こうした望ましきイメージは米国に限らず、アジアを始め他の地域にも広がりうる。日本のソフトパワーを宇宙からアピールする視点について今一度考えてみてもいいのかもしれない。

3．米国による対日宇宙協力

ここで、日本の宇宙開発史における日米関係を概括しておきたい。日本が宇宙先進国になったのは、日本自身による自主開発に向けた血のにじむ努力があったことは疑いえないが、米国による技術移転も忘れられるべきではない。これまでの日本の宇宙開発をふりかえれば、外国からの協力、連携という観点で米国の存在感は圧倒的であったし、日米間の宇宙開発史は総じて緊密な日米関係を反映した友好と協力を基調としたものであったといえる。別の言い方をすれば、一九七〇年代に米国の技術供与がなければ、日本が宇宙先進国として今日の地位を築く時期は遅れていた可能性が高かったのである。

日本は戦後、航空機の技術開発を禁じられたが、一九五二年にサンフランシスコ平和条約が発効したことにより、再び航空技術の研究開発を行えるようになった。東京大学の糸川英夫博士の主導でロケット・

衛星の開発が進められ、一九五五年に直径一・八センチ・メートルのペンシルロケットの水平発射実験が行われ、これが戦後日本の最初のロケット実験とされている。一九六〇年、カッパロケット８型は高度二〇〇キロ・メートルを超えた。一九七〇年には日本初の人工衛星「おおすみ」の打ち上げに自力で成功した。この成功の意義は、人工衛星の開発ではなく、質量のある人工衛星を軌道に乗せるだけの高度に打ち上げることができるロケットを日本が自力で開発したということである。質量わずか二十四キロ・グラムであるが温度計と加速計を搭載した「おおすみ」は高度三五〇～五一四〇キロ・メートルを周回し、そこから発せられた信号は発射後十四～十五時間で途絶している。[7]この成功により、日本はソ連、米国、フランスに次ぐ四番目の人工衛星打ち上げ国となった。なお、その二か月後に中国が同様に打ち上げに成功している。

この糸川博士は「日本で衛星を作るよりもアメリカにたのんで上げてもらえばよいではないかという意見があるが、いったいこの利害得失はなんだろう。（略）アメリカに頼んだ場合の利点の第一は、打ち上げ技術の研究開発費が倹約できることである。（略）損な点の第一は勝手な時に打ち上げてもらえないこと（略）第四に技術が日本に全然残らないということである。」（一九六五年）[8]と述べているが、当時の日本の科学者は、対米依存は研究の自由を阻害すると考え、ロケット・衛星の完全な自主開発路線をとろうとしていた。

他方、当初こそ科学者が宇宙開発の方向性を主導していたが、一九五〇年末から、より早期に、より大きなロケットの開発を望む声が大きくなったこともあり、中曽根康弘議員を中心に、国策としての宇宙開

▼５　米国における対日世論調査（外務省による委託調査、二〇一二年二、三月実施。外務省ホームページ）
▼６　二〇一三年十月二十一日付Pew Research Center "IRS viewed least favorably among federal agencies"
▼７　ＪＡＸＡホームページ「宇宙科学研究所」ホームページ「日本初の人工衛星おおすみ」
▼８　杉田（稲葉）尚子「日本の宇宙開発史：宇宙開発と公共政策」（平成二十四年十月）

発、宇宙政策決定過程の制度化が進められることになった。例えば、一九六〇年宇宙開発審議会が総理府の付属機関として設置され、宇宙政策形成の中心になった。当時の中曽根科学技術庁長官は、「とりあえず日本側の要望をアメリカが達するならば、アメリカともそういう関係を設定いたしまして、できたら交換公文というような形で、学者がこそこそ陰でやるようなことをしないで、政府がちゃんと監督できる立場のもとにそういうことをやっていただくようにしたらいいと思っておる状態であります。」（衆議院内閣委員会、一九六〇年〇三月二十五日）と答弁し、すでに米国からの技術導入を視野に入れている。一方で、一九六四年には科学技術庁内に宇宙開発推進本部が設置され、七四年頃を目標に一〇〇キロ級静止衛星打ち上げ用のNロケットを自主開発するといった計画が出たことで、自主開発の方向が示された。

こうして、当時は政治家も、科学者も共に「自主開発」が重要と考えていたが、自主開発の内容についてては合意があったわけではなかった。研究者はロケット、人工衛星の完全な自主開発を志向していたし、与党自民党は、自主開発を掲げつつも、米国からの技術導入により宇宙開発を急ぎたいとも考えていた。

その背景には、世界は気象衛星、通信衛星などの実用化の時代に入りつつあり、これらの衛星を打ち上げるには自国産のロケットの開発を待つことでは難しいとの事情があった。実際、実用衛星の打ち上げには液体燃料ロケット技術が必要であり、東大が開発してきた固体燃料ロケットの技術では大型の人工衛星を高度三万六〇〇〇キロの静止衛星軌道に運ぶのには限界があったのである。また、一九六四年に暫定的に発足したインテルサット（国際電気通信衛星機構）において日本の権益を高めるために、人工衛星打ち上げを急ぎたいとの政治的思惑もあったとされる。

さらに、専門家によれば、米国が日本に対する宇宙協力に前向きであったことも日本が外国技術の導入を検討することを後押しした。一九六五年に訪日したハンフリー副大統領は、佐藤首相と会談した際に日米協力を歓迎すると述べている。続いて一九六八年、米国は日米宇宙協力に関する基本方針を日本側に伝え、通信衛星および人工衛星用ロケットの開発、製造、打ち上げについて協力する意向を示した。米国側の思惑も当然にあった。一九六四年に中国が原爆実験に成功したことにより、日本の政府関係者や科学者の間に、宇宙計画を自主的に発展させることが日本の国家威信にとり重要との認識が強まり、特に人工衛星打ち上げロケット開発に対する関心が増大しているとみられていた。米国には中国の核実験後、日本への核拡散を避けるために、日本の関心とエネルギーを宇宙開発の推進に向けることにより、日本の核兵器開発を防止しようとの考えや日本のロケット開発能力が弾道ミサイルに転用されないよう平和的な宇宙開発を行わせようという意図があったとされている。[9]

ここで日本側は自主開発という従来の基本方針を維持するのか、米国政府の輸出管理政策や、通信衛星政策に同調するといった条件を受け入れることで、将来日本の宇宙開発を制約しかねないこととなっても、米国から技術や機器を導入し、ロケット開発の推進を図るのかという選択を迫られることになった。結局、一九六九年日米両国政府は合意し（交換公文の締結）、日本の人工衛星およびその打ち上げロケット開発のため、米国企業が技術や機器を日本に輸出することになった。こうして日本の宇宙開発政策は引き続き自主開発路線を建前として掲げて自前の技術開発を進めつつも、米国からの技術は導入するという転換を図った。その後も、一九七〇年代、一九八〇年代と米国の技術を継続して導入し、大型ロケットの開発、人工衛星、さらには関連の地上設備に関するハード・ソフトの技術を習得した。それらの技術移転には、開発計画の立て方から実行に至るまでのプロセスの管理手法、信頼性や品質管理、監督・検査体系の設定共通部品の認定制度などさまざまなノウハウも含まれている。

米国からの技術導入の見返りとして一定の制約は当然課せられることになった。前述した米国政府の輸出管理政策および通信衛星政策への同調もそうであるし、技術面でもすべてが移転されたわけではなかった。例えば、一九六九年の日米合意においては、当時導入が決まったデルタ・ロケットの技術は一九六八年当時までの技術水準までに限定され、弾道ミサイル技術に必要な再突入技術は除外された。また、最先

▼9　黒崎輝「日本の宇宙開発と米国——日米宇宙協力協定（一九六九年）締結に至る政治・外交過程を中心に——」（二〇〇三年八月）

端の慣性誘導装置の導入などに際しては、改善や調査ができないいわゆる「ブラック・ボックス」扱いとされ、設計・製造ノウハウが一切開示されなかった例は、厳しかった技術入手の逸話として日本の宇宙開発史でしばしば語られてきた。米国としては、安全保障上の理由のみならず、米国といずれビジネスで競合する恐れがあるという経済的理由によって、日本に対して全面的に技術を提供することはありえなかったのである。日本にしても技術移転の際に課された制約により、その後の宇宙開発、宇宙ビジネスに制限がかかったことは事実であり、当時自主開発を断念し、米国からの技術導入に踏み切ったことの功罪は今でも議論がありうる。しかし、比較的に短い時間で日本が今日の実績を築き上げることができた主要な要因として米国による技術移転の功績があったことは間違いないであろう。実際、ヨーロッパ諸国に対しては、米国はその技術移転の要求に対して原則として応じることはなく、日本を特別に優遇したことは事実であるし、[10]韓国に対しても技術提供を行わなかった。

他方、日米の宇宙史には負の側面もある。一九八〇年代、米国は巨額にのぼる対日貿易赤字に悩み、貿易摩擦解消のため、日本国内で使用する気象衛星、放送衛星、通信衛星などの商用衛星は国際競争入札制とするよう日本に圧力をかけ一九九〇年に協定が結ばれた。この結果、高性能になりつつも、大量生産をしないため価格の高い日本の衛星産業は国内市場で受注できなくなった。そこで日本としては技術試験衛星を多数打ち上げることで、国内企業の技術維持を図ることになった。

先進国間の国際協力への参加についても触れておきたい。日本としては早期に一定の技術レベルに達し、先進国間の国際協力に参加したいというのが、一九六九年に米国から技術を導入することを決定した動機であったとされる。一九七〇年代、米国（NASA）はアポロ計画に続く宇宙開発計画（スペース・シャトル等で構成）への参加を各国に呼びかけた。日本は今後十年を見通して、まずは自身の人工衛星・ロケット開発計画を消化する必要があると考え参加を断念した。[11]その後、一九八四年に方針を変更し、スペースシャトルを利用した実験に参加することとし、日本人宇宙飛行士三名を選出した。日本人宇宙飛行士として一九九二年に毛利氏が初めて有人宇宙活動に参加して以来、つい最近の油井宇宙飛行士まで一一人の宇宙飛行士が生まれている。[12]

また、現在の日米間のミサイル防衛の端緒となる戦略防衛構想（ＳＤＩ。スターウォーズ計画）への参加問題が一九八〇年代に浮上した。これは米国が構想した軍事計画であり、衛星軌道上のミサイル・レーザー・早期警戒衛星、地上迎撃システムにより、敵の大陸間弾道核ミサイルを米本土に到達する前に迎撃し、被害を食い止める構想である。一九八三年三月レーガン大統領が研究開始を表明し、日本を含む西側諸国十八か国に参加を呼びかけた。中曽根総理は非核・防御的・核廃絶が目的との前提でその道義的正当性を認め、ＳＤＩ研究に対して理解を表明したので、国会で大議論となった。一九八七年にＳＤＩに関する日米交換公文が交わされ、政府としては研究に参加せず、民間企業が研究の一部に参加するということで決着した。

当時（一九八六年）、中曽根総理は国会で以下のとおり答弁している。[13] 少し長いが紹介する。

「ＳＤＩの問題等につきましては、これはレーガン大統領から直接私は聞いたところでありますが、今までのような核兵器による攻撃的兵器体系から防御による非核の兵器体系に移って核兵器を廃絶しよう、そういう理念に満ちた新しい戦略兵器体系の研究に入るということであり、私はその説明を受けてこれを理解したということであります。その後三回にわたりまして調査団を派遣して、その内容についても詰めて

▼10　宮沢政文「わが国における実用ロケットの開発と技術導入」（平成二年九月）
▼11　同上杉田
▼12　ＴＢＳの秋山豊寛氏が「宇宙飛行した初の日本人」である。一九八九年、ＴＢＳの創立四十周年事業で、宇宙にジャーナリストを送る宇宙特派員に選ばれ、モスクワ郊外の宇宙飛行士訓練センターで訓練を受け、一九九〇年ソユーズ宇宙船で飛び立ち、ソ連の宇宙ステーションミールに滞在した。世界で初めて宇宙に飛んだジャーナリストで、宇宙飛行した初の日本人となった。なお、本文の宇宙飛行士「十一人」には含めていない。
▼13　中曽根康弘首相国会答弁：参院本会議　一九八六年〇九月十七日

みたところでございます。

一番大きな問題は、国会決議に違反するかどうかという問題でございますが、これは十分調査をいたしました結果、国会決議の解釈は国会が有権的に行うものでありますが、政府といたしましてもいろいろ研究した結果、国会決議には違反しない、国会決議の趣旨は、これは日本が主体的に行ういわゆるロケットやあるいは宇宙空間に上げる物体に関する行為に関するものであって、外国が主体となってやるものについて一部部分的に研究参加をするということは国会決議には反しない、そういうふうに解釈して、これが交渉をアメリカとの間に開始しよう、そういうものでございます。

次に、技術進歩を阻害しはしないかというお考えでございますが、必ずしもそのように考えてはおりません。アポロ計画というもの、月に至るあのアポロ計画というものがアメリカの技術を相当前進させました。このSDIについてもそういう可能性は非常にあるのでございまして、これらの先端技術の面について我が国もこれに参加するということは裨益するところ大になる。また、そのためにも対米交渉を行いまして、それらのリターンについて、研究成果の還元について我々も十分先方の合意を得るように努力してみたいと思っておるわけであります。」

ここで、「国会決議」というのは、一九六九年の「宇宙の平和利用に関する国会決議」のことであり、宇宙開発事業団法の制定に際して、定められた「平和の目的に限り」の文言の解釈として、「非軍事」であることが確認された。[14][15] その中曽根総理の答弁では、SDIの参加がこの国会決議に反しないと政府が考えていたことを示している。このSDI参加は、後年、弾道ミサイル防衛（BMD）の日米共同技術研究（一九九八年）につながっていくが、この防衛システムについても「我が国国民の生命・財産を守るための純粋に防御的な、かつ、他に代替手段のない唯一の手段であることを踏まえれば」、国会決議に抵触するものではないとの政府見解が出ている。

中曽根答弁では、技術の進歩についても述べているが、日本がこのような米国による提案に応じ、先進技術を磨く機会を積極的に利用したいという意欲が感じられ、興味深い。

また、同じ時期である一九八四年には、レーガン大統領が宇宙基地計画への参加を同じく中曽根総理に提案し、一九八五年には日本の参加が事実上決定している。その後一九九八年に国際宇宙ステーションの建設が開始された。

一九九〇年代には、日本も実力をつけ、宇宙の国際協力へ積極的に参加するようになった。特に米国との協力は質量ともに増大している。[16] 例えば前述のスペースシャトル計画への日本の参加や、地球観測や宇宙探査活動における日米協力である。

以上見てきたように、米国は技術供与国、国際協力プログラムのリーダー、そしてパートナーとして日本の宇宙開発史の中で特別な地位を占めてきた。米国の協力により、日本人技術者は、さまざまな技術を習得・蓄積し、次のステップである国産技術開発に進むことになった。一九九四年には純国産の大型ロケットH―IIの打ち上げ成功により、日本のロケット開発は世界と肩を並べた。また、日本製の商用衛星技術も日進月歩で向上し、世界標準に至るまでに成長した。現在では、欧州やカナダとの協力も行われるようになっているし、ロシアや中国との協力もあるが、米国との協力は圧倒的である。すでに述べたように

▼14　宇宙開発事業団法（一九六九年六月）
第1条（目的）「宇宙開発事業団は、平和の目的に限り、人工衛星及び人工衛星打上げ用ロケットの開発、打上げ及び追跡を総合的、計画的かつ効率的に行ない、宇宙の開発及び利用の促進に寄与することを目的として設立されるものとする。」

▼15　わが国における宇宙の開発及び利用の基本に関する決議（昭和四十四年五月九日衆議院）
「わが国における地球上の大気圏の主要部分を越える宇宙に打上げられる物体及びその打ち上げ用のロケットの開発及び利用は、平和の目的に限り、学術の進歩、国民生活の向上及び人類社会の福祉を図り、あわせて産業技術の発展に寄与するとともに、進んで国際協力に資するため、これを行うものとする。」

▼16　同上杉田

ISSにおける多国間協力のほか、日米二国間の宇宙協力、また前述したように安全保障面における宇宙協力も始まっている。そして、現在、ISSの延長問題やポストISSへの協力が以下に見るように模索されているのである。

4．ISSの延長問題

国際宇宙ステーション（ISS）参加国は、ISSを二〇二〇年まで運用継続することに合意しているが、米国政府は二〇一四年一月、少なくとも二〇二四年までISSの運用を延長すると表明した。

日本では、すでに述べたように年間で約四〇〇億円（現在は約三六〇億円）の費用がかかっているこの国際協力プロジェクトを二〇二一年以降も継続すべきかどうかで議論が続き、二〇一五年十二月に政府は二〇二四年までの延長を決定した。延長の可否を決めるに当たっては、日本の費用負担分を減額するよう交渉するべき、費用に見合う便益が見込まれるか更なる検討が必要などの意見があった中、二〇一五年七月に、政府全体ではないが主管官庁である文科省が専門家を集めて小委員会を設置し多角的に検討した結果をとりまとめている（以下「とりまとめ」という。）[17]そこでは、二〇二一年以降二〇二四年までの延長を支持するとの判断を行っている。

その理由は以下の二点に集約できる。

（1）外交・安全保障上の理由

「ISSという世界最大級の国際協力プロジェクトにおいて、参加国間で密接な協力関係を築き、これを維持・発展させていることは、宇宙の平和利用を維持するという意味で非常に大きな意義を持つ。地上における国際的な緊張が高まる中でも、高度なコミットメントを可能とし、国際関係におけるリスクマネージメントという意味でも非常に有意義である。」と「とりまとめ」冒頭で述べている。

この文言の背景として、最近の深刻な国際紛争が想起される。二〇一四年以降現在にかけてウクライナ問題をめぐりロシアと西側の間で関係が険悪化し、双方が抑制的ではあるものの制裁合戦を行っている中にあって、ＩＳＳの協力だけは大きな問題がなく進んでいるという事実がある。ロシアの宇宙担当副首相が否定的な発言をしたこともあったが[18]、このプロジェクトは常時ＩＳＳに滞在する米国人、ロシア人を含む六名の宇宙飛行士（日本人も毎回ではないが含まれる）の生命がかかっており、地上の紛争を宇宙にまで引き延ばしてはいけないという意識が関係国の間で強く働いたものと推測される。もう一つ重要な背景として、「とりまとめ」の中に、「宇宙空間におけるルール形成という国際社会の重要な課題における議論の主導権を握る上で極めて重要」という記述がある。二〇〇七年に中国が行った衛星破壊実験が宇宙デブリを急激に増やし、軍事面での活用を予感させることになったことを契機に宇宙のルール作りが重要な局面を迎えており、日本がそこで発言権を確保していくためにはＩＳＳなど重要な国際プロジェクトに関わっている方が有利であるという点が強調されている。国際社会に限らないが、自らの意見を他人に傾聴させ、採用させるには、一目置かれる存在として、常日頃から活発に活動し、発言することでその社会に貢献している必要があることはいうまでもない。

「とりまとめ」では、外交・安全保障上の理由として、他にも①アジア唯一のＩＳＳ参加国として、多くのアジア諸国との協力関係を作る機会になる、②中国やインドが近年著しい伸張を見せるなか、アジア地域における我が国のプレゼンスを相対的に低下させない、③新たな日米宇宙協力の視点からもＩＳＳの重要性はますます高まる、といった諸点を挙げている。

▼17　「国際宇宙ステーション・国際宇宙探査小委員会の第二次とりまとめ」（平成二十七年七月二日、宇宙開発利用部会）（文科省ホームページ）

▼18　二〇一四年五月、ロシアのロゴジン副首相は、ロケットエンジンの米国への販売を停止し、国際宇宙ステーションにおける協力も二〇二〇年までにすると表明した。

(2) 研究開発上の理由

ＩＳＳはその特殊な環境を生かした研究開発のプラットフォームとして利用が進められる一方で、将来に向けての国際宇宙探査における有人活動を推進するプラットフォームとしての役割も担ってきた。とりわけ我が国の実験棟である「きぼう」については、地道な基礎研究利用の中から、社会への貢献が有望とされる分野への重点化と、その利用技術の獲得が進んでおり、「まさに成果の収穫期を迎えようとしている」と「とりまとめ」は総括している。

「きぼう」とは何かについて簡単に説明すると、ＩＳＳの中で最大の実験施設であり、二〇〇九年に完成した。船内実験室と船外実験プラットフォームの二つの実験スペースからなり、船内実験室は長さ一一・二メートル、直径四・四メートルの大きさで、内部は一気圧に保たれている。そこでは、実験ラックを使用して微小重力環境や宇宙放射線の影響を評価解析する科学実験などが行われている。船外実験プラットフォームの方は宇宙空間に直接曝されており、放射線などの宇宙環境下での長期間の実験や天体観測・地球観測などができ、ＩＳＳの中でも独特の施設になっている。筑波宇宙センターに行くと、「きぼう」や輸送機「こうのとり」の実物大モデルなどを見ることができるので、関心のある方は見学していただきたい。

以上の「とりまとめ」をみると、宇宙開発の専門家・技術者の間でも、ＩＳＳがもつ多面的な意義の中で、金額的には計りにくい外交的意義が重視されていることが興味深い。逆に言えば、年間約三六〇億円の費用に見合う具体的便益が、経済、社会面では十分に説明できないからではないかという議論もあるが、ＩＳＳに参加することを決めたこと自体が、日米関係重視という外交上の思惑もあったであろうし、当時は想定されていなかった安全保障上の意義も付加されるようになっていることから、ＩＳＳの意義を多面的に評価するにあたって、外交・安全保障上の考慮が含められるのはむしろ自然といえよう。

また、この「とりまとめ」には直接の記載がないが、文科省は、我が国のISSプロジェクト参加によって、世界水準の有人宇宙技術を日本が最も効率的に短期間で取得できたことを強調している。費用でいえば、米国の一〇〇分の一、欧州の六分の一、期間でいえば、米国の二分の一、欧州の三分の二で獲得したという。習得してきた技術やその習得度が現時点で我が国と同程度と考えられる欧州と比較すると、これまでに欧州は、約三十年、五・三兆円を投じているのに対し、日本は約二十年、〇・八兆円で達成したというのである。ISSは巨大な国際プロジェクトであり、日本は相対的には極めて少ない費用で、他の宇宙先進国の有人宇宙技術とノウハウを共有できたということである。他方、三六〇億円という多額の費用を当然視するべきではなく、「とりまとめ」も指摘しているように「各種プロジェクトについては常に学問的価値とともに、我が国にとっての戦略的価値、費用対効果の視点から厳しく精査されなければならない。単にこれまでの政策維持という理由での継続は許されないのであり、最少費用、最大効果を目指すべき」は言うまでもないだろう。

後にも触れるが、日本はISSの延長問題について慎重論も多かったが、結局二〇一五年十二月に二〇二四年まで延長することを決定している。▼19

5．ポストISS—国際宇宙探査協力へ

ISSという巨大な宇宙インフラは、老朽化もあるし、現時点での終了予定である二〇二〇年、ないしは米国、カナダ、そして日本が最近になり表明した二〇二四年までの延長、またその後更なる延長がありうるにしても、遠からずミッションが終わることは間違いない。ISSの評価をめぐっては、費用の問題でISS建設が大幅に遅れたこと、米国のスペースシャトルが相継ぐ事故や当初の想定を大幅に上回る費

▼19　二〇一五年十二月、日米両政府はISSの運用を二〇二一年から二〇二四年まで延長することに合意した。

用がかかったこと等により運用中止に追い込まれ、全体として輸送能力が落ち宇宙実験の資材等に大きな制約が生じたこと、これまでの莫大な投資に見合う経済的見返りが実証されていないことなどの問題が指摘されてきた。しかし、大規模な有人宇宙施設を建設し、運用・利用するという壮大な実験に成功し、常設月面基地、火星有人ミッションなどの将来ミッションに向けての手掛かりを得るとともに、経験を積んだという意味で、総じてこの国際プロジェクトは成功してきたともいいうるであろう。[20] 次なる国際プロジェクトについても米国が中心となって議論が始まっており、ＩＳＳの次が「宇宙探査」である点は国際的なコンセンサスがある。宇宙探査とは、地球以外の天体である惑星、衛星、太陽、彗星、小惑星などを探査することであり、技術の限界から現在は太陽系内の探査を指すといわれている。焦点は、火星の有人探査である。火星を目指すとすれば地球から遠く、技術的困難も大きいのでいきなり目指すのではなく、その途中段階として月、ラグランジュ点、火星の衛星にまず行く、小惑星の再配置ミッションを先行するといったアイデアがある。なぜ有人で行く必要があるのか、無人でもほぼ同じミッションが行えるのではないかといった議論もある。いずれにしてもＩＳＳが有人で宇宙探査を行うための準備段階の役割を担ってきたことは間違いない。米国・ロシアは将来の火星探査に備えて、宇宙飛行士のＩＳＳ滞在をこれまでの半年から一年にして身体への影響を確認するミッションを実施中である。火星に行くには最短でも片道八か月かかるとされているからである。もう一つの焦点は、国際協力の枠組みがどうなるかであるが、ＩＳＳのように宇宙先進国のほとんどが参加して緊密な協力を行う大きい枠組みになるのか、複数のグループに分かれて競争するようになるのか、それぞれの国が分担して緩やかな協力で一つのミッションを行うのかなど、現時点ではわからない。米国ではこれまで議会の反対でＮＡＳＡが中国との宇宙協力を行うことが難しかったが、米国では中国との宇宙協力について今後どうするかの議論が始まっており、今後の行方が注目されるところである。

なお、宇宙探査において積極的に活動している主要国は、中国やインドを含めて以下のとおりである。

日本ではＩＳＳの延長問題について、慎重論が多かったが二〇一五年十二月に二〇二四年まで延長する

表 1-4　宇宙先進国の主要な宇宙探査活動

（米国） ・2030 年代に人類を火星周回軌道に送り帰還させることを目標。 ・月より遠くの有人探査を可能とするスペースシャトルに続く世代重量級ロケットや多目的有人宇宙船を開発中。 ・「キュリオシティー」など火星無人探査を定期的に実施。 ・小惑星サンプルリターンミッション “OSIRIS-REx” を 2016 年に打ち上げ予定。小惑星捕獲ミッションも計画。 ・月については、将来の有人探査での現地資源利用の可能性を探るための月着陸無人探査ミッションを 2019 年の打ち上げに向けて検討中。
（ロシア） ・2020 年頃の運用開始を目標に有人探査用の大型ロケットと次世代有人宇宙船を開発中。 ・2030 年までに有人月周回飛行および月着陸を実施し、月面基地、輸送着陸船などを開発する計画。 ・無人月探査については、欧州との協力が検討されており、2017 年、2018 年に月着陸機の打ち上げを予定。また、2020 年代早期に月サンプルリターンを計画。
（欧州） ・米国の多目的有人宇宙船のうち、電力、推進機能等を提供するサービスモジュール（SM）を開発中。 ・無人火星探査ミッション “ExoMars” 計画を 2016 年、2018 年の打ち上げに向けロシアと協力して開発中。
（中国） ・2022 年頃に独自の宇宙ステーションの建設、2025 年以降の月有人探査および月面基地を計画。 ・2013 年 12 月に「嫦娥 3 号」により月面着陸に成功。2017 年には「嫦娥 5 号」による月のサンプル採取・回収ミッションを予定。 ・無人探査機の火星着陸を 2020 年、火星のサンプル回収を 2030 年、2050 年の有人火星探査を目標。
（インド） ・2013 年 11 月に火星探査機「マンガルヤーン」の打ち上げに成功、火星への遷移軌道を飛行中。2014 年 9 月火星周回軌道投入成功。 ・2016 年、2017 年に「チャンドラヤーン 2 号」による月着陸探査を計画。
（日本） ・「はやぶさ」にて 2010 年、日本は世界に先駆けて小惑星サンプルリターン技術を確立した。「はやぶさ 2」で別の小惑星に挑む。 ・月面への着陸を目指す無人の小型探査機を 2018 年度に打ち上げる計画▼[21] ・欧州宇宙機関（ＥＳＡ）と共同開発した水星探査機で、水星の表面や磁場を観測する。2016 年打ち上げ予定。

出典：川崎 一義 「宇宙探査新時代の幕開けと JAXA の挑戦」より抜粋

ことを決定した、[22]ポストＩＳＳをどうするかについては決まっていないわけだが、前述した文科省の小委員会をはじめ、政府内では議論が始まっている。そこではＩＳＳのこれまでの成果やその多面的な意義が下敷きになって、決定されていくことになると思われる。

前述の小委員会の「とりまとめ」では、宇宙探査についても支持を表明しており、以下のとおり述べている。

「ＩＳＳ以降の国際宇宙探査については、我が国の長期的安全保障に鑑み、国際宇宙探査に関わっていくことは緊要である。本年四月に日米間で合意された新防衛ガイドラインでも宇宙における協力は新しい柱と位置づけられている。加えて、国際宇宙探査、宇宙での実験から得られる技術、知見は他では得られないものである。医学、科学など各方面での利用可能性があり、軌道上実証などで得られる材料技術は広く産業振興に有用であり日本の産業競争力を高めるものである。これに加え、宇宙にかかわることは青少年に夢を与える。これは、我が国が引き続き科学技術イノベーション立国として成長していく上で重要である。」

やはり、ここでも参加の意義について、「長期的安全保障」や「日米間の協力」という外交、安保が冒頭で触れられ重視されている点はＩＳＳ延長の場合と同様である。ここで「長期的安全保障」とは何かであるが、これまで述べてきたいくつかの外交・安全保障上の意義をすべて包括したものと考えるのが妥当であろう。特に、この「とりまとめ」において以下の記述のとおり、国際ルール作りへの我が国の参加が、ＩＳＳ同様強調されている点が注目される。

「ＩＳＳ計画を梃子《てこ》に、次の時代の国際宇宙探査に取り組むことで、我が国が有人宇宙活動も見据えた月・火星探査の最前線で自国の宇宙開発能力の高さを示し、科学的・技術的な知見や実績に基づく発言力を有することは、宇宙空間におけるルール形成という国際社会の重要な課題における議論の主導権を握る上で極めて重要であり、日米宇宙協力の視点も含め、我が国の安全保障に大いに寄与すると考えられる。」

このように、ＩＳＳについては、実験棟「きぼう」における成果が日本の負担額に見合うか否かという議論になることが多かったが、いくつかの外交・安全保障上の意義を含めて長期的、総合的に評価することが重要だと思われる。

（二〇一三年十二月記）

▼20　ＩＳＳの能力（日米間の了解覚書（ＭＯＵ）第2条）
①科学的探究及び応用並びに新たな技術開発のための宇宙における実験室
②地球、太陽系及び宇宙の他の部分を観測するための高傾斜角の軌道上の常設観測施設
③搭載物及び運搬機の係留、組立て、整備及び目的地への展開を行うための輸送中継点
④搭載物及び運搬機の保守、修理、補給及び改修を行うための役務提供能力
⑤大型の宇宙の構造物及びシステムの組立て及び検証を行うための組立能力
⑥商業上の可能性を増大させ、及び商業的な投資を促進する宇宙における研究能力及び技術力
⑦消耗品、搭載物及び予備品の貯蔵庫
⑧将来ミッション（例えば、常設月面基地、火星有人ミッション、惑星ロボット探査、小惑星有人調査、地球同期軌道上の科学・通信施設）のための中継基地など

▼21　二〇一六年一月時点で、政府として二〇一九年度の打ち上げを検討するとしている（宇宙戦略本部の工程表）。

▼22　二〇一五年十二月、日米両政府はＩＳＳの運用を二〇二一年から二〇二四年まで延長することに合意した。

第2章

宇宙と国際法

1. 国際社会と国際法

国際法という用語は一般になじみが薄いが、主に国家間の関係を規律する法をいい、国家が守らなければならない国際ルールである。日本人の間で有名なのは、多国間による国際合意として国際連合憲章や気候変動条約があるし、二国間条約としては、日米安全保障条約や日中平和友好条約がある。

国際社会は、独立した国家が並立する水平的な構造であり、これらの国々の上位に位置する中央権力は存在しない。そのような構造的特徴により、各国家は自らが合意していない法に従う義務はなく、逆に明示、黙示に合意した約束のみに従う義務を有するという社会構造になっている。そのような国際社会では、そもそも必要なルールや規制であっても国家間で合意ができないために法が存在しない分野もあるし、国家間の妥協の結果、条文が明確性を欠いたり、執行を担保できなかったりする不完全な法も多い。さらに言えば、国際社会には国内社会のような警察もない。裁判所もあるにはあるが、ある国家が裁判を受けることに合意しなければ裁判自体を行いえない。ある意味、「法の支配」が不完全な群雄割拠の世界といえる。そうではあるが、戦争がない平和で繁栄する国際社会を目指すには、軍事力や政治力によって強国が幅を利かす「力の支配」ではなく、国際法を徐々にでも整備していくことによって、いわゆる「法の支配」に基づいた国際社会を構築していくことが必要だし、徐々にではあるがそうした方向に向かっている。

「法の支配」が進んでいけば、国家間は「力」の行使や脅しよりも、「法」に基づいて正当性を主張する必要性に迫られることとなり、各国の安全や繁栄、さらには国家のもとに存在する国民の安全や生活も保障されやすくなる。

国際法の最大の目的は、世界平和の実現であり、これは、国際法の形成期である一六世紀、一七世紀から今日に至るまで変わっていない。特に二十、二十一世紀になり、国際法は、平和の実現に向けて大きな発展をとげ、典型的には、国連のもとで、紛争の平和的解決義務を加盟国に課すとともに、この義務に違反して戦争に訴えた国に対しては、国連憲章という国際法の下で、安全保障理事会の決定により、経済制裁あるいは軍事的制裁が加えることができることになった。これは集団的安全保障と呼ばれ、国連にとって平和実現のための最重要の権能として期待された。しかし、ここでも国際法が有する限界が色濃く反映し、この権能の行使において中心的役割を果たすことが期待された安全保障理事会は五常任理事国（米英中露仏）の拒否権のために必ずしも効果的に行動できなかった。五大国自身は、その拒否権によって、紛争の平和的解決義務違反に対する制裁から事実上免除される特権をもったまま今日に至っている。要するに、国連は世界政府では決してなく、加盟国が協力と協議を行うための国際的枠組みにすぎないのである。

国際法は、世界のグローバル化とともにさまざまな分野で進展がみられるし、特に環境分野はその最たる分野と言われている。気候変動、生物多様性、自然保護、オゾン層保護など広範囲の分野でさまざまな条約や取り組みがなされている。一方、安全保障にかかわる分野は、国際秩序の基本的あり方にかかわり、大国間の利害が一致しにくいことから、法成立のための合意が最も難しい分野の一つとなっている。

宇宙分野においてもいくつかの国際法が存在し、各国が宇宙活動について守るべきルールを設定している。宇宙国際法の主要課題も、国際法全体がそうであるように宇宙空間の平和と安全であり、地上の平和の実現である。そのために国際社会は宇宙空間の法の支配をめざして粘り強く試行錯誤を繰り返してきた。宇宙分野の国際法が経験してきた発展や限界についても、国際法全般と同様である。人類が頻繁に利用している地球周回軌道がある宇宙空間はすでに広大とは言えず、その利用の拡大に伴い調整や制限が必要となってきている。しかし、安全保障にもかかわる空間であることから、国家間の利害を調整して国際法として合意することは極めて大きな困難を伴うのである。第二次世界大戦後、米ソが対立し宇宙においても軍事競争が行われる中で、宇宙環境をすべての国にとって利益となり、そして平和的に利用するため、各国の宇宙活動を律する国際法が「宇宙条約」として一九六七年に発効した。その重要性ゆえに「宇宙の憲法」、「宇宙憲章」などとも呼ばれている。その後も一九七〇年代までに各国の宇宙活動によって国家間のトラブルが起こるのを回避するため、いくつかの条約、例えば、宇宙飛行士が遭難した場合の救助に関する条約など、これまで五つの条約ができ、宇宙活動を規制している。しかし、その後の宇宙活動の飛躍的拡大を踏まえると現行の国際ルールでは不十分と言わざるを得ない状況となっている。

そこで国際ルールを現状に合ったものに変えていく必要があるが、近年、宇宙活動を行う国が飛躍的に増え、宇宙活動先進国と宇宙活動発展途上国の間の利害がますますぶつかるようになっている。また宇宙空間の軍事利用をどのように制限するかで大国間の利害が衝突していることから、宇宙分野において新たな国際法を作ることは極めて難しい状況である。そこで、国際社会は、各国の明確な合意を得て法的拘束力をもつ「国際法」に代わって、「ソフトロー」と呼ばれる法的拘束力はないが自発的な遵守を期待するルール（規範）作りによって既存の国際法を補完することを試みている。現在の宇宙国際法が喫緊に取り組む必要がある課題は二つであり、宇宙デブリの放出を抑制する問題と宇宙の軍事利用に歯止めをかける問題である。

一点目の宇宙デブリ問題とは、ロケットを打ち上げた際の破片や、機能不全になった人工衛星などの宇宙デブリ（宇宙ごみ）によって宇宙空間が混雑さを増し、将来に向かって人類の利用を脅かしている問題である。二〇〇九年には米国の民間通信衛星と運用が終わっていたロシアの軍事通信衛星が衝突し大量の宇宙デブリが生まれた。今後も宇宙デブリの数が増えていくことは間違いがなく、これをどう抑制するかの国際ルール作りが宇宙国際法に与えられた大きな課題となっている。

二点目は宇宙の軍備管理の問題であり、宇宙空間の軍事利用にどう歯止めをかけるかである。国際法を進展させ一九六七年発効の宇宙条約以上の規制をかけることができるかどうかである。二〇〇七年に中国が地上からのミサイルによって機能停止になった自国の気象衛星を破壊する実験を行ったことにより、有事において衛星攻撃がおこなわれる恐れが世界的にクローズアップされることになった。

本章ではこの二つの重要問題を中心に、宇宙と国際法の関係について、現状と課題を考察する。

2．宇宙の軍事利用を許す「宇宙条約」

宇宙の憲法ともよばれる宇宙条約では、軍事面での規制と宇宙デブリ排出規制について、いかに規定しているのであろうか。

一九五七年十月にソ連が史上初めて人工衛星（スプートニク）の打ち上げに成功した前後から、宇宙空間の「平和利用」に関して国際的な議論が行われ、国連総会では打ち上げ成功の一ヵ月後に、宇宙空間は、「もっぱら平和的および科学的目的のために」利用されなければならないと決議した。冷戦が進む中、米ソの宇宙開発競争が進み、宇宙空間の「平和利用」が一切の軍事利用を禁じるのか否かの定義を含めて、宇宙の法的地位に関する国際的な要請が高まった。国連総会では一九六三年に採択した「宇宙空間の探査と利用における国家活動を律する法原則に関する宣言」の基本原則を条約化する形で、一九六七年いわゆる「宇宙条約」が発効した。

宇宙条約は、大まかにいって以下のような基本原則を定めている。

①全人類のための宇宙探査利用の自由（第１条）

（宇宙空間の探査・利用はすべての国に認められている。また、国際協力が奨励され、利益の共有が期待されている。）

②領有の禁止（第２条）

（月その他の天体を含む宇宙空間は、主権の主張、利用、占領やその他のどのような手段によっても国家による取得の対象とならない。）
③宇宙の軍備管理（第4条）
（月などの天体では軍事利用が禁止されるが、宇宙空間では、以下でもう少し詳しく述べるが、軍事利用が可能と解釈されている。）
④宇宙活動による損害に関する国家責任（第6条及び第7条）
（当事国は自国の活動に国際的責任を有し、地球上、大気空間及び宇宙空間における損害についても、国家が国際的に責任を負う。）

（1）宇宙の平和利用と軍事利用

安全保障の視点から、③の軍備管理について更なる説明を行いたい。宇宙条約第4条が重要であり、以下のとおり規定している。

「条約の当事国は、核兵器及び他の種類の大量破壊兵器を運ぶ物体を地球を回る軌道に乗せないこと、これらの兵器を天体に設置しないこと並びに他のいかなる方法によってもこれらの兵器を宇宙空間に配置しないことを約束する。

月その他の天体は、もっぱら平和的目的のために、条約のすべての当事国によって利用されるものとする。天体上においては、軍事基地、軍事施設及び防備施設の設置、あらゆる型の兵器の実験並びに軍事演習の実施は、禁止する。科学的研究その他の平和的目的のために軍の要員を使用することは、禁止しない。月その他の天体の平和的探査のために必要なすべての装備又は施設を使用することも、また、禁止しない。」

この条文では、文字どおり、宇宙を宇宙空間と天体に分け、天体については、「もっぱら平和的目的のために」利用する義務を課す一方、宇宙空間では、核兵器などの大量破壊兵器を軌道に乗せたり配備してはならないとするのみである。すなわち、現在も軍事目的で宇宙軌道を回っている偵察衛星や早期警戒衛星は合法であるし、通常兵器であれば衛星破壊の機能を持つ兵器を宇宙に配置することは許容されると解釈されている。そうであれば、二〇〇七年に物議を醸した人工衛星を破壊する目的で地上から発射した中国の行為は、宇宙条約上許容されることになる。また、自衛目的であれば、実際の戦闘で相手国の人工衛星を破壊することも合法ということになる。

こうして現行の宇宙条約によれば、宇宙の軍事利用が大幅に認められていると解釈できるが、かつて冷戦初期には「平和的目的」の定義について議論があった。当初スプートニクで優位に立ったソ連は軍事利用を主張し、米国は平和利用の意味を非軍事と主張した。その後、米国の軍事衛星開発が進み立場が逆転すると、米国は平和利用の意味を侵略目的ではなく、非侵略（non-aggressive）目的ならよいと主張する一方、ソ連は非軍事（non-military）であるべきとして宇宙における軍事利用をすべて禁止すべきと主張した。ソ連としては宇宙の軍事活動で優位にあった米国の活動を封じたかったわけだが、みずからも軍事利用の能力を持つに至って主張を引っ込め、現在は「非侵略」が国際的な解釈として定着している。

現行の条文の解釈が定着しているにしても、この条文が現在および将来の国際社会にとって適当なのかは別の話であり、宇宙条約を改正するか、宇宙分野における軍備管理・軍縮に関する条約を新たに作ることによって宇宙条約第４条では不十分なところを補完し、現在より厳しい規制を設けることが広く期待されている。後に触れるがロシアや中国が提唱する宇宙空間への兵器の配置を一切禁止しようという条約案などが挙げられる。しかし、実際は、こうした国際法の改正や新規合意は大国の政治的思惑も絡み、極めて困難な状況にあるというのが現状である。

（2）日本の平和利用

この「平和目的」について日本ではどう扱われているかというと、一九六九年に宇宙開発を担う特殊法人（宇宙開発事業団）を設置する国内法を制定する際、国会における審議や付帯決議において平和利用＝非軍事という解釈が確立した。すなわち、偵察衛星のように防衛に限った非攻撃的なものであっても軍事利用であり、国会決議に反するとみなされた。こうして宇宙条約の平和利用については国際的な解釈より厳しい解釈を行うことになったのである。これは、国際的には固有の権利として広く認められている集団的自衛権を「憲法上の趣旨から行使できない」と独自に厳しく解釈した事例と似ている。

その後、国際情勢の変化により日本でも宇宙の平和利用の解釈は少しずつ変化していった。その顕著な例としては、一九九八年に北朝鮮が弾道ミサイルの実験を行い、日本の東北地方上空を通過して、三陸沖の太平洋に落下したことをきっかけに、日本政府はその年の十二月には情報収集衛星を保有することを早や決定し、北朝鮮を宇宙から偵察することにした。[1] 日本としては朝鮮から核兵器搭載のミサイルが日本をめがけて飛んでくるのを事前に察知し、日本の国土に被弾する前に迎撃するため衛星の軍事利用が必要になったのである。ただし、情報収集目的の衛星が高精度であれば前述の国会決議に反する恐れがあるということで、政府は「一般的に利用されている機能と同等の衛星であれば自衛隊が使用することは可能」という説明を行っている。

さらに、二〇〇八年（平成二十年）に宇宙基本法が制定され、「国は、国際社会の平和及び安全の確保並びに我が国の安全保障に資する宇宙開発利用を推進するため、必要な施策を講ずるものとする。」（第14条）として、非軍事という制約を脱し、非侵略目的の衛星保有が法的にも正式に認められることになった。日本をとりまく安全保障環境が厳しさを増す状況下、宇宙基本法の制定によって、国際的に広く認められている軍事利用が日本でも可能となり、技術的にもこれまでは民間企業により一般に普及している以上の性能の衛星は利用できなかったのが、その後は高性能の情報収集衛星を自前で開発し、利用することが可能になったのである。

（3）宇宙デブリの規制

宇宙条約には、宇宙デブリの放出を規制する直接的な規定はない。関連すると解釈できる規定をみると以下の二条がある。第９条は、他の当事国の対応する利益に妥当な考慮を払い、他の当事国に潜在的に有害な干渉を及ぼす活動・実験について、事前の協議義務などを規定している。宇宙デブリを放出し、外国の衛星や有人活動を危険に晒す恐れのある軍事実験を抜き打ちで宇宙空間において行うことを禁止しうるものと解釈することは可能である。また、第11条では、宇宙の探査・利用を実施する国は、その活動の性質、実施状況、場所および結果について、実行可能な最大限度まで国際的に情報を公開し、国際協力を促進する義務があると規定している。

しかし、これらの規定が宇宙デブリの放出を規制していると解釈し、国際責任を問うことは難しいとされている。中国が二〇〇七年に衛星破壊実験を行った際も事前の協議は行っておらず、事後に宇宙条約違反として強くとがめられてもいない。

3．ゴミ汚染が進む宇宙空間

ソ連が世界初の人工衛星であるスプートニクの打ち上げに成功した一九五七年以来、人類は宇宙活動の場を拡大し続け、宇宙への進出過程で獲得した宇宙技術は今や日常生活に深く浸透し、経済・社会生活に不可欠なインフラとなっている。現在、地球の周りを回っている三五〇〇基以上の人工衛星は、通信、放送、測位（ＧＰＳ等）から自然災害監視まで、我々人類の社会・経済活動と密接不可分なものとなってい

▼１　自衛隊は硫黄島駐留にあたり一九八三年初めて通信衛星を利用し、一九八五年には海上自衛隊による米国の軍事通信衛星（フリートサット）を利用した。日本政府は「その利用が一般化している衛星及びそれと同様の機能を有する衛星については、自衛隊による利用が認められると考える」という解釈（いわゆる一般化理論）を行っている。

るし、外交・安全保障面でみても、さまざまな軍事活動にとって通信や測位等の人工衛星は欠くべからざるものになってきている。

一方、こうした宇宙開発の進展による負の側面として、宇宙環境問題が深刻になっている。打ち上げに伴うロケット上段等の廃棄物、ミッション終了後の処置ルールが曖昧だった頃の人工衛星などは、軌道上に残留して、推進系の爆発や他物体との衝突などにより、宇宙デブリの増加を引き起こしている。この結果、宇宙デブリ同士が衝突してさらに宇宙デブリが増える現象（ケスラーシンドローム）が発生し、加速度的に状況が悪化している。現在のデブリの発生状況をみると、ロケット上段のような大きさのものから十センチ・メートル以下の小さなものを含め、一ミリ・メートル以上で算出すると、一億個以上のデブリが地球を周回していると推定されている。

この「ケスラーシンドローム」[2]では、物体密度がある限度を超したとき、衝突の連鎖反応の制御ができなくなる。ところが、連鎖反応と言っても初期段階では六〜七年に一回の衝突が起きるだけであるが、これが数十年継続する間に衝突の時間間隔が次第に短くなり、百年ほどのあとではどうにもならなくなるといわれている。数百年のうちには、全部の物体が小さな破片になってしまう。これが最悪のシナリオであるとされる。

こうして宇宙デブリが稼働中の人工衛星や宇宙飛行士が常時滞在する国際宇宙ステーションなどにリスクをあたえるようになっているし、宇宙デブリが大気圏に再突入する際にも地上で被害が起こる危険が指摘されている。

宇宙デブリが人類社会にもたらすリスクが国際的に議論を呼ぶようになったのは比較的最近のことであるが、事態をこれ以上悪化させないためには、国際社会が共同してデブリの排出、発生を抑制しなければならない。それができなければどこかの時点で宇宙空間にすでに放たれている宇宙デブリを大きなコストをかけてでも回収しなくてはならなくなるかもしれない。その構図は気候変動問題における最終的な解決が大気中にある温暖化ガス（二酸化炭素やメタンなど）を回収し、地中に貯留しなくてはならない状況になりつつあるのと似ている。

こうした状況下、国際社会は国際公共財（グローバル・コモンズ）である宇宙空間を守るための行動にすでに入っている。宇宙デブリの国際法を作るにあたり、中心的役割を果たすのは国連のCOPUOS（コーパス・国連宇宙平和利用委員会）である。上記の宇宙条約をはじめとする宇宙五条約はこの国際機関において作成された。COPUOSは宇宙活動国を中心に日米露など七十七か国から構成され、「宇宙の平和利用」について協議する場であるが、宇宙デブリの問題は現在最大の関心事の一つとなっている。

COPUOSでは一九九九年に「スペースデブリに関する技術報告」を発行し、国際協調に基づくデブリ発生防止管理が必要であるとの共通認識を醸成したが、それ以上の規範化の進展に対しては、特に米国・ソ連が規制の強化で宇宙活動が阻害されることを恐れ難色を示し続けた。一旦法的議論が開始されれば、何処まで制限を受けるかは予測ができず、そうした疑心暗鬼により、デブリ問題を解決すべきとの総論にはほとんどの国が異論を唱えないものの、宇宙デブリをどこまで規制し、どのように規制するかの手段について見解が一致しなかったのである。[3]

COPUOSで合意を得るにはコンセンサスが原則となっており、加盟国が増えている現在、法的拘束力を有する新たな国際約束の作成は極めて難しくなっている。こうした状況を受けて、宇宙デブリの発生抑制を目的とした「スペースデブリ低減ガイドライン」が二〇〇三年から審議され、二〇〇七年にようやく採択された。[4]

このガイドラインは七つから成り、専門的で難しいが概ね以下の点を内容とするものである。

▼2　八坂哲雄「デブリ問題の本質と望まれる対応」（宙の会ホームページ）

▼3　加藤明「スペースデブリ低減ガイドライン：国連宇宙利用平和委員会（COPUOS）」（宙の会ホームページ）

①運用中にデブリを放出しないよう設計すること。
②軌道上で偶発的衝突が起こらないよう見積もり、制限すること。
③意図的な破壊活動を避けること。
④人工衛星などをミッション終了後に低軌道域から除去すること。

このガイドラインができたこと自体賞賛すべき国際努力であったが、文字どおり技術的な指針であり、国際協定や条約と呼ばれる国家を法的に縛る国際法ではないので、道義的に守ることが期待される目標にすぎないともいえる位置づけである。実際、このガイドラインは宇宙の専門家が科学技術の視点から策定したものであり、最先端の宇宙国である米国でさえすべてを順守できるわけではない高いレベルにある。[5] したがって、加盟国がこの国際基準を目安として可能な範囲で自主的に国内規制を行うことを期待するにとどまっているとの限界がある。

因みに、国連における宇宙の平和利用を審議する中心機関であるこのCOPUOSでは日本人の活躍も目立っている。二〇一二年六月から二年間、宇宙航空研究開発機構（JAXA）の堀川康技術参与が日本人初のCOPUOS本委員会議長を務めたほか、同じくJAXAの小原隆博氏が、「宇宙活動の長期的持続可能性」作業部会の専門家会合の一つ「宇宙天気」専門家会合の議長、青木節子慶應大学教授が「宇宙の平和的探査と利用の協力に関する国際メカニズムのレビュー」作業部会の議長を務めている。また、日本は宇宙デブリの処理技術研究においても世界の先頭を走る国の一つであり、この分野で日本として国際イニシアティブをとることが、今後検討課題になってくるかもしれない。

4．軍事利用の制限

（1）宇宙の軍事利用

そもそも冷戦時代においては、軍事衛星は作戦のための兵器としての利用ではなく、主に他国の状況を観測、監視するという形で軍事利用するにとどまっていた。航空機で偵察すれば領空違反となるところが、領空（地上百キロくらいまでを指すことが多い）を超えた宇宙から偵察する偵察衛星の利用であれば、公海やその上空からの偵察と同様、その行為を禁止する国際法はかつても今も存在しない。技術的に宇宙からの監視が可能となったことにより、米ソは軍縮条約を結ぶにあたり、相手が条約を遵守しているかを相互に宇宙から監視することができ、条約の検証に役立つこととなった。別の角度で言えば、相互に軍事活動を監視できることにより透明性が向上し、軍事衛星が平和に貢献するという一面もあったのである。すなわち、米ソが二国間の軍備管理・軍縮条約において人工衛星（偵察衛星）による相互監視を認め、妨害しないという合意ができたことは、相互に衛星攻撃兵器を使わないという合意とみなすことができるからである。

他方、その後宇宙技術がさらに進展し、宇宙からの偵察衛星のみならず、より軍事作戦に近い軍事衛星が実用化されるようになった。秘匿する必要のある軍用通信を行うための軍事通信衛星、米軍が開発しさまざまな軍事目的に利用できるＧＰＳに代表される測位航法衛星、敵国の無線を傍受する電子偵察衛星、敵国の潜水艦の位置を知る海洋偵察衛星、敵国のミサイル発射を探知する早期警戒衛星などであり、一九九一年の湾岸戦争では初めて戦闘における軍事衛星の有用性が世に知らしめられることになった。例えば、ＧＰＳによってアメリカ軍の地上部隊は何の目印もない広大な砂漠でも進軍できたし、ミサイルや爆弾を正確に誘導した。

こうして宇宙の軍事利用は、冷戦後に宇宙開発が進みさまざまな軍事用途が可能になったこと、また、

▼４　ＮＡＳＡが一九九四年に採択したデブリ低減ガイドラインが、二〇〇二年の「国際機関間デブリ調整委員会」（ＩＡＤＣ）のガイドラインや二〇〇七年の国連の低減ガイドラインへとつながった。

▼５　同上加藤

国連憲章2条4項が戦争だけでなく武力の行使を一般的に禁止しているものの、上記で述べたとおり宇宙空間では大量破壊兵器以外には国際法上の禁止規定がないこともあり大きく進展することになった。米ソ間には衛星攻撃兵器を相互に使わないという暗黙の了解があったにしても、冷戦後の新しい時代にあっては、他の国は米ソの二国間合意に縛られる必要はない。中国が二〇〇七年に衛星破壊実験を行ったことは、新しい合意が必要なことを改めて国際社会に認識させることとなった。

米国は、中国の衛星破壊実験を自国への軍事的挑戦として警戒を強めている。衛星破壊兵器の実験は中国が開発してきている衛星攻撃兵器の一環であり、米国の軍事作戦が軍事衛星に大きく依存している状況を脆弱性ととらえ、中国がアジアにおける米国の軍事的干渉を抑制するための有効な手段にしようとしていると危惧しているのである。逆に、米国が現在保有しているミサイル防衛システム自体も一種の衛星攻撃兵器と見られており、ロシアや中国は自国のミサイルを無力にするものとして警戒している。第6章でも見る通り、衛星攻撃兵器は多様であり、これらをひそかに開発することは容易である。また仮に衛星攻撃兵器を開発、配備しないという合意ができたとしてもこれを検証する手段はほぼないとされることから、宇宙兵器の軍縮、軍備管理というのは実効性を担保することが難しく関係国の疑心暗鬼は消えにくい。したがって、宇宙攻撃兵器を将来的に開発しない、所有しない、使用しないという国際合意を作ることは難しいとみられている。

中国の宇宙利用が民生、軍事両面で米国と同様のレベルにまで上がっていけば、米ソ間にできたように何らかの二国間の合意が生まれる可能性があると期待する声もあるが、現状ではそのような合意ができる見込みはなさそうである。

(2) 宇宙の軍備管理

国際法は宇宙の軍事利用の規制について、いかなる努力を行っているのであろうか。前述したCOPUOSは宇宙を民生利用の側面から議論する国連機関である。軍事については、国連の枠外ではあるが、国連と強い関係があり、軍縮に関して唯一の多数国間交渉機関であるジュネーブ軍縮会議（Conference on Disarmament、以下「CD」という。）が存在する。CDは部分的核実験禁止条約（PTBT、一九六三年）、核兵器不拡散条約（NPT、一九六八年）、生物兵器禁止条約（BWC、一九七二年）、化学兵器禁止条約（CWC、一九九三年）などで実績を積み上げてきた。

宇宙空間の軍事的利用については、前述の宇宙条約で一定の枠組みができたが、一九七八年に国連[6]において、「宇宙空間における軍備競争の防止」（PAROS）[7]のために追加的な対策をとるべきとされ、一九八五年から一九九四年まで特別委員会が設置された。そこで宇宙条約を補完する新たな条約の作成の必要性、衛星攻撃兵器、対弾道ミサイル・システムの評価などにつき長い議論が行われた。

しかし、冷戦後、とりわけ一九九七年にクリントン政権が米国本土ミサイル防衛の推進を打ち出して以降は、これを牽制したい中ロとの間で対立となり、交渉自体が長く停滞し、実質的成果が得られないまま、今日に至っている。このような停滞の原因は、PAROSをCDでどのように扱うかについて、主に米中が対立し、CD加盟国全体のコンセンサスが形成されなかったことにあると言われている。具体的には、中国が、米国の進めるミサイル防衛は宇宙における軍備競争につながるものであり、これを防止する条約の「交渉」を行うことは、多国間の軍備管理・軍縮における緊急の課題であると主張したのに対し、米国は、宇宙の軍備競争防止について「議論」することは良いが、「交渉」することは受け入れられないと主張したからである。[8]交渉停滞の原因については、その他にも言われており、各国の安全保障に直結する話であることから、主要国の思惑が錯綜する分野である。

▼6　第1回国連軍縮特別総会最終文書
▼7　宇宙空間における軍備競争の防止（PAROS: Prevention of Arms Race in Outer Space）
▼8　「わが国の軍縮外交」外務省　平成十四年五月第六部第二章第二節「ジュネーブ軍縮会議（CD）の停滞問題と打開への努力」

（3）ミサイル防衛をめぐる攻防

一九八三年に米国のレーガン大統領が提唱した戦略防衛構想（SDI）は宇宙配備（space-based）の弾道ミサイル迎撃システムを含むものであり、SDIを経て、現在のミサイル防衛戦略に至るまで一貫して米国は宇宙空間からの弾道ミサイル迎撃を視野に入れた戦略を有する。そのような米国の動きに対し、ロシアや中国は、宇宙配備のミサイル迎撃システムを禁止することを目的としてCDを含むさまざまなフォーラムで軍備管理を提唱してきた。▼9 宇宙配備の禁止とはいっても、地上配備の弾道ミサイル迎撃システムはミサイルが宇宙空間を通過することもあり、条約の規定次第ではこのシステム自体が規制される恐れがあったのである。

そうした中、二十一世紀に入り、ロシアと中国は二度にわたり、CDの場で宇宙の軍備管理に関する条約案を共同提出している（二〇〇二年、二〇〇八年。中国はそのほかに二〇〇一年に単独で提案している）。これが宇宙空間への兵器の配置を禁止することを含む「宇宙空間における兵器配置防止条約案（PPWT）」である。宇宙空間における攻撃兵器の配置を禁じる一方で、中国が自ら行った宇宙攻撃実験のような地上から宇宙への攻撃が違法かについては不明確な規定になっているとして米国は批判している。衛星攻撃兵器と弾道ミサイル迎撃ミサイルがほぼ同じ技術であることから、条約案では、西側が開発した弾道ミサイル迎撃システムが合法であるのか否かが不明確であり、宇宙に攻撃兵器を配置する技術潜在力が最も高い米国から見ると、自らの手をしばる可能性があるのである。その場合、日米が推進している弾道ミサイル防衛（BMD）計画では、宇宙空間での迎撃を想定しているものがあり、北朝鮮の弾道ミサイル開発や中国の軍事的台頭を考えると、防御的兵器であるBMDシステムが宇宙で制限されることは防衛上の大きな懸念となる。こうして日本のミサイル防衛にも影響を与えうる話なのである。

一方で、米ロによれば、中国はこの二十五年間、さまざまな衛星攻撃兵器を開発してきているとされる。敵国の衛星に直接衝突させる方法や、レーダーを照射したり、衛星に接近して機能不全にするといったやり方であり、これは米国が軍事作戦を宇宙ネットワークに高度に頼り、衛星はそもそも敵の攻撃から無防備であることから、中国がこの脆弱性を突こうという作戦とみられている。こうした衛星攻撃の有用性をみて、ロシアも開発を再開する動きをみせ、インドにもその可能性があるとされており、比較的開発が容易で、安価な衛星攻撃の開発が連鎖的に国際的に広がっていく恐れがあるのではないかと米国は懸念している。他方、米国はこうした衛星攻撃兵器開発の国際競争を恐れて、中国に対抗して衛星攻撃兵器の開発に本格的に着手することを躊躇しているとされる。むしろ、自国の衛星に強靭性をもたせる、自国の衛星が不能化されたら代替機を直ちに打ち上げる能力をもつか、同盟国の衛星で代替する、軍事衛星への依存が少ない軍事作戦に移行するなどの案が検討されているが、現時点で決め手はないようである。

こうした状況下、宇宙空間における軍備管理問題が今後どのように推移していくのかが注目されるところだが、ジュネーブでは引き続き交渉がおこなわれない状況が続き、今後も明るい見通しは立っていないといわれている。しかし、以下のような動きもある。

5．新しい動きとソフトロー

このように宇宙の国際法作りは総じて停滞しているが、中国の衛星破壊実験等の事態を受けて新しい動きが出てきている。中国の実験は、宇宙デブリを増やし宇宙空間の危険が増すことにどう対処するかという問題と、宇宙における軍拡競争への幕が開かれるかもしれないという問題を同時に提起することとなり、両問題への対処についてかなりの切迫感をもって国際社会に迫ることになったのである。具体的には以下のような好ましい動きが出てきている。

▼9　青木節子「宇宙兵器配置防止等をめざす露中共同提案の検討」

（1）ソフトロー作りへの新しい動き

ソフトローとは、すでに述べたが、国家間の明確な合意ではなく、法的拘束力がないルール（規範）である。代表的なものとしては国連総会決議、国際裁判所の判決などが挙げられ、明確な合意である既存の国際法を補完する役割を果たすとされている。

(イ)COPUOSでの動き

二〇〇七年一月に行われた衛星攻撃兵器の実験によって、中国は国際社会の批判を浴びたが、数か月後にCOPUOSの場で採択が遅れていたスペースデブリ低減ガイドラインが採択され、その年末には国連総会の決議となった。そのガイドラインの中の一つとして「意図的な破壊およびその他の有害な活動の回避」が規定されている。このガイドラインは法的拘束力がないことから明確な合意である国際法より比較的ではあるが参加国の合意が得やすく、まさにソフトローと呼ばれるものである。しかし、ガイドラインは指針にすぎず、各国の行動を縛る法的拘束力はないとの限界がある。

その後も、同じCOPUOSの中で「宇宙活動の長期持続性」作業部会で更なる議論が行われている。ここでは上記にみた二〇〇七年に策定された技術的視点からのガイドラインを超えて、宇宙活動を長期持続的に保証するための包括的なガイドラインの策定が進められており、二〇一四年には宇宙政策、規制の枠組み、国際協力、科学技術、マネジメントというあらゆる側面を包含する三十三のガイドラインが作業部会長による提案として出るまでになっている。宇宙デブリ抑制について、この提案では加盟国が規制のメカニズムをもつように勧告している。宇宙活動の長期持続性を維持するために新たな条約を作るという選択肢は合意できなかったもの[10]の、新しいソフトローづくりを目指すものであり、作業部会でここまで進展してきていることは粘り強い調整の結果といえる。

(ロ)国連総会での動き

二〇一一年、国連総会は宇宙活動の透明性と信頼醸成措置に関する政府間専門家会合（Group of Government Experts on Transparency and Confidence Building Measure in Outer Space Activities: GGE）を設置することを決議し、二〇一三年七月に報告書をまとめた。この会合は、ＣＤの流れを汲み、宇宙活動やその政策に関する情報共有を促進して、相互の信頼醸成を図っていくことに焦点を当てている。日本人は入っていないが、地域性を考慮した十五か国の専門家によって国連事務総長に提案された報告書によれば、各国が自国の宇宙政策や活動についてさまざまな情報交換を行うとともに、リスク軽減のための通報を行い、専門家が宇宙施設に相互訪問するといった信頼醸成のための措置が盛り込まれている。

(八)中国の動き

中国は二〇〇七年の実験以来、衛星攻撃兵器の実験は続けているものの、大量のデブリを発生するような方法での実験を行っていず、デブリ問題について前向きな姿勢をとるようになったといわれている。例えば、中国の二〇一一年宇宙白書には、デブリを減らす努力に関し、具体例を挙げて、「中国は宇宙デブリの監視と軽減、宇宙機の保護の業務を引き続き強化していく」と記載している。

(二)宇宙活動に関する国際行動規範

二〇〇八年からヨーロッパのイニシアティブにより、新たに行動規範を設けようという動きが出ており、これもソフトロー策定への動きである。米国もこれまでの消極的な態度を変えて支持を表明し、中国やロシアもこれまでのところ議論に参加してきている。この行動規範は民生と軍事の両方の宇宙活動をカバーすることを意図している点、すなわち停滞している軍事面を含めて合意を目指している点が画期的である。

具体的には、参加国は、事故、衝突その他の有害な干渉可能性を最小化する措置をとること、宇宙デブリ発生低減のため宇宙物体の意図的な破壊等を差し控えること、宇宙物体への危険な接近をもたらす可能性のある運用予定、軌道変更、再突入、衝突等のリスクを通報すること、参加国は他国が同規範のコミッ

▼10　マズラン・オスマン国連宇宙局前事務局長「宇宙をめぐる国際関係と日本の役割」東京大学政策ビジョン研究センター　宇宙政策シンポジウム

トメントに矛盾する活動を行っていると信ずるに足る理由を有する場合に協議を要請することができることと等が規定されている。[11]

この行動規範案に対して、米国議会にはこれが事実上の条約であり、米国の行動を縛るのではないかという疑いがあるとされ、一方、中国とロシアは先述した共同提出の軍備軍縮の条約案（4.（3））が先決であるとの考えがあり、今後の進展は予断を許さない。

こうして中国の衛星破壊実験を契機として、宇宙の民生利用を扱うCOPUOSにおける議論、軍事規制も念頭に置いた国連総会における動き、また、明確に軍民双方を対象にし、内容的にも踏み込んでいる国際行動規範策定といった動きが出てきている。国際行動規範は、これまで多国間での協議を重ねてきた結果、二〇一五年七月に交渉に入った。こうして多国間で規制を強化していく方向に大きく踏み出しだしたわけであり、今後の更なる進展が期待されている。

（2）ソフトローへの傾斜

他方、以上の進展は、宇宙利用の将来に向けて重要なステップとなることが期待されているものの、すべての試みは自発的、非拘束的なルールを策定しようというものであり、義務的、拘束的ではないことから実効性に不安がある。こうした規制は、本来であれば、条約や国際協定という伝統的な形の国際法として制定すべきとの議論になりそうであるが、実際は現実的な観点からそのような方向には向かっていず、ソフトローに傾斜しているようである。

宇宙デブリの放出を抑制する技術は高度であり、コストもかかることから、発展途上の宇宙活動国が法的責任をもって約束を守ることは難しい。これが途上国による宇宙への参入障壁になることもありうることから、そのような法的義務を伴う国際合意を作ること自体が困難となりつつある。また、技術進歩や状況の変化により、デブリ対策に必要とされるレベルは今後とも変化しうるので、国際法の制定をめざして仮に何とか合意が成立しても、その後再び改定が必要となり、そのために時間と労力を要してしまう。さらに言えば、宇宙の世界に限らないが、先進国が途上国に同じレベルの義務を課そうとするならば、そのための資金と技術を先進国が提供すべきという戦後長く続いてきた南北問題に根ざした政治論争になり、既存の法の有効性や実効性にまで悪影響を及ぼしてしまうおそれすらある。最近の例で言えば、気候変動の交渉はまさにそのような事例であり、交渉に長い時間がかかっている。

したがって、宇宙に関しては、法的拘束力がある国際法には及ばないにしても、国連総会決議や国際機関で採択された決議やガイドラインといった「ソフトロー」によって各国の宇宙利用を緩やかに、自発的意思によって拘束することを期待する方が実際的であり、むしろ望ましいとの見方がある。例えば、日本の専門家によれば、「忘れてならないことは、国際社会が多種多様な主権国家によって構成されていることである。つまり、国際規制を実施する際に、国や地域を問わず一律の規範を遵守するという形よりもそれぞれの実情（経済水準、文化、社会等）に合わせて柔軟性をもたせた規律のほうが望ましいことがしばしばである。そのためには、ソフトローの形で一定の指針を示し、各国が必要な変更を加えたうえで、各国の実情に合った規制を行う方が適切な場合も多く、このためには条約よりもソフトローの方が望ましいのである。」ということであり、そうしたソフトローが望ましい分野として、宇宙規制、労働、海洋汚染を例示している。[12] このように、宇宙分野では、今後ソフトローの方向に進んでいく可能性が高い。

他方、宇宙分野の中でも、ソフトロー的縛りが望ましい場合もあるし、すでに条約になっている宇宙飛行士の返還などのケースでは、各国に対しより拘束力の強い義務を課すことが可能であろう。また、次にみる軍事面のように、政治的な対立から法的規制が極めて困難な分野もあるので、国際法に比べたソフトローの優位性については、一概には言えないことも確かであろう。

いずれにしろ、まずは、法的拘束力がないガイドラインといったソフトローの形のルールを地道な努力

▼11　外務省ホームページ

▼12　小寺彰「現代国際法学とソフトロー」（「国際社会とソフトロー」中山信弘編集代表（有斐閣））

でつくり、能力に応じつつ可能な限り宇宙デブリの放出を少なくする、外国の衛星を害するような実験や攻撃は厳に慎むといった国際コンセンサスを徐々に作っていくことが有効であると思われる。

（3）その他の対策

以上を踏まえつつ、宇宙の二大問題——宇宙デブリと軍事規制——に取り組んでいくに当たっては、国際法ないしソフトローのアプローチ以外にも、いくつかの方法が考えられる。

（イ）宇宙監視能力の向上によるアプローチ

宇宙の軍事活動に対する依存度が最も高い米国は、自国のみならず、他国の宇宙機の稼働状況を監視できる圧倒的な実力をもっており、衝突のおそれのあることが判明した場合には宇宙デブリが増えないよう関係国に通報している。通報を受けた国は自国の宇宙機の軌道をずらし回避している。それでも二〇〇九年には米国とロシアの衛星が衝突するという事態が起こっている。地上から宇宙空間の状況を宇宙デブリの軌道も含めて監視することを宇宙状況監視（Space Situational Awareness: SSA）と呼んでいるが、デブリの衝突を避けるためには多くの国がＳＳＡ能力を高めて情報の共有を強化していくことが望まれる。軍事的には、ＳＳＡ能力が高いことは潜在敵国の衛星の動きを監視することでもあり有利である。その意味では、日本もその能力を高め、米国等と協力していくことが望ましい。

（ロ）既存のデブリを回収するアプローチ

これまでのガイドラインは今後の宇宙活動において宇宙デブリの発生を抑制していくためのものであり、すでに軌道上を回っている宇宙デブリを減らす指針ではない。現在あるデブリを大きなコストがかかっても政策的に除去していくことも今後の課題となる。すなわち、これまでの宇宙デブリ対策は、監視、回避、放出の抑制という受動的な対応であったが、より積極的に日本を含む先進国が宇宙デブリ除去の技術開発を進めており、これを早期に実用化して実行に移すことが望まれている。日本としても開発中のデブリ除去衛星を使って国際貢献に踏み込むことを考えてもよいとおもわれる。既存のデブリについてコストをかけて除去するという国際協力が行われることになれば、デブリを意図的に放出するような行為には大きな抑止がかかることも期待できる。

(ハ)大国間による合意を探るアプローチ

衛星攻撃兵器の開発競争を食い止め、軍備管理を行うことで、意図的に相手国の衛星に損傷を与えることはぜひとも避けられるべきだが、現状CDでは交渉が行われる見込みはほぼなく、妙案はない。米国、ロシア、中国といった衛星攻撃兵器ないしそれに類似の兵器を持つ国が二国間条約で相互に約束するような状況が将来的に訪れることを期待したいところである。人工衛星の役割が民生に大きく広がる中で、そうした人工衛星への攻撃が暗黙のタブーとなるような状況に至ることもないとはいえない。そのためにも宇宙活動分野での信頼醸成措置の促進が必要である。いずれにしても、衛星破壊実験や衛星攻撃が起こるような事態にならないよう、平和的な国際環境を着実に整備していく外交努力が重要であることは言うまでもない。その一つのアプローチが上記のヨーロッパ主導の宇宙活動に関する国際行動規範策定への動きである。関係国の危機感が高まる一方で妙案がない現状下、何らかの妥協が生まれる可能性がある。

6．宇宙国際法と安全保障

「安全保障」という用語は冷戦後、特に近年ますます多様な分野を包含する形で幅広く使われるようになっているが、かつても今も一義的には軍事力（国防）を指してきた。他方で、冷戦時代が米ソの二極対立に集約されていたのと異なり、冷戦後は、さまざまな国際テロ活動や内戦の頻発のみならず、気候変動問題の深刻化や広域にわたる感染症の頻発など多様な脅威が顕在化し、軍事力のみでは、国家の安全も国民の安全も守れないことが認識されるようになり、外交を中心とした総合的な安全保障政策が必要になっている。

国際政治的には、自らの安全を確保するには通常三とおりの政策を展開するのが通常である。

①自衛力の増強
②同盟
③環境整備

日本でいえば、①は防衛力を増強することであり、②は日米同盟の強化が中心であり、二〇一五年九月に平和安全法制が可決し、集団的自衛権の行使が限定的ながら容認されることになったことはその手段となる。③については、戦争が起こることを抑止するような国際環境を整備することであり、多様な外交努力が現在も行われている。二〇一三年に策定された日本初めての国家安全保障戦略をみると重要性の高い政策が例示されているが、軍同士の信頼醸成措置、安全保障に関する多国間、二国間の協議の実施からはじまり、国連を中心とした地球規模問題への貢献、経済援助や文化・人物交流の実施による日本のイメージ向上策までさまざまである。

宇宙分野もこうした日本の安全保障にかかわるところが大きい分野であり、同戦略の中でも、海洋、サイバー、政府開発援助、エネルギー分野とともに特記されている。宇宙国際法の重要性についても、以下のとおり直接関連する記述がある。

○国際公共財（グローバル・コモンズ）に関するリスク
「宇宙空間は、これまでも民生分野で活用されてきているが、情報収集や警戒監視機能の強化、軍事のための通信手段の確保等、近年は安全保障上も、その重要性が著しく増大している。他方、宇宙利用国の増加に伴って宇宙空間の混雑化が進んでおり、衛星破壊実験や人工衛星同士の衝突等による宇宙ゴミ（スペースデブリ）の増加、対衛星兵器の開発の動きを始めとして、持続的かつ安定的な宇宙空間の利用を妨げるリスクが存在している。」

○法の支配強化
「法の支配擁護者として引き続き国際法を誠実に遵守するのみならず、国際社会における法の支配の強化に向け、様々な国際的なルール作りに構想段階から積極的に参画する。その際、公平性、透明性、互恵を基本とする我が国の理念や主張を反映させていく。……特に、海洋、宇宙空間及びサイバー空間における法の支配の実現・強化について、関心を共有する国々との政策協議を進めつつ、国際規範形成や、各国間の信頼醸成措置に向けた動きに積極的に関与する。また、開発途上国の能力構築に一層寄与する。……宇宙空間については、自由なアクセス及び活用を確保することが重要であるとの考え方に基づき、衛星破壊実験防止や衝突回避を目的とする国際行動規範策定に向けた努力に積極的参加し、宇宙空間の安全かつ安定的な利用の確保を図る。」

国際社会は、すでに述べたように国家が並立する水平的な基本構造であり、その上位に位置する中央権力が存在しないことから、弱肉強食の色彩が未だ濃い社会である。国家は自らが合意する範囲内でしか拘束されないという意味で、国際法は国内法に比して整備が不十分であり、制度化が遅れている。「法の支配」という概念も国内社会を念頭に置いて発達してきたものであるが、国際社会においても、西側世界から生まれた自由、民主、人権と並ぶ基本的価値として、その普及が目指されている。「法の支配」の逆は「力の支配」であろう。安倍首相が、近年、ロシアのウクライナ侵攻や中国の南シナ海、東シナ海における行動を指して、「力による現状変更は認められない」と述べる機会が多くなっているのは、「法の支配」が脅かされていることへの懸念である。

国際法の権威である元外交官は、「二十一世紀の今日、外交において〝むきだしの力〟の実効性は大幅に逓減の方向をたどっていることは疑いを入れない。その反面として、大国といえども、自らの外交上の主張に説得力を持たせるためには、〝国際法に依拠した正当化の努力〟を尽くすことがますます不可欠になってきていることを見落とすべきではあるまい。」[13]と述べている。

▼13　小松一郎『実践国際法』信山社

宇宙において、「法の支配」をめぐるせめぎあいが続いてきているが、冒頭でも述べたようにそもそも国際法が世界平和の実現を目指してきた中で、宇宙国際法が重要な一部分をなしていることはまちがいない。宇宙分野におけるルール作りという地道な外交努力を続けることの意義は大きい。ここでいう外交努力とは、宇宙関係者が技術的視点から、宇宙デブリ問題に取り組み、そのサークルの中で国際的なコンセンサスを作ってきたこれまでの貴重な努力が含まれることはいうまでもない。

（二〇一五年七月記）

第3章 宇宙ビジネスと外交

本章では、宇宙ビジネスについて、外交の視点から論じる。まず、宇宙ビジネスとは何かであるが、人工衛星を製造し、それを宇宙に輸送するロケットの製造や打ち上げサービス等の提供である。日本の民間企業も、技術的に優れた人工衛星やロケットを安価に製造し、国内官需に頼るのみならず、国外で厳しい競争に勝つことで利益を出していかなければ、長期的に日本の宇宙産業基盤が弱まってしまう。宇宙産業は国家の安全、経済、科学を担う戦略的分野であり、日本のみならず、世界の主要国は自国の宇宙産業強化に向けて政策を練っている。

日本では、二〇〇八年の宇宙基本法の制定によって、これまで科学技術に重点が置かれてきた宇宙開発を、同時に安全保障や産業振興にも重点を置くよう改められた。すなわち、産業振興によって国際競争力を高めることが政府の基本方針となったのである。その後、二〇一三年五月に安倍政権はインフラシステム輸出戦略を策定し、これを包含する形で同六月に日本再興戦略（以下、「成長戦略」と呼ぶ。）を発表した。さまざまな戦略が含まれる中で、海外向けインフラ輸出では、医療分野、農業分野と並び、宇宙分野を「新たなフロンティア」として位置付け、政府として正式にビジネス支援を行うことになったのである。こうした方針の下、ベトナム、タイ、トルコ、ブラジルといった国において、日本政府がその出先である在外公館（大使館や総領事館）をも利用して宇宙ビジネスを直接支援するようになっている。

近年、途上国の宇宙進出が進み、自国の人工衛星を所有する国が五十を超えたことにもみられるように、

表 3-1　宇宙技術力比較調査評価結果総括表

評価項目	満点	米国	欧州	ロシア	日本	中国	インド	カナダ
宇宙輸送分野	30	28	23	26	18	21	11	0
宇宙利用分野	30	28	23	14	18	11	8	7
宇宙科学分野	20	19	10	8	7	2	2	2
有人活動分野	20	20	9	17	10	10	1	3
合計	100	95	65	65	53	44	22	12
順位		1	2	2	4	5	6	7

（(独) 科学技術振興機構（JST）研究開発戦略センター 2011 年調べ、各 100 点満点）

日本企業のビジネスチャンスは広がりつつある。輸出振興については、主要な役割を果たすことが期待される経済産業省や文部科学省に加えて、外務省やその関係組織である国際協力機構（以下、「ＪＩＣＡ」という。）も宇宙ビジネスの促進に関与する機会が増えていくことが予想される。

本章は、そのような最近の動きを踏まえ、宇宙ビジネス支援に関する外交的側面についてその背景、課題等を紹介する。

1．世界の宇宙ビジネスと日本

（1）日本の宇宙技術の実力は？

日本の宇宙技術が、世界でどのくらいの競争力をもっているのかは、多くの方にとり最も関心のあるところだと思うので、ここから始めたい。米国がダントツの一位にあり、二位はロシアと欧州が争い、日本と中国が四、五位を争う状況にある。[1] 二〇〇三年以降、中国が有人宇宙飛行を成功させており、二〇一三年六月、五回目となる有人宇宙飛行により独自にもっている無人宇宙ステーションとのドッキングにも成功した。この一例をみても、中国はすでに日本をリードしているという見方をする専門家が多くなっている。表３―１で、「宇宙輸送分野」というのはロケット技術であり中国がリードしている。「宇宙利用分野」は人工衛星技術のことで、ここでは日本がリードしている。「宇宙科学分野」というのは深宇宙の学術研究で宇宙天文学や宇宙物理といわれる分野であるがここでも日本が優位にある。「有人活動分野」というのは、宇宙飛行士が宇宙で活動するために蓄積されている技術、経験だが、日本人宇宙飛行士も国際宇宙ステーション（ＩＳＳ）で活躍しており、日中が同じ得点となっている。因みに、以下で述べる産業分野の国際競争力については必ずしも宇宙技術の高さを表わすわけではないが、中国はロケットサービス輸出に強みがあり、日本を上回っている。

（２）宇宙産業の売り物は何？

それでは海外に向けた宇宙の売り物は何かであるが、基本は人工衛星の輸出とロケット打ち上げサービスの輸出という二つの市場がある。そのほかは、これらの部品輸出である。

ロケットについては、弾道ミサイルとほぼ同じ技術を使うので特に西側において厳しい国際輸出管理レジームがある。我が国でも、我が国の安全等を脅かすおそれのある国家や、テロリスト等懸念活動を行うおそれのある者に渡ることを防ぐため、外為法の輸出貿易管理令および外国為替令により貨物や技術の輸出や技術の提供に厳しい規制が課されている。[2] 日本はロケット製造技術をもつ世界でも数少ない国の一つであり、本体製造は三菱重工業とＩＨＩエアロスペースの二社に限られているが、部品供給等の関連会社は多岐にわたる。[3]

▼１　米ＦＵＴＲＯＮ社「2011 SPACE COMPETITIVENESS INDEX」では中国四位、日本五位。
▼２　以下のホワイト国（米、加、ＥＵ諸国等の輸出管理を厳格に実施している二十七か国）には一部規制が緩和される。アルゼンチン、オーストラリア、オーストリア、ベルギー、カナダ、チェコ、デンマーク、フィンランド、フランス、ドイツ、ギリシャ、ハンガリー、アイルランド、イタリア、大韓民国、ルクセンブルグ、オランダ、ニュージーランド、ノルウェー、ポーランド、ポルトガル、スペイン、スウェーデン、スイス、英国、アメリカ合衆国、ブルガリア
▼３　ロケット部品の主要メーカーとして、川崎重工業、日本電気等がある。人工衛星製造も百社以上が関わっている。

また、大型人工衛星の本体を製造しているのは、日本電気と三菱電機の二社だけである。人工衛星技術もロケット同様軍事転用の懸念から厳しい輸出規制がかかっており、技術供与を含めて輸出には経済産業省の許可を得る必要がある。

日本国内では国家予算上、ロケット打ち上げが年間二〜三回程度であり、ロケット打ち上げの際に搭載できる人工衛星は一—二基なのでその製造は一—二基にロケット打ち上げ数を乗じた数くらいの市場であり、大量生産するほどの需要がないために、各企業が利益を出すのはかなり難しいとされている。これら企業は宇宙とは異なる軍事や航空産業等の分野と合せて利益を出さざるを得ない状況とも言われるが、他方、最先端の技術を保有し、宇宙産業に関わっているというブランドは企業イメージ向上に役立っているとされる。中小企業では部品一つの受注でも宇宙ビジネスにかかわっていることが会社や社員の誇りになっていると聞くこともある。

我々に最もなじみがあるのは、通信衛星（放送衛星を含む）や気象衛星だが、これらは基本的に商業衛星として対価のとれるビジネスとして確立している。というのもこれらの衛星は地上約三万六〇〇〇キロ・メートルという極めて高い静止軌道[4]に載せる大型衛星なので利幅も大きいと言われている。しかし、世界の年間需要は二〇—二五基程度しかなくほぼ欧米の独壇場で、日本が入り込む余地は極めて限られている。

もう一つの主要なマーケットは、高度だと遠すぎて地球が詳細に見えないため低中軌道を回る地球観測衛星である。今や途上国も、防災、農漁業振興、沿岸監視、違法伐採監視を含む森林資源管理、資源探査、そして科学技術振興などの目的から自ら観測衛星を持つようになっている。途上国の技術レベルは高くないことから、単に人工衛星本体を買うだけでなく、輸出先企業には衛星運営にかかわる技術支援、地上設備の設置・運営、資金的支援（政府開発援助や融資条件）を含むより良い条件のパッケージを求めてくる傾向がある。そうなると企業だけでは対応できない部分もあり、ここに所謂首相や閣僚によるトップセールスや、大使館、ＪＩＣＡの役割が出てくる。

このように、宇宙分野の大型インフラ輸出において在外公館やＪＩＣＡがかかわることが多い分野は、通信衛星、気象衛星の売り込みのほか、地球観測衛星[5]（リモートセンシング）およびその付帯サービスが中心になると見込まれている。また今後、ロケット打ち上げサービスの売り込みも重要になるかもしれない。日本のＨ―ⅡＡロケットの打ち上げ費用は八〇―一〇〇億円と言われ価格競争では厳しいとされているが、為替レートや打ち上げのタイミング次第ではチャンスがあり、三菱重工業がすでに韓国やカナダから受注に成功した例も出ている。ＩＨＩエアロスペースも小型ロケットの打ち上げサービス市場に参入しており、コスト的に国際競争力を持てるのではと期待されている[6]。

（3）日本の宇宙機器市場の規模

世界の宇宙関連の民間産業は、過去五年間で毎年平均十%を超える勢いで成長、今や年間十三兆円規模のマーケットとなっている。マーケットは大きく分けて、静止衛星（通信放送）と低中軌道衛星（地球観測）およびロケット打ち上げサービスの三つの市場があるが、特に衛星については、今後も先進国の底堅い需要の伸び（通信放送）が見込まれ、新興国でも十年後に四倍の規模まで地球観測衛星利用の拡大が見込まれている。これまで市場は米・欧がほぼ独占している状況である。そうした中、日本企業の製造販売は二六〇〇億円程度にすぎず、日本の宇宙機器産業には国際競争力がなく、その売り上げの九割を日本国内の官需に頼っているというのが現状である[7]。その官需も国家予算の制約から二〇〇〇年から減少しその

▼4　静止軌道（ＧＳＯ: geostationary orbit）を回る衛星は、地球の自転と並行して移動し、地上からは天空の一点に止まっているように見えるため、通信衛星や放送衛星によく用いられる軌道である。
▼5　地球観測衛星（earth observation satellite）とは電波、赤外線、可視光を用いて地球を観測する人工衛星。リモートセンシング衛星ともいう。軍事目的で観測するものを偵察衛星という。
▼6　日本のロケットは打上げコストが一般的に高いといわれるが、欧州ではＥＡＧＳ（European Guaranteed Access to Space）等の財政支援があるともいわれている。

後停滞したままである。このように宇宙機器産業は意外に儲かりにくい産業であるが、他方で、宇宙機器産業を自前で持つこと、すなわち世界レベルの技術によりロケットと人工衛星を自力で製造、運用できる能力をもっていることは、国家の安全保障の視点からも重要であり、[8] 宇宙産業を維持・強化していく必要性は極めて高いと言えよう。その国家基幹技術の研究開発を担う中心が宇宙航空研究開発機構（JAXA）であるが、その開発パートナーである企業からすると、国際競争力が不十分な間はJAXAが研究開発用の人工衛星をもっと発注する、ないしは政府が直接実用衛星を発注しなければ、ロケット打ち上げも人工衛星の製造も需要が生まれない。その結果、企業内のエキスパートも減り、技術力も維持できなくなってしまう。実際そのような恐れがあると言われている。そこで海外に売り込むことが望まれるのであるが、海外において受注するための一つの条件として、人工衛星の打ち上げ、運用における実績を積み重ねて信頼性を実証していかねばならないことから、国際競争力がつくまでは政府が公益事業として一定数発注することで民間企業を支えていかなければならないのである。

宇宙機器産業の売上高である二六〇〇億円の内訳をもう一度見ると、そのうちの海外受注額は二〇一〇年の数字で約二〇〇億円であり（前述のインフラシステム輸出戦略の別表による。）、電力二・二兆円、原子力〇・三兆円、鉄道〇・一兆円に比べてもかなり小規模であることがわかる。同じく新たなフロンティアに位置付けられた医療が〇・五兆円、農業は一五〇億円、海洋インフラ・船舶が〇・一兆円と比べても少ない方である。

因みに、日本がベトナムに供与することを決定した宇宙インフラの円借款は最終的に五〇〇億円弱と言われるレベルである。

（4）世界市場における日本企業のライバル

世界の衛星製造市場規模は、非軍事で見ると約一兆円である。この市場の約五〇%は静止衛星軌道（約三万六〇〇〇キロ・メートル）を回る商用衛星（通信放送衛星や気象衛星）で、欧米のBIG6がほぼ独占状況にあると言われている。日本の人工衛星メーカーの先を行くライバルは、ロッキード（米）、ボーイング（米）、スペース・システム・ロラール（SSL・米）、オービタル（米）、タレス（Thales・仏）、Airbus Defense and Space（欧州）である。商用静止衛星需要は、毎年二〇—二五基程度であり、英国、中国、韓国なども新興国市場での売り込みを図っている。[9] 欧米の競争力が高い理由については、WTO（世界貿易機関）の場で、米国政府（国防総省、NASA）がボーイング社に、EUがエアバスに不正に補助金を提供したと相互に争った例に見るように、宇宙航空分野では政府のよるさまざまな支援があるとも言われており、競争は激しい。

日本の通信、放送業者（スカパーJSAT、放送衛星システム社など）や気象庁も日本メーカーではなく外国製の衛星を買っている。しかし、二〇〇八年に三菱電機が初めて国際競争に勝ち、シンガポール・台湾共同の商用通信衛星を受注（約一三〇億円）し、二〇一一年にはトルコから同じく商用通信衛星二機を受注したことで（ロケット打ち上げ費用込みで約四七〇億円）、今後に向けて明るい展望が開けてきた。総じて言えば、日本の衛星は、価格（費用）が高い、打ち上げ実績が少ない（高性能の証明を実績で示せない）

▼7　二〇一〇年の数字で、日本は官需が九二％、輸出が六％。欧州では売上高約七二〇〇億円、官需四六％、軍需七％、民需四四％。米国は売上高約四・五兆円、官需四一％、軍需十九％、民需三八％。（以上日本航空宇宙工業会「平成23年度宇宙産業データブック」、米国の割合は二〇〇五年）

▼8　ミサイル技術は、固体ロケット技術、誘導制御技術（軌道投入精度）、大気圏再投入技術（ピンポイント制御）が重要とされている。

▼9　仏は、既存の仏人工衛星のデータ利用システムを提供することから自国衛星保有に誘導するやり方をとっており、歴史的関係も使いODA供与やトップセールスを効果的に活用しているとされる。英国は、小型地球観測衛星に強みをもつSSTL社を擁し、同社を中心にナイジェリア、アルジェリア、スペイン、トルコ、中国等にパッケージ販売を行い、観測データを共有する国際コンソーシアムを作っている。中国は、資源（採掘権、輸入枠）とのバーターによる通信衛星提供、リモセン衛星共同開発を売りに、韓国は徹底した技術情報の開示を売りにしている。（以上、日本電気ホームページhttp://www.spacepolicy-u-tokyo.org/NEC）

表 3-2　各国の打ち上げ数及び打上げ成功率（1957 年～ 2013 年 12 月末）[10]

評価項目	米国	欧州	ロシア	日本	中国	インド	その他	世界計
打ち上げ数	1566	236	3159	89	195	39	14	5298
打ち上げ失敗数	141	13	206	8	13	10	4	395
打ち上げ成功率	91.0	94.5	93.5	91.0	93.3	74.4	71.4	92.5

出典：各種資料を基に科学技術振興機構研究開発戦略センター事務局作成

という不利があると言われた状況がようやく変わりつつあるといえよう。

ロケット打ち上げサービスは、ロシア、欧州（フランス）、中国の三か国が海外受注を争っている。仏のアリアン5、ロシアのプロトン、中国の長征（Chang Zheng）が有名で、今米国の民間企業であるSpace X社が攻勢をかけんとしている。米国と日本は基本的に内需頼みといった状況にある。日本のロケットは、現在の主力であるH—ⅡA（エイチ・ツー・エー）が最近十六回連続成功で、増強型のH—ⅡB計四回すべての成功を合わせると成功率九六％と世界のトップレベルになっている。[11] あとはコスト（ロケット一回の打ち上げコストは、H—ⅡAでは八〇—一〇〇億円かかると言われる。）と打ち上げタイミングや打ち上げ軌道が需要先の希望に合うかが受注のカギとなる。タイミングの意味は、一回のロケット打ち上げでは重量次第だが複数の衛星を打ち上げることが可能なことがあり、打ち上げ予定がいつか、どの軌道に打ち上げるかで受注が取れる可能性が出る。日本も二〇〇九年三菱重工業が初めて韓国から多目的衛星[12]の打ち上げサービスの受注に成功した。日本（JAXA）が実証衛星を打ち上げる予定のところに、韓国の条件が合致したケースと言われている。その後、三菱重工業は、カナダ、アラブ首長国連邦からもロケット打ち上げの受注に成功している。

こうしていい例も出始めているが、日本は技術的には先進国に肩を並べたものの、需要が増えないと価格を下げられず、打ち上げ数が少ない分、タイミングも合いにくい等、国際ビジネスが軌道に乗りにくい状況から脱することができたわけではなく、政府による海外売り込み支援を含めてさまざまな努力が必要である。また、JAXAが開発しIHIエアロスペースが製造した小型ロケット・イプシロン[13]の打ち上げが成功したので、将来に向けて海外の小型衛星打ち上げサービスの受注も増えるものと期待されている。

▼10　世界の宇宙技術力比較（二〇一三年）（二〇一六年三月独立行政法人科学技術振興機構研究開発戦略センター（ＣＲＤＳ）作成）。ロシアにはシーロンチ社の打ち上げを含む。打上げ失敗数にはロケットの不具合による予定軌道への投入失敗を含む。初期失敗（初号機成功以前の打ち上げ失敗）は含めていない。

▼11　日本のロケットは、大型、小型の二種類のロケットが利用可能。前者はＨ―ⅡＡロケットはこれまで二十五回打ち上げ二十四回成功と九六％の成功率で世界のトップレベル。後者はこの八月に初めて打ち上げるイプシロン（固体燃料）で、価格も国際レベル（六十億円―七十億円くらいが実態）で対抗可能とみられている。積載量は小型衛星の打上げに適する。なお、Ｈ―ⅡＢは、六トンの積載が可能で、現在、ＩＳＳ（国際宇宙ステーション）プログラムにのみ利用している。ロケットは、重量次第で複数の衛星の打上げが可能であり、その打上げ時期、どの軌道に乗せるか、抱合せ衛星の有無により変わる価格等が受注における要因となる。

▼12　ＫＯＭＰＳＡＴ―３（Korea Multipurpose Satellite-3;またはアリアン３号）は、韓国の多目的実用人工衛星。韓国航空宇宙研究院（ＫＡＲＩ）がＥＡＤＳアストリウム社の技術支援を基に開発した地球観測衛星で、二〇一二年五月十八日に日本のＨ―ⅡＡロケット２１号機で日本の水関連の観測衛星である「しずく」と一緒に打ち上げられた。

▼13　イプシロンロケットは全長二四・四メートル、直径二・四メートル、質量九一トン、打上げ能力一・二トン（地上五〇〇キロ・メートルの軌道の場合。なお、Ｈ―ⅡＡは全長五三メートル、直径四メートル、打上げ能力同十トン）。主要中小ロケット打上げ国としては、米国、ロシア、欧州、インドがある。同ロケットの革新性として、モバイルパソコン一台と数人のスタッフで打上げ可能、自律点検機能が備わっている、発射上組立てはわずか七日で可能、打上げ費用はこれまでの半分の約三十八億円。製造はＩＨＩエアロスペース。ロケットは液体燃料が主流であり出力に優れるが、長期保存性、即応性に欠点があるので、ミサイルに向いているとされる。イプシロンは固体燃料ロケットで、日本はロケット開発当初より固体燃料ロケットに強みがある。二〇一三年九月十四日に打ち上げに成功した。

2．日本の宇宙産業

（1）宇宙ビジネス後発国の日本

宇宙技術は本質的に軍事・民生両用である。米ソによる宇宙開発競争も軍事利用から始まった。日本では敗戦後数年の間、宇宙開発が禁じられ宇宙後発国としてスタートしたこと、解禁後も日本の国策として宇宙の軍事利用が長く禁じられたことから、開発面でのハンディキャップがあった。佐藤栄作政権になった一九六九年、米国からの技術導入が可能になったものの、すべての技術が導入できたわけではなく、一〇〇％の国産技術を得るまでには大変な苦労があった。

また、日米経済摩擦が猛威を振るった一九九〇年に、米国が国内通商法であるいわゆるスーパー三〇一条に基づき、非研究開発衛星（通信・放送や気象観測などの実用衛星のこと）を国際競争入札にかけるよう要求し、日本はこれを受け入れた（衛星調達合意）。国際競争力がなかった日本のメーカーは日本国内の実用衛星市場に実質的に入れなくなった。そこで、ＪＡＸＡが実証目的としての研究開発を続け、それを日本企業が受注するという形で、国家として技術開発水準を高めるというやり方をとってきた。ようやく他の宇宙先進国に技術力で追いついたものの、コスト、市場性、そして実績が物を言う国際市場への参入が遅れたことで、今に至っても国際競争力で劣り、ほぼ官需に頼る状況が続いていることの要因となっている（欧州では民需が四割）。

静止軌道に乗せる大型人工衛星の商用需要は年間二十―二十五基程度であるから、この少ないパイを各国が争うという状況は今後も大きく変わらず、当面の間は年一基、二基と食い込むことが日本の目標となる。三菱電機は二〇一一年にトルコからの通信衛星受注に成功した他、二〇一四年にはカタールからも通信衛星の受注に成功している。

低軌道の人工衛星（観測衛星や測位衛星）も利幅は小さいもののビジネスになるので、ここを受注できるかも当面の大きな課題となる。最近は、ベトナムに対しタイド円借款（ＳＴＥＰ）を用い、我が国の観測衛星を供与することになっている。なお、日本企業が人工衛星の受注に成功したのち、完成後これをロケットで宇宙に打ち上げる必要があるが、日本のロケットを使うかは別の話であり発注者の決定による。なお、人工衛星が宇宙に入ってから軌道上で数年から十数年にわたり稼働するのに対し、ロケットは人工衛星を所定の軌道に載せるまでの運送担当であり、軌道に載ればそこで役割を終え、大気圏に再突入し燃え尽きる。

（２）宇宙ビジネスの特徴

（イ）官需が多い

人工衛星は乗用車、電気製品のように個々人が所有するものではないし、また電力、鉄道、医療のように地上にあって我々が見ることが可能なインフラでもない。人工衛星の寿命は現在五－十五年程度であるが、技術の発達で衛星寿命も延びる傾向にあるので需要が急速に増える市場ではない。世界の人工衛星の需要は軍民あわせて年一〇〇機程度で推移している。人工衛星は小型でも一基数十億円、大型では一基数百億円もするし、ロケット打ち上げの費用も入れれば大変高額なので、途上国が簡単に購入できるものではない。因みに災害の多い国では、衛星による観測が特に有用であるが、実際の災害時には人道的に観測衛星保有国が被害地のデータを無料で提供してくれる国際協力スキームがあるので、貧しい途上国としては無理して買わなくても何とかなるという事情もある。なかにはＧＰＳと呼ばれる米国が無料で提供する衛星測位システムがあり、そのデータは日本を含め世界中で使えるという特殊な衛星群もある。

したがって、先進国や新興国では商用衛星（通信衛星や気象衛星）を持つ余裕があるものの、一般の途上国は商用衛星を自ら持つことはなく、沿岸警備、違法伐採監視といった目的を併せ持つ多目的の観測衛星を公的に持つ傾向がある。そうした場合は政府が発注者になるので、日本企業にとっては外国政府への

図表 3-1　国別衛星製造数［2008 ～ 2013 年］

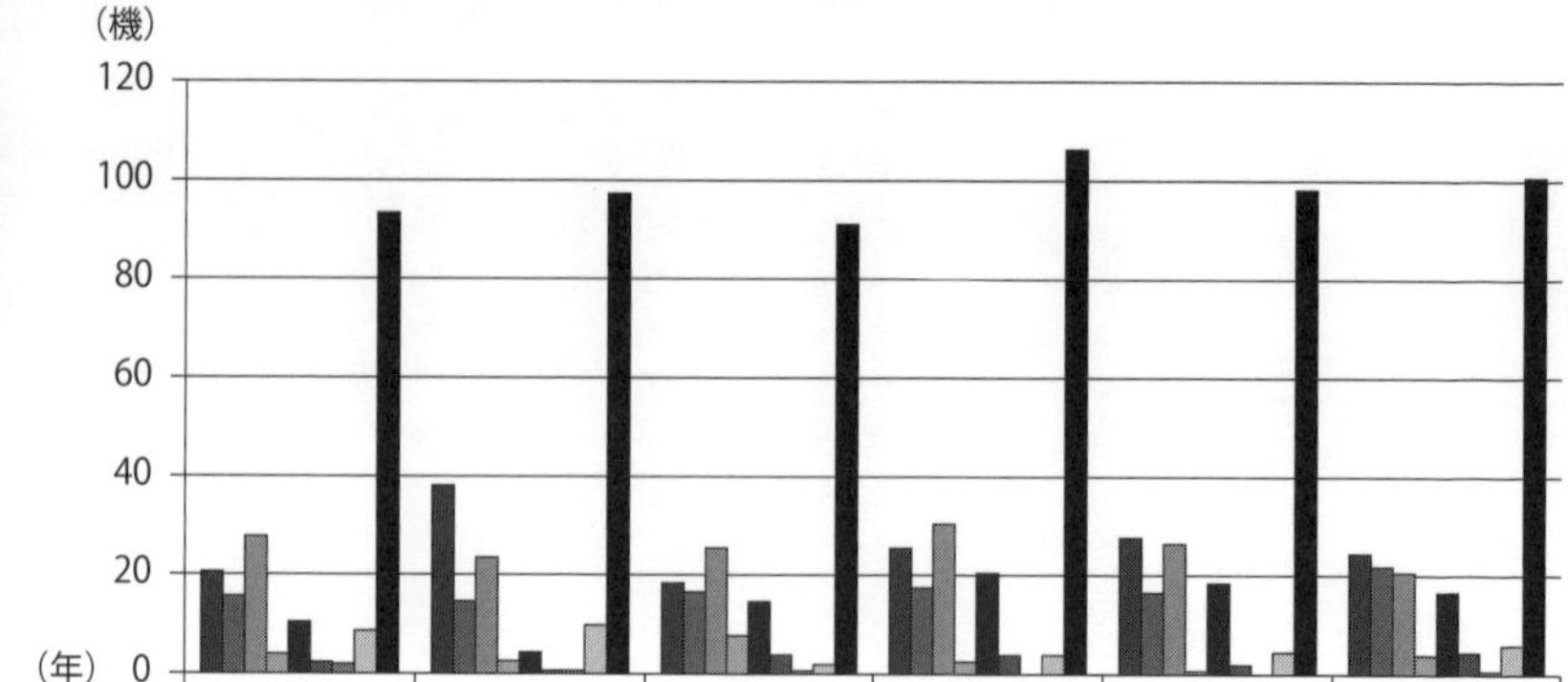

	2008	2009	2010	2011	2012	2013
■米国	21	39	19	26	28	25
■ロシア	16	15	17	18	17	22
■欧州	28	24	26	31	27	21
■日本	4	3	8	3	1	4
■中国	11	5	15	21	19	17
■インド	3	1	4	4	2	5
■イスラエル	2	1	1	0	0	1
■その他	9	10	2	4	5	6
■TOTAL	94	98	92	107	99	101

（注）上記の棒グラフは表の記載順に従い、左から米国、ロシア以下の衛星製造数を示している。
出典：Futron:“Futron Stellite Manufacturing Report”, January, 2014.（一般社団法人日本宇宙航空工業会「世界の宇宙産業動向」より）

食い込みや仲介が重要になるが、ここでも大使館やＪＩＣＡの役割がありうる。すでに五十以上の国が自らの人工衛星を所有しているが、[14] 国民一人当たりＧＤＰが一〇〇〇ドルを超えると、社会的課題（環境や防災）の解決のためのデータ利用、先端産業育成、国威発揚を目的とした衛星の潜在的保有意欲が芽生えるとも言われており、[15] 日本企業にも参画の余地がある。

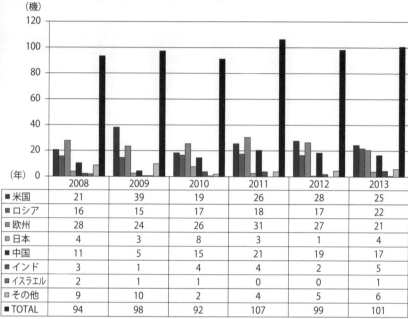

（ロ）宇宙ビジネスには実績が重要

宇宙関連の国際市場は、過去五年平均十%を超える勢いで伸びており、今や十七兆円市場（二〇一〇年、一ドル一〇〇円換算）であるが、すでに紹介したとおり日本は国内の官需にほぼ頼る約二六〇〇億円のみというのが現状である。

一旦宇宙に打ち上げられた人工衛星は、故障したら修理には行けないので、ソフトウエアのアップデートで修理ができなければ無用の長物になるどころか、むしろスペースデブリと呼ばれる宇宙のごみになり、宇宙活動の障害になる。その意味で、宇宙に打ち上げられた人工衛星が何年故障せずに機能するかという耐久性が一つの重要な実績となる。邦人企業は輸出の歴史が浅くその実績を示せないので、国際商戦でかなり不利になる。ＪＡＸＡという世界的宇宙機関が、これまで邦人企業とともに実証衛星打ち上げに成功してきた実績を示すことも発注側の判断材料の一つになろう。

日本にとって人工衛星を売り込みやすい地域はやはりアジアが中心であり、これまでのＯＤＡや日本ビジネスの実績を通じて培った信頼を大きな売りとして、東南アジア、中央アジア、中東までが狙い所とされる。

(八)軍民両用の技術

宇宙技術はその特性として軍民両用技術である。日本の情報収集衛星もそうだが、軍事用の偵察衛星にも使えるし、同時に、民生の災害観測にも使える。それゆえに途上国としても中長期的視点から技術を獲得したい、技術者を育成したいとの要望には強いものがある。特にロケット技術については、基本的に弾道ミサイル技術と基本は同じであることから、所有国にとっては軍事抑止力となり、逆に諸外国の脅威となりうる。特に北朝鮮のような体制の国が所有することになれば大きな脅威となる。またロケット技術の

▼14　これまでの保有、運用の多い順：ロシア（独立国家共同体ＣＩＳにはカザフスタン、タジキスタン、ウズベキスタン、ベラルーシなど十か国を含む）、アメリカ、日本、中国、フランス、インド、欧州宇宙機関、ドイツ、カナダ、イギリス、イタリア、スペイン、オーストラリア、インドネシア、ブラジル、サウジアラビア、スウェーデン、イスラエル、韓国、アルゼンチン、メキシコ、台湾、タイ、トルコ、マレーシア、ノルウェー、アラブ首長国連邦、ナイジェリア、オランダ、チェコ、エジプト、デンマーク、パキスタン、ベトナム、ベネズエラ、チリ、南アフリカ、アルジェリア、ギリシャ、スイス、ポーランド、ポルトガル、フィリピン、イラン、コロンビア、ルーマニア、ハンガリー（ＯＥＣＤ資料）

▼15　前掲日本電気資料

外国移転は大量破壊兵器の拡散になるので、とりわけ注意が必要である。人工衛星の技術についてもロケットほどではないが技術供与には厳しい規制がある。他方、規制された技術を供与しないで人工衛星を輸出する（宇宙に直接打ち上げる）ことはすでに国際的に行われている。政府開発援助（ODA）を使って供与することもある。例えば、日本がベトナムにODAを使い人工衛星を供与することを決定する前に、すでにベトナムは仏、ベルギーからそれぞれ同じくODAで人工衛星を購入している。

日本による対ベトナムODAが決まった際、供与される観測衛星が安全保障目的に使われうるとの批判が一部国内であったが、「安全保障」といっても意味合いは広い。地球表面を観測することで沿岸の監視や森林の違法伐採を見張るといった「監視カメラ」の任務は、治安を守り国民の経済社会発展の基盤を作るという意味で重要であり、そのような批判は途上国の視点からは説得力を持ちにくくなっている。なお、一言で技術規制と言っても、日本の輸出管理レジームでは人工衛星の設計や製造の技術移転には制約があるが、人工衛星からの観測データを利用するための技術移転には規制がない。

(二)途上国における衛星調達・協力事例

繰り返しになるが、改めて過去の事例のいくつかを国別に簡単に紹介する。

(i) トルコ

二〇一一年、三菱電機がトルコの通信衛星二機（「トルコサット4A」および「トルコサット4B」）を海外メーカーとの厳しい競争の末、トルコ国営衛星通信会社より受注を獲得し、トルコサット4Aは二〇一四年に打ち上げが終わっている。

この受注は[16]、海外商用衛星の獲得という意味で、二〇〇八年に同社が日本のメーカーとして初めて自社製衛星バスを用いて受注したシンガポール／台湾の通信衛星「ST—2」に続くものであり、三菱電機の実力と営業力を示すものであろう。この受注獲得の過程では、日本政府の方針の下、在外公館がトルコ関係当局に積極的な働きかけを行い、JAXAがトルコにミッションを送り三菱電機の実績を説明し、JAXA自身も技術支援を行うことを約束している[17]。

（ii）ベトナム

二〇〇九年にベトナムから日本政府に円借款供与の正式要請がなされ、二〇一一年に国際約束（E／N）の署名を行った。宇宙分野のベトナムにおける災害管理および資源環境管理のため、宇宙センター（衛星運用、データ利用センター、研究開発棟などから成る）を整備するとともに、日本から小型人工衛星二基（レーダー観測衛星）を調達することになった。また、ベトナムにおける小型人工衛星の開発利用に係る技術協力も実施することとなっており、打ち上げのロケット込みのトータルで五〇〇億円弱の円借款が見込まれている。二基の衛星はそれぞれ二〇一七年、二〇一九年に打ち上げ予定。

ODAの供与に至るまでの過程で、日本の衛星メーカーの売り込みが数年間あり、第一次安倍政権における首脳会談においても言及されたほか、大臣レターの発出や日本大使館の積極的な働きかけ等が行われた。またJETRO（日本貿易振興機構）やJICAによる調査（F／S）なども実施され、1号機（フランスODA）、2号機（ベルギーODA）の受注は逃したものの、3号機と4号機は日本から援助することが決まった。ODA利用の人工衛星調達はこれが初めてのケースとなった。

（iii）ブラジル

JAXA開発の観測衛星であるALOS[18]はその性能の高さで有名であるが、ブラジル政府は、アマゾン川流域の違法伐採による森林破壊を監視するために、この衛星データが有用と判断し、JICAに対しモニタリング・システムの運用に関する支援を求め、三年間（計約二・七億円）の技術指導で大きな成果を

▼16　バス（Satellite bus）とは、通信衛星か観測衛星か等の目的にかかわらず、人工衛星としての基本機能に必要な機器（バス機器）と衛星の主構造の総称。これに対し、その衛星の目的遂行にあたって必要な機器のことをミッション機器と呼んでいる。

▼17　衛星の最終組み立ておよびシステム試験の大半については、宇宙航空研究開発機構（JAXA）が協力し、筑波宇宙センター（茨城県つくば市）で実施した。

▼18　注17参照

得た。その後日本政府は二〇一三年四月に政府ミッションを出し、宇宙協議を実施している。JAXAも、ブラジル政府が進める科学プロジェクトに対し、日本国内の大学とともに、ブラジル政府が関心を持つ研修生を受け入れる旨表明している。

（3）人工衛星──日本の強みと主要企業

日本が人工衛星および関連のパッケージを輸出するに当たり、日本の強みは何かを知っておく必要がある。特にアジアを念頭に日本の強みについて三点を挙げるとともに、主要製造企業であるが三菱電機と日本電気について紹介する。

（イ）日本の売り

（i）広い協力可能分野

日本は、人工衛星の製造、ロケットの打ち上げサービス、地上設備の整備、技術支援・人材育成など上流から下流まですべての分野を日本一国で供与することが可能である。ロケット打ち上げ能力を持つのは世界で十か国程度のみであり、日本の場合、全体をパッケージにして一社ではなく複数社のコンソーシアムで臨む協力もできる（例えば、三菱電機と日本電気の分担）。ところで、技術支援という場合、機微技術ゆえにすべてを移転できるわけではなく、すでに述べたように外為法の下で支援技術の可否が判断されている。なお、米国は人工衛星の技術が流出することに厳しく、その分輸出先国にもよっては審査が通らなかったり遅れたりして、米国企業の国際競争力を削いでいるところがある。

（ii）日本企業の信頼性

日本企業は宇宙以外のさまざまなビジネス関係において、信頼の置ける仕事をするという長い実績を構築してきており、これは宇宙分野のビジネスにおいても有利である。宇宙ビジネスに限らないが、国によっては技術支援、フォローアップなどで事前のコミットを守らないといった事例もあるようである。特に日本では、宇宙ビジネスは世界に名立たるトップ企業が担っており、それだけ信頼性が高いと言える。技術力につき宇宙先進国間ではほぼ甲乙つけがたい状況となっている現状、技術協力、品質、納期、フォローアップなど約束したことを実行する信頼性は重要である。なお、日本企業は実績が不足としていると指摘されることがあるが、三菱電機と日本電気は長年ＪＡＸＡとの協力の下で実証衛星を数多く打ち上げてきている。

（iii）オールジャパンでの対応

大型案件であれば、日本としてオールジャパンの体制を作ることもできる。ＯＤＡや政府金融（貿易保険や日本政策金融公庫（ＪＢＩＣ）融資）の利用[19]が可能であるほか、世界のトップ宇宙機関の一つであるＪＡＸＡの協力も検討可能である。ＯＤＡについては、「衛星運用に関わる技術支援」のみならず「衛星データの利用に関わる技術支援、宇宙関連技術による次世代を担う人材育成」まで広げた魅力的なプログラム提案が欧米と差別化できる点であり、ベトナムへのＯＤＡもその点が評価された。

(ロ)主要企業

（i）三菱電機

大型衛星に強みを持つ。最近では、すでに触れたように、シンガポール・台湾向けの通信衛星一基、二〇一一年にトルコ向けの通信衛星二基の受注に成功し、世界的な人工衛星メーカーとしての地位を確立しつつある。二〇一四年にはカタールから通信衛星製造を受注した。ＪＡＸＡの衛星開発時にメーカーとして培った技術と軌道上運用実績に基づいて実現した静止標準衛星バスＤＳ２０００シリーズが実績を重ね、保険料率が世界最高レベルの評価となり、国際競争力の源泉となっている。

搭載機器輸出の観点では、欧米を含む主要衛星企業を含めて安定した市場占有率を持ち、太陽電池パド

▼19　貿易保険やＪＢＩＣ融資を使うか否かは、顧客の資金調達能力によるところが大きく、実際の調達で必ずしも利用されるとは限らない。他方、アジアや新興国とのビジネスでは、ファイナンス提案が求められることが増えているので、資金力の乏しい国や顧客の場合、政府の役割が重要となる。

ル、ヒートパイプ埋込みパネルなど、商用衛星市場の四割を占める機器もある。また宇宙におけるドッキング技術の成功により、関連機器の米国主要企業への供給が始まるなど、技術的にも高い評価を得ている。

（ii）日本電気

これまでは衛星本体ではなく、衛星搭載機器を欧米の主要な衛星メーカーに販売してきた。例えば、通信・放送衛星に搭載されるトランスポンダ（電波中継機器）や衛星の姿勢制御に必要な地球センサが世界のトップシェアを誇っている。その他、太陽電池パドル、大型展開アンテナ、マイクロ波放電式イオンエンジンなどでも海外向け受注拡大を目指している。

また、日本電気は将来性の高い小型衛星に強みを持つ。国内でのこれまでの開発実績を踏まえ、[20]同社は、低軌道を周回する低価格・高機能の小型地球観測衛星の海外展開により、アジア・アフリカ・中南米などの宇宙新興国への参入を図ろうとしている。先に述べたベトナムに対する援助は日本電気が開発しているレーダー衛星「ASNARO—2」と同じ衛星が使われる予定である。なお、「ASNARO—1」は二〇一三年に打ち上げに成功しており、五〇〇キロ・グラム未満の小型地球観測衛星だが、地上分解能[21]五十センチ・メートル未満という高解像度の光学センサによる観測が可能とされている。

(八)両社の日本政府への期待[22]

参考までに、主要な人工衛星製造企業である三菱電機と日本電気が、政府に対して要望する事項は以下のようなものである。

（i）産官学が一体となって日本の宇宙技術を海外に売り込むことを期待し、フランスや韓国のトップが直接海外に売り込んでいるように、日本もそれぞれが役割をきちんと持ち、海外に売り込む仕組みを作ってほしい。

（ii）商談における支援を期待する。新興国向けの商談は、単なる衛星調達のみならず、将来の自国での衛星生産を見据えた技術協力、自国産業育成、試験の共同実施等のキャパシティビルディングを含めたパッケージが求められている。これらは企業のみではできず、政府、関係機関の支援が必要である。

(iii) 製品競争力強化に向けた政府予算の拡充を期待する。欧米メーカーに伍するには弛まない開発継続が必要であり、国側でも継続的な研究開発の推進、技術試験衛星の開発などによる軌道上実証の機会の創出を要望する。

3. 日本政府の体制と課題

二〇一〇年十月にパッケージ型インフラ海外展開大臣会合が始まり、二〇一二年三月には宇宙も議題に含まれることとなったことから、政府、企業の宇宙ビジネスへの期待は高まった。冒頭でもふれたが二〇一三年五月に政府が発表した「インフラシステム輸出戦略」においても、宇宙システムの海外展開の推進に当たり、外交部門である外務省とJICAが関係省庁等に名を連ねることになった。[23]

(1) 政府の宇宙政策執行体制

日本政府の宇宙政策は、二〇一二年から（二〇〇八年以来の内閣官房に代わり）内閣府宇宙戦略室が統括

▼20　日本電気は日本初の人工衛星「おおすみ」（一九七〇年打ち上げ）以来、天文観測衛星や小惑星探査機「はやぶさ」に代表される月・惑星探査機、通信衛星、地球観測衛星などさまざまな開発実績をもつ。

▼21　分解能五十センチ・メートルであれば、五十センチ・メートル四方の物体が宇宙から識別できる、ないし五十センチ・メートル離れた物体が分離して見えるレベルの識別能力をいう。

▼22　JAXAによるインタビュー（JAXAホームページ）

▼23　インフラシステム輸出戦略（二五年五月一七日）の中で、「4．新たなフロンティアとなるインフラ分野への進出支援」として、「宇宙システム海外展開の推進（社会実証、ODAを含む公的資金等を活用し、衛星システムと共に、利用システム、人材育成、宇宙機関設立等の支援により一体的な宇宙システムの海外展開を推進）〈内閣府宇宙戦略室、外務省、経済産業省、文部科学省、総務省、JICA〉」と記載されている。

することになった。これは宇宙技術の戦略的重要性、多様性が政府内で共有されたことの表われであり、それまでJAXAの主業務である研究開発の観点から長く科学技術庁（現文部科学省）が所管していた状況とは大きく変わっている。現在、JAXAの主管官庁は、その内閣府、文部科学省、経済産業省、総務省（通信を所管）の四省庁となっており、予算の管轄を含めJAXAの活動全般を監督する中心となっているのは従来どおり文部科学省である。宇宙業務はその他の関係省庁にもまたがっており、外務省、防衛省、国土交通省（含む海上保安庁）、環境省、内閣官房等が関与している。外務省の観点からみると、宇宙開発は我が国の安全保障に多面的に関わっており、外交上重要な役割を担っている。付け足しておくべきは、二〇一四年一月に内閣官房の下に発足した国家安全保障局である。ここで安全保障にかかわる国家戦略が策定され、宇宙政策についても大きな指針を与えることになった。因みに、日本政府が所有する地上数百キロの宇宙（低軌道）から地上を偵察する業務を含む多目的衛星の所管も内閣官房であり、JAXAは技術開発部分を委託されている。

宇宙ビジネスの海外振興という場合、日本政府がどのように関与するのかについては、途上国政府との窓口を含めて具体的にどのような役割分担、手順になっているのかが現時点で明確に定まっているわけではない。基本的には、政府ベース（G—G）、宇宙機関間ベース（A—A）、企業間ベース（B—B）のルートがある。

G—Gベースについては、邦人企業のビジネスチャンスを政府で支援すべき大型案件が浮上した場合、外務省・大使館、経済産業省、文部科学省、宇宙戦略室で情報交換し、意見調整を行った上で、最終的に宇宙戦略室を中心に政府支援を行うかどうか、いかなる支援かを決めるというのが現状と思われる。そこでODA（政府開発援助）の利用可能性が議論される場合には、技術協力であれば外務省、JICAが検討し、円借款の場合には経協三省庁（外務省、財務省、経済産業省）が協議することになるが、これは宇宙以外の通常案件と異なるところはない。

A—Aベースの協力は、特段の事情がない限りJAXAのみで何らかの支援を決めることができるが、政府支援のビジネス振興が具体的に絡む場合には、政府の方針の中で動くことになる。

Ｂ―Ｂは、最も基本的パターンで、人工衛星やそのシステム、部品輸出に当たり、三菱電機や日本電気が海外で営業活動を行っているし、総合商社が持ち込んで商談が行われる場合もある。また、ロケットでも打ち上げサービスや部品輸出で三菱重工業やＩＨＩエアロスペース等が営業活動をしている。

（2）外務省、在外公館、ＪＩＣＡ、ＪＡＸＡの役割

(イ)外務本省

外務省では、円高やバブルが崩壊し日本企業の海外競争力に陰りが出てきた頃から、経済局を中心に在外公館における邦人企業支援に力を入れ始め、平成十一年に「日本企業支援窓口」を全在外公館に設置し、日本企業からの問合せや要望に積極的に対応している。外務省では、個別の経済案件の処理は基本的に地域を担当する課が主管し、宇宙案件であれば、その地域担当課が宇宙全般を見ている総合外交政策局の宇宙室と相談して対処方針を決めるというやり方をとっている。例えば、タイで宇宙に関する重要な商戦がある場合、タイ周辺の地域を担当する課が文部科学省、経済産業省などの関係省庁と連絡調整をとるほか、政府ミッションの派遣や当該国の政府要人の往来に際して先方政府要人への働きかけの準備を行う。また案件を担当する大使館関係者が日本に出張する際などには現状報告会を主催し、関係省庁、ＪＡＸＡ、ＪＩＣＡ、民間企業などの参加を得て官民の意思疎通を行うこともある。宇宙室は、必要に応じて日本政府の宇宙担当省庁やＪＡＸＡと意思疎通を行う。

(ロ)在外公館

大使館や総領事館は外務省の海外出先機関であり、在外公館と言われる。商戦がある場合には、主に大使館の宇宙担当官が当該国の具体的ビジネス案件につき情報収集を行うとともに、関係企業や日本政府との連絡などを行う。状況によって、大使館幹部による当該国関係当局ハイレベルへの働きかけを行う。商戦がない場合でも、駐在国に衛星購入の動きがある場合には関連する動きについて在外公館職員が情報収

集を行う。

(八)ＪＩＣＡ

ＪＩＣＡでは、これまでも衛星関連の協力を行ってきており、衛星利用の集団研修（リモートセンシング）の他、個別の要請に応じてアドホックに技術協力を行ってきている。先に挙げたベトナムに対する円借款供与やブラジルの例の他にも、いくつかの衛星関連技術協力プログラムを実施してきている。例えば、インドネシアでは、持続的な森林資源管理体制の実現に向けて二〇〇八年から二〇一一年の三年間衛星を活用したプロジェクトが実施された。そこでは、観測衛星のデータを活用し、既存の森林資源モニタリングおよび調査システムの強化を行うとともに、中央、地方の人材育成を行った。ＪＩＣＡとＪＡＸＡの連携については、ＪＩＣＡからの要請に応じてＪＡＸＡ職員が海外出張したり、アドバイスを行ったりしてきたが、二〇一四年四月にはＪＡＸＡとＪＩＣＡの間で正式に機関間の連携協力協定が合意され、今後衛星を利用したＯＤＡ案件が増えることが期待されている。

(二)ＪＡＸＡ

ＪＡＸＡの役割は、宇宙関連技術の研究・開発であり、技術試験衛星等の研究開発により新たな技術開発の支援やその技術を使って商品化するのに役立つとの側面はあったが、これまでビジネス振興や、そのための途上国支援というのは主たる役割としては認識されてこなかったし、体制も十分でなかった。しかし、二〇〇八年に宇宙基本法が制定され、安全保障強化やビジネス振興にも力を入れることになっている。海外拠点は少なく、海外事務所は五か所のみだが、▼24もとよりＪＡＸＡと宇宙関連企業との関わりは深いことから、近年出てきた海外ビジネスチャンスに当たっては、トルコやブラジルの事例にもあるように、ミッションを出して先方の支援要望に応えることでオールジャパンの一翼を担っている。ＪＡＸＡ自身は、ＪＩＣＡのような海外支援機関としての体制はないので、例えば観測衛星の解析技術の習得が必要といった案件が外国政府よりもたらされる場合、主に関係の団体や企業を仲介する役割を担っている。また、ＪＡＸＡの施設や資器材の利用といった形の支援を行い、各国の要人、宇宙関係者のＪＡＸＡ訪問や施設見学というやり方で関係強化や我が国宇宙技術の宣伝を行っている。

以上に見たように、パッケージ輸出のような大型案件の場合、付帯的なサービスや条件が成否を分けることが多くなりつつあり、ＯＤＡや政府金融の有無、フォローアップサービスや技術移転の質、政府ハイレベルの働きかけ、政府支援や宇宙機関の支援の有無等の総力戦の様相となる趨勢にあると思われる。そうした意味で、これまでは大型の宇宙案件を政府が取り扱った例は多くないが、今後は新興国を中心に政府の関与が増えていくことが予想され、オールジャパンの体制が固まっていくことになると思われる。その際、とりわけ外務本省、在外公館に期待される役割は大きくなりつつある。

（二〇一三年九月記）

▼24　海外事務所は、ワシントンＤＣ、ヒューストン（ＮＡＳＡ所在）、パリ、モスクワ、バンコクの五か所のみ。人工衛星の追跡・管制運用通信施設がキルナ（スウェーデン）、パース（豪）、サンチアゴ（チリ）、マスパロマス（アフリカ大陸北西、スペイン領）の四か所にある。

第4章 宇宙のソフトパワー

日本の優れた宇宙技術は日本外交にどのように役立っているのであろうか。よく挙げられるのは、対等な宇宙協力を通じた先進国との連帯感増進、協力・支援を通じた途上国との紐帯強化、さまざまな地球規模課題への貢献などである。こうした効用は「ソフトパワー」と呼ばれ、宇宙開発にかかわる技術力、すなわち宇宙力は「ソフトパワー」であり、日本外交に貢献しているというのである。それでは「ソフトパワー」とは何かといえば、その意味するところは必ずしも明確とはいえない。

二〇一五年一月に策定された我が国の宇宙政策を示す宇宙基本計画の中では、外交にかかわる記載が少なくないが、ソフトパワーという用語は、国際協力の推進の絡みの中で一か所出てくるのみである。[1] 宇宙のソフトパワーとは何かについてもう少し深堀し、日本の宇宙開発戦略の中でどう位置付けるのかを検討することは意義があると思われる。

伝統的な国際社会の枠組みでは、国家と国家の関係を処理するに当たって、政治家、そして役所の判断が決定的な役割を担ってきたが、冷戦が終わり、グローバル化、情報化が飛躍的に進んだ国際社会においては、マスメディア、国際NGO、ソーシャルメディアなどを通じ、国民が以前より格段と国際情勢や自国の外交について情報を得るようになるとともに、国民の声が一国の外交政策決定に与える影響が増大するようになっている。自国が国際世論一般もしくは特定国の国民全般にどのようなイメージをもたれているかによって、外交が有利に運べたり不利になったりするという状況が生じている。一例として、日本外交にとって極めて重要な日韓関係や日中関係が悪化する際、両国の世論に後押しされている面があることを指摘できよう。

本章では、日本の宇宙力が、我が国の重要なソフトパワーの一つになっている現状を俯瞰しつつ、外交的にいかなる活用が可能なのかについて、その役割と限界について概観する。

1．日本のソフトパワー

ソフトパワーとは何か。一言でいえば、「国家の魅力」であり、国力の一構成要素であるとされる。この用語を国際的に広めた米国の国際政治学者ジョセフ・ナイ教授（以下、「ナイ」という。）[2]によれば、ソフトパワーとは「強制や報酬ではなく、魅力によって望む結果を得る能力である。ソフトパワーは国の文化、政治的な理想、政策の魅力によって生まれ、その政策が他国から見て正当性のあるものであれば、ソフトパワーは強まる」としている。そのうえで、「ソフトパワーは力の形態のひとつであり、それを国家戦略に組み入れないのは深刻な誤りである」と結論付けている。後にも触れるが、ソフトパワーと呼ばれる国力が大きいとどのような利点があるかと言えば、国家としての認知度が上がり、日本の言うこと、やることが国際的に信頼され、日本が言うことなら賛同しようということになりやすい。日本の製品やサービスは安全で質が高いとの評価が定着し、日本人に対する信頼や敬意が高まることになる。

実は日本はソフトパワー大国であり、我々日本人が考える以上に、外国人一般が日本に魅力を感じてい

▼1　宇宙基本計画（二〇一五年一月策定）p.26「産学官の多様な主体の参加による諸外国との科学技術協力や人材育成協力等を通じて、すそ野の広い国際宇宙協力を推進することでソフトパワーを発揮し、国際社会における我が国のリーダーシップ及び外交力の一層の強化につなげる。」

▼2　ジョセフ・S・ナイ「ソフト・パワー」（日本経済新聞社、二〇〇四年）

表 4-1　ASEAN 調査　ASEAN7 か国（横軸）が最も信頼できる国（縦軸）（%）

	インドネシア	マレーシア	ミャンマー	フィリピン	シンガポール	タイ	ベトナム
アメリカ	14	3	15	41	13	17	8
オーストラリア	1	7	1	6	10	4	9
中国	5	8	12	2	1	8	2
フランス	0	1	0	1	0	1	2
ドイツ	7	3	0	3	5	2	2
インド	0	1	0	0	1	1	1
日本	47	30	29	31	13	35	46
ニュージーランド	2	8	0	1	10	6	0
ロシア	3	0	1	0	0	1	16
韓国	3	4	1	3	3	2	0
英国	7	9	1	6	6	6	4

る。日本がソフトパワー大国である例として、日本の外務省も引用する英国BBCワールド・サービスによる国際世論調査（世界二十五か国で調査）をみてみたい。それによると、「〇〇国が世界に対して与えている影響は概してプラスですか、それともマイナスですか」との問いに対して、日本は五位と、ドイツ、カナダ、英国、フランスに次ぐ好印象国となっている。[3] 日本は二〇一二年に一位だったのが、二〇一三年には四位となり順位を落としているが、この時期は中国人と韓国人が突出して日本をマイナス評価したことが響いている。上記の例でいえば、中国人、韓国人の対日観が悪化することにより、日中関係、日韓関係がうまくいかないという関係がまさに生じている。逆にアメリカ人はどうかと言えば、日本の影響をプラスとみている者が六六％、マイナスが二三％と先進国の中では日本に対して最も好感情をもつ国になっている。[4] 日米同盟は両国の安全保障上の利害のみならず、両国民の互いに対する好感情に支えられているということもできよう。

また、日本の外務省が民間世論調査会社（香港）に依頼し実施しているASEAN諸国における対日世論調査（二〇一四年）によれば「最も信頼できる国はどこか？」という問いに対し、日本は三三％と、二位の米国（十六％）、三位のイギリス（六％）、四位の中国、オーストラリア（各四％）を大きく引き離している。日本の「歴史」はすでにこの地域に大きな影を落としているわけではない。

ソフトパワーは国の文化、価値観、政策などの魅力によって生まれる。日本のソフトパワーとは具体的に何かをみれば、ナイは著作の中で日本のソフトパワーの例として、「特許権数、研究開発費、国際航空旅実数、書籍と音楽ソフトの市場規模、インターネットホスト数、ハイテク輸出額、政府開発援助、平均寿命、トヨタ、ホンダ、ソニーなどの多国籍ブランド」を挙げている。その他によく引用される例として、日本の科学技術、経営手法、テレビゲーム、アニメ、日本料理、美術、文学、美術、武道などがある。さらに、勤勉、正直、清潔といった国民性もそれらに含めることが可能であり、数えあげれば枚挙にいとまがない。私が以前、訪日したことがある台湾人に日本の感想を尋ねた際、「日本に行って印象深かったのは、道路で人が車より優先されていることと、町にごみがないこと。」と語っていたが、日本人の国民性を誉めたものである。また、忘れられがちであるが、日本は自由・民主といった欧米と同じ価値観をもっているし、アジアで初めて彼らと肩を並べた先進性が取り上げられることも多い。政策についても、平和主義を掲げつつ、非核三原則や環境重視など世界のオピニオンリーダーとして積極的に発信していること、世界有数の政府開発援助でアジアの経済発展に貢献してきたこと、日米同盟を通じてアジアの平和と安定に貢献していることなども上記のような好ましい調査結果を反映していると思われる。

科学技術力については、ナイは著作の中で言及していないが、有力なソフトパワーの源泉であることは疑いなく、なかんずく日本の宇宙力は科学技術に優れた国の証明として有力なソフトパワーである。その傍証として、再びいくつかの世論調査をみてみたい。

▼3　二〇〇六年一位、二〇〇七年一位、二〇〇八年一位、二〇〇九年四位、二〇一〇年二位、二〇一一年三位、二〇一二年一位、二〇一三年四位。なお、二〇一四年調査において中国は九位、韓国は十一位という結果になっている。

▼4　先進国の中で米国人に次ぐのが英国人で好影響六五%、悪影響二四%。因みに、中国人は五%、九十%、韓国人は十五%、七九%である。

日本に対するイメージを尋ねる問いに対し、上記のASEAN七か国調査では、回答の多い順に一位「科学技術が発達した国」（八一％）、二位「経済力の高い国」（六二％）であり、最先端の科学技術立国、豊かな先進国としてのイメージが強いことがわかる。因みに同二位「自然の美しい国」（六二％）、四位「豊かな文化を有する国」（五九％）、五位「アニメ、ファッション、料理等新しい文化を発信する国」（四四％）が続いている。日本についてもっと知りたい分野としては、「科学・技術」（五八％）の他、「日本人の生活・ものの考え方」（五六％）、「食文化」（五三％）が上位を占めている。このことから、ASEAN諸国における日本の高い評価は、日本の科学技術力を中心としたソフトパワーに強く支えられていることがわかる。

米国における上記調査では、米国一般人の日本のイメージについて、「豊かな伝統と文化を持つ国」九七％、「経済力・技術力の高い国」九一％、「アニメ、ファッション、料理など新しい文化を発信する国」九十％、「自然の美しい国」八八％、「国際社会においてリーダーシップを発揮する国」六五％、「民主主義、自由主義など米国と価値観を共有する国」六四％などと続いている。先進国と途上国では見方が若干異なるものの、日本のソフトパワーの中で共に科学技術力が貢献していることは明らかといえそうである。

2．宇宙力がもつソフトパワー

科学技術の中で、宇宙が世論にどの程度のインパクトを持っているかについて定量的な調査が存在するわけではないが、例えば、日本の民間世論調査によれば、宇宙開発を行っている宇宙航空研究開発機構（以下、「JAXA」という。）は、他の独立行政法人に比して高い認知度と好感度を享受している。[5] 国際業務に深くかかわっている援助実施機関であるJICAや他の研究機関である理研よりも高い認知度である。また、JAXAのテレビへの露出度[6]やホームページアクセス数が、他の独立行政法人を大きく上回っていることからも、宇宙活動は親しみやすく目立ちやすい分野と推定できる。

もちろん宇宙開発は、同じ技術が民生にも軍事にも利用可能という意味において、夢のみを語りうる場ではないし、国力をかけた熾烈な競争の場でもあるという顔も持っている。宇宙が人類にとって未知の解明という果てしない挑戦対象であること、高度な科学力と技術力が合体した一流の科学技術立国のみが参加可能なこと、また巨額の国家予算をつぎ込む必要がある巨大な国家プロジェクトでありその推進には国民の支持が必要であること、そして開発の目的に商業目的の要素が比較的前面に出ることなく国際公益にも資することなどが大きな理由となって、国家威信をかけた国際競争の色彩が濃厚な分野となっている。宇宙開発の成果は、文字どおり高嶺の花でありながら、あこがれや親しみの対象にもなっている状況は、オリンピックが華やかな祭典である一方で、水面下ではメダル競争のため厳しい競争が行われているのと似ているかもしれない。

さまざまな科学技術の中で国際協力が目立っている分野をみても、宇宙では米ロを中心として欧州、日本、カナダが参加する国際宇宙ステーション計画があり、国際メディアにもよく登場し、話題性が高い。その他の科学分野で国際協力が盛んで有名なのは熱核融合、深海、生物多様性などがあるが、宇宙はとりわけ大きな訴求力をもっているように思われる。[7]

古くは、米国とソ連が国家の威信をかけて宇宙競争を行ったが、これは軍事的な技術競争はさることながら、政治的威信もあったとされる。米国は核開発では先行したにもかかわらず、人工衛星打ち上げと有

▼５　二〇一〇年の野村総合研究所による世論調査。規模の大きい七十五の独立行政法人を対象。ＪＡＸＡは「認知度」「好感・信頼感」「役立ち感」の三項目の調査中、認知度では、一八％で造幣局（五一％）、大学入試センター（三七％）、国立美術館（三四％）、国民生活センター（三十％）に次いで五位。好感・信頼感では造幣局、国立美術館に次いで三位。役立ち感は造幣局、国民生活センター、国立美術館について四位となっている。なお、ＪＡＸＡは二〇一五年四月から国立研究開発法人に変更している。

▼６　「はやぶさ」以降露出が増大し、ＴＶ、新聞での露出をＣＭ費、広告費に換算すると八十四億円分の効果。http://www.jaxa.jp/about/finance/pdf/25houkokusyo.pdf（p.112）

人宇宙飛行ではソ連に先を越された。そこで、ケネディ大統領は、「私は、この国が一九六〇年代末までに、人間を月に着陸させ、無事に地球に帰還させる目標達成を表明すべきだと信じる」と宣言したが、アポロ計画は自由諸国の旗手である美国の自負心に根ざした大いなる政治的野心に支えられたものだったのである。▼8

現在は、中国が国家の威信をかけて、有人宇宙飛行を含め宇宙開発に力を入れている。米国の研究者Roger Handberg▼9は中国が宇宙力をソフトパワーとして活用しているとして、「中国は毛沢東の死後、他国を魅き付ける手段として宇宙開発を活用するようになり、……最初はソ連圏の国々との協力活動を行った。最近では同盟国や中立国に影響を与えるために宇宙活動による〝魅力攻撃〟を行っている。……国際的威信は彼らが世界で適切な役割を担うために重大である。地域的には宇宙活動は地域の最大のライバルである日本に優越することを示す道具になっている。中国の将来展望は米国との対等化とアジア太平洋地域における優越である」と述べている。中国の有人宇宙船「神舟10号」が二〇一三年六月に打ち上げられた際、米国から帰国したばかりの習近平国家主席が駆けつけ、飛行士を激励し、中国共産党が壮大な目標に挑む姿勢をうたった毛沢東の詩の一節を引用し、「皆さんは中華民族の宇宙の夢を背負っている」と励ました▼10といったエピソードもその一例となるかもしれない。中国やソ連（現在はロシア）が一貫して有人宇宙飛行に力を入れてきている事実は、もちろん、政治的、軍事的な意味合いを持つこともあろうが、独裁的権力をもつ国家ないし共産体制が有人飛行のもつソフトパワーの効果を高く評価していることの証左なのであろう。逆に、日本のような成熟期に入っている国では、国民の価値観が多様化しており、宇宙開発を国威発揚の手段として強調する段階を過ぎているのだと個人的に考えている。

3. 日本の宇宙力とソフトパワー

それでは、具体的に日本の立場から宇宙力をソフトパワーに使うという場合、いかなる事例が代表的なものであろうか。国際宇宙ステーション（ＩＳＳ）、はやぶさ、地球規模課題への貢献の三つを挙げたい。

（1）国際宇宙ステーション

ＩＳＳは米国、ロシアを中心とした宇宙プロジェクトであり、人類が宇宙に長期滞在するための壮大な実験場となっている。外交的意義としてみると、日本にとっては日米関係の強化や欧米との連帯を象徴するプロジェクトである。また、別の角度から見ると、科学技術を媒介に冷戦時代の対立を乗り越える米ソ協力プロジェクトであったという意味もあり、宇宙空間を平和的に利用する機運を醸成した国際プロジェクトでもある。このような宇宙大国の集まりである象徴的な国際プロジェクトに日本が参加していること自体が日本のソフトパワーを構成している。日本の科学実験棟である「きぼう」、ＩＳＳに物資を輸送する「こうのとり」、日本人として初めてＩＳＳの船長になった若田光一宇宙飛行士などがしばしば国際メディアに登場することで日本が宇宙大国の一角を占めている事実が国際的に広く認知されてきた。ウクライナ情勢をめぐって米ロ関係が厳しく対立している中でも、ＩＳＳに関しては運用に影響が出ないよう関

▼7　日本が参加する主要な多国間科学技術協力の取組（平成二十四年年四月現在、外務省ホームページによる）：イーター（ＩＴＥＲ）事業（熱核融合）、国際科学技術センター（ＩＳＴＣ）（旧ソ連諸国の大量破壊兵器及びその運搬手段の研究開発者の再雇用）、地球規模生物多様性情報機構（ＧＢＩＦ）（生物多様性）、全地球観測システム（ＧＥＯＳＳ）（衛星、地上、海洋からの地球観測）、統合国際深海掘削計画（ＩＯＤＰ）、ヒューマン・フロンティア・サイエンス・プログラム（ＨＦＳＰ）、アルゴ計画（世界の海洋の状況をリアルタイムの把握）

▼8　明石和康「アメリカの宇宙戦略」岩波新書p.47

▼9　Written testimony, U.S.-China Economics and Security Review Commission hearing on China's Space and Counterspace Program, February 18, 2015 : Professor of Political Science, University of Central Florida

▼10　朝日新聞ＤＩＧＩＴＡＬ、二〇一三年六月十一日

係国が制裁対象から外しているように、このプロジェクトは米ロを含む参加国の紐帯的役割をも果たしている。

日本は、ISSの一角をなす科学実験棟「きぼう」において、微小重力という宇宙環境を利用する稀有な機会を活用してアジアとの国際協力も行っている。例えば、「きぼう」で日本人宇宙飛行士が行う簡易な科学教育実験について子供たちからアイデアを募集する「Try Zero-G」（「無重力に挑もう」の意。）というプログラムをアジアの子供向けに拡大して実施した。マレーシアでは「〝コップ一杯の水の中のバブルの成長〟と〝ベルヌーイの定理〟という二件のアイデアが若田飛行士のTry Zero-Gに選ばれた。マレーシアの宇宙機関（ANGKASA）の長官は、〝今後マレーシアにおいてより多く人が『Try Zero-G』に応募するよう奨励するために、アイデアが採用された応募者各位に対して表彰状と賞品（反射望遠鏡）を授与する〟と述べた。」などと報じられた。また、「きぼう」から、東京大学、ベトナム国家衛星センターおよびIHI エアロスペース（株）が共同開発した超小型衛星やブラジリア大学／ブラジル宇宙庁の小型衛星を無償で放出するといった国際協力も行っている。

このように国際広告塔になっている国際プロジェクトに日本が参加していることはソフトパワーの顕示として大きな外交的意義がある。今後参加を継続しないこととすれば、資金協力が可能な中国や、国家の威信を重視するその他の国が代りを担う可能性が高い。ISS計画が遠からず終了し（二〇二〇年まで、もしくは二〇二四年までといった終期が検討されている）、その後の次期大型国際プロジェクトとして国際宇宙探査をどうするかという議論も始まっている。日本の参加の是非と参加方法についてはさまざまな角度から議論が行われており、ソフトパワーの視点も一要素として含め、多面的に検討することが期待される。

余談になるが、中国の有人宇宙飛行が国際的注目を浴びたのは記憶に新しい。数ある宇宙活動の中でも「有人」がもつ響きは格別なものがあり、日本としてもISSの後に有人探査の機会をどう作り出すのかを考える必要がある。この点、新しい挑戦としてオランダの民間機関が募集した火星に片道切符で移住する国際プロジェクトが現在大きな話題になっているが、一〇五八人に候補者が絞られた中で日本の民間人が十人も候補になっているのは興味深い。

（２）はやぶさ

はやぶさは幾多の困難を乗りこえて、最終的に人類史上初めて小惑星からサンプルを持ち帰るという挑戦的なミッションを成功させたことで当初の想定以上に国内、国際の注目・支持を集めることになった。はやぶさが着陸に成功した小惑星「イトカワ」は火星よりも遠くにあり交信に片道十五分もかかる。太陽系天体からサンプル（物質）を持ち帰ったのは米国がアポロで月から持ち帰って以来史上二番目の快挙と[11]なり、更なる技術向上を踏まえて二〇一四年十二月には「はやぶさ2」が別の小惑星（1999JU3）に向かって打ち上げられた。この小惑星は水や有機物が含まれていると考えられており、サンプルを持ち帰ることで、太陽系誕生の謎に迫ることが期待されている。

はやぶさの成功は、諸外国のテレビでも日本の快挙としておしなべて好意的なニュースとして流された。米国、オーストラリア、中国、イギリス、フランスなどで三分前後の長いニュースとして放映されたが、親日で有名な台湾では四十分もの放送が行われ、同じくＪＡＸＡによる宇宙探査の成功事例である小型ソーラー電力セイル実証機「イカロス」にも触れられた。中国と台湾の放送では七年の苦難を乗り越えて生還したはやぶさを「不死鳥」と形容して成功を称えた。

有人による宇宙ミッションは、片道最短でも八か月かかる火星が現在の技術では限界と考えられているようだが、はやぶさのような無人宇宙機の場合、更なる遠方での活躍が今後とも期待できるので、無人機による宇宙探査は今後とも国際的な魅力競争の場となり、日本のソフトパワーも試されていくことになる。

▼11　地球外の天体からのサンプルリターンとしては、米航空宇宙局（ＮＡＳＡ）の探査機「スターダスト」が、エアロゲルを使ったすい星からのサンプル回収に成功している例を除けば、小惑星からのサンプルリターンは世界初。

月探査については、二〇一八年度に日本が無人機で月面着陸を行うとの計画が報道を賑わしているが、我々日本人にとってなじみ深い月はやはり特別である。有人の月探査は漫画「宇宙兄弟」のヒビトが二〇二五年に着陸に成功したよりも更なる将来になるのであろうが、技術の進歩により、日本の技術のみで日本人宇宙旅行士が月面に降り立つ日がくるのかもしれない。

(3) 地球規模課題への貢献

地球観測衛星は、近年、災害および気候変動という二つの地球規模課題において国際的貢献を開始している。また、エネルギー分野では資源探査衛星が実用化されているし、食料分野でも活躍が始まっている。

災害分野では、日本の観測衛星がフィリピンのマヨン火山噴火やバングラデシュの洪水の際に早期警戒を出すことで被害の拡大を食い止めたといった事例がすでに出ている。こうした状況を受けて、宇宙研究機関であるJAXAと援助機関であるJICAの協力が二〇一四年に開始されることとなった。JICAが開発途上国で実施する森林保全、防災、水資源管理、地図作成等の援助事業において、JAXAが開発した「だいち2号」の観測データを活用することも決まり、第一号としてガボンの森林保全プロジェクトで実施されることになっている。[12] こうした二国間ベースでの協力の場合は、利益供与（援助）を通じて日本のソフトパワーを示すことができる。

また、気候変動問題分野では、日本の温室効果ガス観測技術衛星「いぶき」が、二酸化炭素とメタンの濃度を宇宙から全球的に計測しており、地域別の動向を統一基準で測定できるので、世界の削減取り組みを後押しすることになろう。日本のその他の環境衛星群も地球の気候変動解明への取り組みを続けている。全球的な地球観測は、二国間援助のような一定の国に対する援助を通じた直接的な利益供与というよりも、長期的にみて人類全体に大きな利益をもたらしうるという意味で国際公益への貢献である。

さらに、宇宙ゴミ（宇宙デブリ）により宇宙空間という国際公共財が危険の度を高めつつあり、これも一つの地球規模課題といえる。日本がこの分野で貢献することとなれば、日本のソフトパワーを増すことになる。例えば、この宇宙デブリの増加を抑制し、デブリ同士の衝突の危険を減らすためのルール作りが国際的課題となっているが、日本がこの交渉に積極的に参加することは一つの貢献である。また日本はデブリ処理分野の研究開発では世界最先端の一角を占めており、こうした分野で重要な役割を果たすこともできる。

以上のような地球規模問題は、単に自国の利益というよりも、国際社会全体に対する貢献としての側面が強く、この分野で国家予算を割くことを含め積極的な国際貢献を行うというのは一つの国家政策であり、そのような政策判断は国家としての「政策の魅力」として、ソフトパワーの向上につながる。

４．宇宙分野における国際広報

ではこの宇宙を通じたソフトパワーを対外的にどのように広報すれば、日本の外交に貢献できるのかが一つの検討課題になる。

ＪＡＸＡが現在広報面で力を入れているのは国内向けである。独立行政法人として自らの活動内容を国民に説明する責任があるし、研究開発という組織の基本的性質からも、ソフトパワーを高める視点を重視した国際広報を特に活発に行っているわけではない。一方で、対外的な広報もある程度行われている。実際、「我が国の国際的なプレゼンスの向上のため、英語版ウェブサイトの充実、アジア地域をはじめとした在外公館等との協力等により、宇宙航空開発の成果の海外への情報発信を積極的に行う」[13]という目標も掲げ、英文ホームページや英語広報誌の作成、宇宙関連国際会議やセミナーの際に展示事業などを行って

▼12　ＪＡＸＡとＪＩＣＡが「だいち2号」の観測データ提供に関する協定を締結（二〇一五年三月三十日ＪＩＣＡ記事資料）

▼13　ＪＡＸＡ第三期中期計画

いる。特に英文ホームページは、ソーシャルメディアを含め年間一〇〇万回以上のアクセスがあり、専門家のデータ利用のみならず、一般人のユーザーも多い。また、二〇一五年三月に仙台で行われた第三回国連防災世界会議にも出展するなど、適切な機会をとらえた国際広報も適時に行っている。

JAXAに限るわけではないが、公的機関が行う国際広報については、予算の制約もさることながら、訴求対象（外国および外国人）が主に海外に存在することに由来する実際上の困難がいくつかあるので例示しておきたい。

（1）JAXAの目標にもある「在外公館等との協力」については、海外に比較的多くの駐在事務所を有する外務省（外交）、JICA（援助）、JETRO（ビジネス）、国際交流基金（文化）などの公的機関との協力が想定されるが、それぞれの機関には主要な広報対象がありそれは宇宙ではないし、これらの在外事務所では宇宙関連の展示を恒常的に行うような物理的スペースが極めて限られている。

（2）筆者はアジアの大使館勤務で広報に携わった経験もあるが、日本の宇宙力を広報する現地ニーズは高くないし、宇宙飛行士などの講演会、日本の宇宙成果の小規模な展示といった催しでは一般向けの集客は期待しにくい。筑波宇宙センターに展示されている宇宙実機を相当数もっていくといった大規模展示であれば別であるが。というのは、宇宙活動は日本の専売特許ではなく、日本独自の特徴を押し出す力が特に強いわけではないからである。

（3）自国がおこなっている宇宙開発はナショナリズムや愛国心を呼び起こしやすいという特徴があるので、当該国と日本との宇宙協力による具体的成果をタイムリーに披露するといったケースがある際には広報効果が高くなると思われる。途上国では宇宙活動が未だ活発ではなく、日本との協力機会も多くないので数少ない機会を生かす必要がある。この点は先進国における広報の場合も同様である。

（4）宇宙活動や宇宙技術は、国民一般にとって必ずしも手近な存在ではない。天気予報を聴きながら気象衛星の有難味を意識することはあまりないし、車を運転しながらGPSの有用性を考える人は限られているだろう。むしろ、直接的な広報を意識的に行うよりも、ＩＳＳやはやぶさが報道や映像などを通じて外国人に無意識に流され、漠然と宇宙大国日本をイメージしてもらう方がなじむテーマなのかもしれない。

したがって、官ベースの意識的な海外広報については、現地で報道されることが期待できそうなテーマ、タイミング、当該国の関心状況を見極めつつピンポイントで行うことが適当と思われる。例えば、ＩＳＳにおいて日本がブラジル、マレーシア、韓国などと協力した事例、日本がトルコに人工衛星を売却した際にトルコの技術者を長期技術研修に受け入れた事例、すでに述べた日本の宇宙技術を利用した技術協力でフィリピンやバングラデシュの災害被害が減った事例などをうまく広報素材として活用する例が考えられる。また、日本が中心的な役割を果たしている年一回のアジア太平洋地域宇宙機関会議（ＡＰＲＳＡＦ）の開催機会に、そのホスト国（二〇一六年はフィリピンのマニラ）の主要紙に、日本の代表者（例えば文科大臣）が日本の活躍について寄稿するといった事例も考えられる。内容が興味深く、時宜に適していれば、売り込み次第で報じられる可能性がある。そのようなきめの細かい広報をするためには文科省を中心とする関係省庁、在外公館（主要な大使館では科学アタッシェが指名されている）、ＪＡＸＡが緊密に協力する体制をあらかじめ作っておく必要があろう。

実際に、海外で日本が宣伝したい事柄を報道してもらうのは想像以上に難しい。自らの経験でも、フィリピンで日本大使館に勤務した際に政府開発援助（ＯＤＡ）を担当していたが、相当力を入れて記者発表や起工式を行い、充実した記事資料を作成する努力をしたが実際に新聞やテレビに載ることは多くなく、案件が非常に魅力的な場合にのみ掲載される程度であった。例えば、地方道路や河川の堤防建設などのある意味地味な案件は意義の高いプロジェクトであってもニュース性に乏しい。日本の援助は相手国国民向けに魅力的で広報効果が高いか否かは案件選定にあたっての一要素であるが、最も重要なのはその案件が当該国の経済社会開発にいかに貢献できるかである。援助の世界では、相手国国民に日本の貢献を知ってもらうことがソフトパワー上も重要であるとの認識は強く、「日本の顔」が見える援助が重視されているし、実際に相手国にも役立つ援助成果という現物もあるので、広報がやりやすそうであるが実際はなかなか報道されないのである。したがって、海外において日本の宇宙力を意識的に広報しそれを成功させるのが容易でないのは当然である。しかし、さまざまな援助を積み重ねていく中で、相手国国民の意識の中に日本による貢献の大きさを徐々に定着させていくことはある。前掲のＡＳＥＡＮの世論調査を見てもそれは成功してきたと考えられる。逆に中国や韓国では政治的な事情で日本の貢献についての自由な広報が制約されてきた。ナイも書いているように、ソフトパワーは、「政府の操作でうまくできるわけではないし」、「効果が出るのも長期にわたることが多い」のである。ソフトパワーのうち、国の価値観や各種政策を広報し、普及するのは官の役割が重要であるが、これを世界各国の人々に知らせるのは簡単なことではなく、長い時間が必要である。他方、ソニーやトヨタの例にみるように、日本ブランドの海外浸透は民間企業の力によるところが大きい。日本で大ヒットした漫画である『宇宙兄弟』は中国、韓国、台湾、インドネシアなどでも読まれており、この反響や効果の程はまだ不明であるものの、ソフトパワーを構成する文化などの大多数は民間で作られている。実際、ナイは、米国のソフトパワーは、かなりの程度、ハリウッド、ハーバード大学、マイクロソフト、マイケル・ジョーダン（筆者注：著名なバスケット選手）で作られているとしている。

5．ソフトパワーの効果と限界

宇宙力がソフトパワーであることについて見てきたが、今一度その外交的効用について整理しつつ、その限界についてもみてみよう。

（1）ソフトパワーの外交的効果

宇宙力を活用して日本のイメージを高め、もって日本外交に役立てるという場合、以下の五点に整理できるだろう。

(イ)科学技術立国としてのイメージ

日本の宇宙開発を通じた個々の成果や活躍が国際的に報じられることによって、日本の科学技術立国としてのイメージが高まる。

(ロ)先進国との協調

宇宙先進国と一緒に宇宙空間という戦場にもなりうる空間で共同プロジェクトを行うことにより当該国との関係強化、連帯意識が高まる。ＩＳＳのように時に平和の象徴ともなりうる大型プロジェクトもある。

(ハ)途上国への支援

途上国への二国間援助や協力を通じて当該国との関係強化や日本のイメージを高めることができる。また、先に触れたＡＰＲＳＡＦのように日本が中心となってアジアにおける宇宙協力を強化することで日本のイニシアティブや政策意図をアピールすることができる。

(ニ)地球規模課題への対応

災害、環境、食料など地球規模課題への対応にあたり、宇宙技術を利用して全球規模での国際貢献を積極的に行うという政策選択は日本のイメージを高める。危険が増しつつある宇宙空間のデブリを取り除くイニシアティブをとることができれば、これも地球規模課題への積極的貢献になる。

(ホ)好ましい国際秩序構築への参画

宇宙デブリの軽減や宇宙戦争を回避するために宇宙空間の国際ルール作りに日本として積極的に参画し、貢献することは、日本の生存にとって望ましい国際秩序を形成するための重要な外交活動の一環となる。

こうした活動を通じて増進したソフトパワーが外交上いかに役立つかについてであるが、ナイによれば、「自国の力が他国から正当なものだとみられるようにすれば、その国が望む結果を得ようとするとき、他国の抵抗は少なくなる。ある国の文化とイデオロギーが魅力的であれば、その国に従おうとする他国の意思が強くなる。ある国が自国の利害と価値観に一致する形で国際社会の原則を確立できれば、その国の行動は他国に正当なものだとみられる可能性が高まる」と述べている点に集約されよう。同時に、ナイは民主主義や自由という体制は特に大きなソフトパワーをもっていると喝破しているが、冷戦が終わってから、日本も自由・民主の国であることを国際場裏で強調するようになっている。これはインドネシアの民主化を例にみるまでもなくアジアの国々で民主主義が根付き始めてきたことから、そのような広報が、アジア外交においてマイナスよりむしろプラス効果が高いと判断するに至ったことがその要因である。日本が大国として活躍できる国際社会の枠組みは、自由、民主主義、市場経済、法の支配等に基づくものであり、同じ価値を共有するソフトパワー大国・米国との間で宇宙協力を緊密に行うことは、日本のソフトパワーを相乗的に高める可能性があることも考慮すべきであろう。日本のソフトパワーを高める効能は、望ましい国際秩序の構築に役立ったり、他国に日本の主張を受け入れやすくするという外交的なものに限らず、海外における日本ビジネスを有利にしたり、海外に住む日本人や旅行者への対応や安全によき効果があることは言うまでもない。逆にソ連や中国のような権威主義、軍事優先主義の国では、自由・民主という意味での魅力が少ない点を補うために、宇宙分野のような国家主導による技術革新を強力かつ一貫して推進し、ソフトパワーを諸外国にアピールする傾向があるといえるであろう。

ソフトパワーとしての宇宙力を語るとき、興味深いのは、ソフトパワーとその対極にあるハードパワーが同じプロジェクトの中で同居していることが多いことである。ハードパワーとは軍事力や経済力といった強制力を指すが、平和的な色彩が強い国際宇宙ステーションのような宇宙施設が将来軍事拠点として使われることもないとはいえない。この点、宇宙開発の目的をどう語り、どう見せるかで、正のソフトパワーになったり、負のソフトパワーになったりする。いずれにしろ、宇宙力は高い科学力と技術力を融合して初めて可能になるパワーであり、自前のロケットで宇宙に自前の人工衛星を飛ばせる国はほんの十か国にすぎない。[14] その中に日本は入っているのであり、このソフトパワーを外交に生かすことはすでに国際競争の一部になっている。

（2）ソフトパワーの限界

他方、ソフトパワーという力には、ナイも述べているように限界が少なくない。

一つは、多くのソフトパワーはその創出や発揮において政府の管理がおよびにくいことがある。政府による意識的な宇宙広報には効果の点で限界がある点はすでに述べた。

二つには、ソフトパワーの発現、すなわち外交関係等で望む結果を生み出すまでには何年、何十年もかかる場合があるという限界もある。

三つ目として、ナイのソフトパワー論にはハードパワーを軽視しているとの批判があった。国際社会では軍事力や経済力を中心としたハードパワーが決定的な力をもつのが現実であり、ソフトパワーだけでは国力として不十分ということである。ナイはこの点につきスマートパワーという用語を使い、ハードパワー（軍事力や経済力）とソフトパワー（文化力や技術力と言った魅力）の双方のパワーをもち、両者をいかに組み合わせて外交目標を達成するかが重要であると説明した。日本の場合、ソフトパワーは大きいが、ハードパワーは小さいのかと言えば、決して日本のハードパワーは小さくなく、国際的に大国であることは疑いえない。宇宙力に絞ってみても、日本の高い宇宙技術は、我が国の安全保障に不可欠になっているのみならず、ソフトパワーとしての効果も高いことから、日本のスマートパワーの源泉になっていることは明らかである。

二つ目の限界について具体例を挙げておきたい。ＡＳＥＡＮ諸国は、先の世論調査にもあるように日本に対し予想以上に高い信頼感をもっているし、歴史についても中韓とは異なる態度をとっている。しかし、二〇〇四年に国連の安全保障理事会の常任理事国に日本が、インド、ドイツ、ブラジルとともに加わる共

▼14　アメリカ、フランス、日本、中国、イギリス、欧州宇宙機関、インド、イスラエル、ロシア、ウクライナ、イラン。

同提案が国連で議論された際、中国が強硬に反対したこともあり、ASEAN諸国のいずれもが提案国に加わることはなかった。日本は長年政府開発援助を行い、ビジネス上でも厚い信頼関係を築いてきたし、宇宙でもASEAN諸国を中心に協力を行ってきた。そうしたさまざまな努力の積み重ねが日本外交にとってここぞという大事な場面で功を奏さなかったわけだが、この一事でソフトパワーは役に立たないと結論することはできない。むしろ挫折の後の対応も含めて、引き続き日本の生き様や品格を示していくことが長期的にソフトパワーの強化になっていくと考えるべきなのであろう。情報化時代がさらに進展する中で、ソフトパワーの重要性と限界は引き続き重要な外交ファクターになっていくことは間違いないからである。

その他の限界というか特徴として、大きな負のソフトパワーが、他の正のソフトパワーを打ち消す場合がある。ソフトパワー大国であるアメリカが、二〇〇五年のイラク戦争開戦で国家の評価を落としたことは記憶に新しい。日本もソフトパワー大国であるが、歴史問題という負の遺産がある。ナイも「日本のソフトパワーには限界がある。ドイツは過去の侵略政策を放棄し、EUの枠組みの中で隣国と和解したが、日本は一九三〇年代に海外を侵略した歴史を清算しきれていない。中国、韓国などにはいまだに日本への疑念が残っており、日本のソフトパワーを制約している」と述べている。この総括自体に間違いはないにしても、日本の歴史をめぐっては日本国内でも未だにさまざまな議論や解釈がある。中国や韓国は歴史問題を政治利用してきたし、日本と戦った米国も日本の歴史認識如何については国家として重大な利害関係を有している。日本政府は、過去の行為を真摯に反省する一方で、政府自身が歴史の審判を行うのではなく、「後世の歴史家の判断を待つ」としてきたし、現時点において安易な結論付けを行うことなく、冷静に対応していくべきであろう。日本人の一人一人が歴史をどう認識するのかは極めて重い課題である。実際、中国や韓国とは異なって、ASEAN諸国の中には、日本の過去について批判している政府はこれまでなかったが、政府ではなくこれら諸国の人々が日本の過去、そして戦後の歩みにつきどういうイメージを持つかは今後の日本外交にとっても極めて重要である。

最後になるが、日本の宇宙力はソフトパワーが強く外交的にも役立つのであるから、国家予算の宇宙開発への配分（現在約三〇〇〇億円強）に当たっては、この点が十分配慮されるべきではないかという議論がありうるが、必ずしもそうはならない。宇宙開発は多目的であり、多くのプロジェクトが技術革新、学術、軍事、外交、ビジネス振興、教育などいくつかの重要な目的を併せ持っている。ソフトパワーの発現を一つの独立した目的としてカウントすることは可能であろうが、長期にわたる効果の計量がひときわ困難なため、むしろ主要な目的の達成に当たり付随して生じるプラス要素ととらえるしかないと思われる。一方で、日本のソフトパワーを高めうる上で、ＩＳＳ、はやぶさ、地球規模課題における日本の国際貢献が特に有効ではないかと述べたが、数ある宇宙開発のプログラムの中で何を優先するかの判断にあたっての一要素としては重視されていいだろう。二〇二〇年以降のＩＳＳ延長問題については、二〇二四年まで延長・参加することを日本は決定した（二〇一五年十二月）。また、ポストＩＳＳの模索は、日本のみならず関係国の間でも議論が始まっており、二〇一七年後半にそれを議論するための第二回閣僚級国際会議が日本で開催されることも決まっている。こうした議論、決定の際に、ソフトパワーを含む外交的視点は不可欠となるであろう。日本の宇宙政策は、二〇〇八年以来安全保障の視点が新たに加わったことで大きな曲がり角にあるが、安全保障を支える外交の視点は上記で述べてきたソフトパワーの要素を含めて重要性を増していくように思われる。宇宙政策の策定がますます困難、重要になっている由縁でもある。

（二〇一五年六月記）

第二部

宇宙と安全保障

第5章 日本の宇宙政策と安全保障
――新宇宙基本計画（二〇一五年）から

平成二十七年一月九日、安倍内閣総理大臣を本部長とする宇宙開発戦略本部において、新しい宇宙基本計画（以下、「二十七年版計画」という。）が決定された。これは、平成二十一年六月決定の宇宙基本計画（以下、「二十一年版計画」という。）、平成二十五年一月の宇宙基本計画（以下、「二十五年版計画」という。）に続くものである。想定されていた計画期間である五年の終了を待たずに二回連続で改訂されたのは、政府文書として異例であり、それだけ方針が定めにくく、一方で国家として重要な政策であることがうかがえる。

宇宙基本計画というのは、宇宙開発に関する施策を総合的かつ計画的に推進するため、二〇〇八年に制定された宇宙基本法に基づいて総理大臣を長として関係閣僚からなる宇宙開発戦略本部が決定する中期計画である。

この章では、今次宇宙基本計画の内容を検討し、日本の宇宙開発が国家戦略の中でどのように位置づけられているのかを、特に安全保障の視点から見る。

1．宇宙基本法（二〇〇八年）と新宇宙基本計画

宇宙基本計画は、平成二十年（二〇〇八年）に制定された宇宙基本法に基づいて政府が作成することと

なっている。したがって、宇宙基本法についてまずは簡単に述べておきたい。

（1）宇宙基本法

日本は一九六九年に宇宙利用を「平和目的」に限るとの国会決議を採択し、軍事面での利用を禁止してきたが、二〇〇八年の宇宙基本法によって安全保障面での利用を解禁し、約四十年にわたり続いた宇宙政策が変更された。すなわち、日本が、憲法の範囲内で軍事利用のために宇宙開発を行うことを明確に規定したのである。この安全保障面のみならず、宇宙開発・利用の基本的枠組みを定めたという意味で極めて重要である。同法は、自民党政権時に制定されたが、超党派（自民党、公明党、および当時の最大野党である民主党）の議員立法でできたことから、宇宙開発の戦略的位置づけを策定することに幅広いコンセンサスがあったことがわかる。

日本では、それまで「宇宙の平和利用」とは「非軍事」であると解釈されてきたが、宇宙基本法の制定により、今後は「平和＝非軍事」（non-military）ではなく、国際標準である「平和＝非侵略」（non-aggressive）へと解釈変更されることになったとよく言われる。侵略目的でなければ宇宙の軍事利用が可能になったということである。具体的には、自衛隊が、防衛目的の衛星の開発、製造、運用を行い、また、JAXAの射場やJAXA／民間企業のロケットを使用することが可能となり、自衛隊が宇宙技術応用成果の一顧客から、宇宙開発・利用の主体となることができるようになったのである。[1]

それでは、平和目的について厳しい解釈があったゆえに、宇宙基本法制定以前は、安全保障目的の宇宙利用が一切できなかったのかというとそうではなかった。国際社会の宇宙利用が進む中、日本政府は、破壊・殺傷のために宇宙空間を使用しない一方で、「一般化原則」[2]と呼ばれるが、民間などで利用が一般化した宇宙活動についてはそれを自衛隊が用いることができるということが一九八五年に政府方針として打ち出された。自衛隊が使用する通信衛星や、我が国の安全保障上必要な画像情報を得るべく打ち上げた情報収集衛星等は、この一般化された宇宙利用に当たる。

一九九八年に導入された情報収集衛星は、偵察衛星とも言われ、日本国民の間でもよく知られるようになっている。外交・防衛等の安全保障および大規模災害等への対応等の危機管理のために必要な情報の収集を主な目的として導入された。地球上の特定地点を一日一回以上撮像するため、光学衛星二機、レーダ衛星二機を維持するように開発され、二〇一三年に四機体制が確立している。一九九八年八月の北朝鮮による弾道ミサイル発射実験後、北朝鮮のミサイル発射および動向を注視する必要が高まったことを契機として、政府は同年導入を決定し、安全保障のみならず、大規模災害および大事故対策にも活用することとなったのである。

また、ミサイル防衛にかかわる宇宙利用についても、政府は、他に選択肢がないことを踏まえ、平和目的の利用に反しないとの判断を行っている。これらを考慮すれば、平和目的＝非軍事と解釈されてきた我が国の宇宙開発利用も、一般化された範囲内、破壊・殺傷に用いないという制限つきではあるが、ある程度、安全保障目的の利用にまで拡大してきていたのである。[3]

他方、諸外国と異なり、憲法第九条の制約の下での宇宙開発利用であるので、「非侵略」利用に該当するすべての活動が適法になるわけではない。すなわち、専守防衛の範囲内における安全保障利用という制約が存在する。具体的には、個別に判断する必要があるが、例えば、日本の衛星が他国に攻撃され破壊された際に、日本が攻撃国の衛星や地上の衛星基地を攻撃するのは必要最小限度の自衛目的といえるかと言った点が議論となろう。解釈する他の宇宙先進国と異なり、日本には憲法に基づく制約があるのである。

▼1　青木節子「自衛隊の衛星利用：憲法による制約の考察」

▼2　防衛庁（二〇〇七年以降防衛省）の宇宙利用については、一九八五年の政府統一見解により、国民の日常生活において利用が一般化した衛星を利用することはできるが、その段階に至らない衛星の利用は制約されるとされてきた。

▼3　橋本靖明「宇宙基本法の成立――日本の宇宙安保政策――」（防衛研究所ニュース 二〇〇八年七月号）

本章は安全保障に焦点を当てているが、宇宙基本法の制定目的は安全保障だけではないので、その他の主要目的について、以下に記しておく。

（イ）宇宙開発利用に関する理念を明確にすること

宇宙の平和的利用以外にも、宇宙基本法では宇宙開発利用の理念として、国民生活の向上、産業の振興、人類社会の発展、国際協力等の推進、環境への配慮、などが明確に定められた。同様に、我が国宇宙政策は、これまでの「科学技術（研究開発）」主導から、「科学技術」「産業振興」、「安全保障」の三本柱が掲げられ、多元化することになった。

（ロ）体制の整備

日本の宇宙活動は、これまで科学技術主導であったことから、旧文部省と旧科学技術庁、次いで文部科学省によって主に遂行され、その他の省庁である経済産業省、総務省（主に通信政策を所掌）、国土交通省、環境省などもそれぞれ宇宙開発利用を行ってきたが、政府全体の司令塔機能は強くなかったと言われてきた。宇宙基本法の制定によって、総理大臣の下に、省庁の枠を超える宇宙戦略本部を作り、宇宙開発利用に関する施策の総合的・計画的な推進を図ることになった。また、この宇宙戦略本部に関する法整備、宇宙航空研究開発機構（ＪＡＸＡ）等の在り方等の見直し、宇宙活動に関する法制の整備など宇宙開発利用の体制見直しが定められた。

（2）新しい宇宙基本計画（平成二十七年）の特徴

こうして、宇宙基本法の下、政府全体で中期計画を策定し、総合的、計画的な施策推進を行うことが決められた。最初の二十一年版計画は宇宙基本法が制定された翌年の平成二十一年六月に五年計画として発表された。宇宙基本法で定められたとおり、これまで研究開発主導であった宇宙開発を、災害・地球環境問題・国土管理・資源探査など社会的ニーズに対応した利用、宇宙産業の育成、および外交・安全保障分野における活用を推進していく方針が具体的に記述されている。第二回目は二十一年版計画の期間終了を待たずに平成二十五年一月に同じく五年計画として発表された。最新の二十七年度計画は二年後の二十七年一月に発表された。

では、宇宙基本計画が短期間に三度も改訂された理由を考えたい。

今次二十七年版宇宙基本計画の冒頭では、計画期間中での改訂の理由について以下のとおり記述し、日本をめぐる安全保障の懸念を前面に出している。

「平成二十五年一月の「宇宙基本計画」策定後、我が国の宇宙政策を取り巻く環境は大きく変化している。我が国を取り巻く安全保障環境が一層厳しさを増し、我が国の安全保障上の宇宙の重要性が著しく増大している。一方、我が国が自前で宇宙開発利用を行うための宇宙産業基盤は揺らぎつつあり、その回復・強化が我が国にとって喫緊の課題となっている。」

因みに、この後段に書かれた宇宙産業基盤については、「政府が宇宙開発利用を推進し、これを支える技術を維持・発展させるには、中長期的な観点から国家安全保障に資するよう配意することとしている。」という表現で、安全保障のためにもその強化が必要だと明確にしている。[4]

他方、その二年前の二十五年版計画策定時はどうであったかといえば、前倒しの改訂理由について、同じく宇宙開発利用を取り巻く内外の環境が大きく変化しているためとしていたが、その理由として、①欧米における民間活力活用の趨勢、②中国をはじめとする新興国の宇宙進出、③産業基盤の維持強化の必要、④国際的な安全保障の要請、⑤東日本大震災を踏まえた防災、減災の必要、の五点を挙げていて、安全保障はその中の一つであったし、防衛面での懸念も強調されていなかった。

▼4　二十七年版宇宙基本計画本文1．では、その他にも「民生・安全保障の両面で宇宙空間の利用が果たす役割がますます大きくなる中、我が国にとって、自前で宇宙活動できる能力を保持すること（自律性の確保）が重要である。このためには、宇宙開発利用を支える我が国の産業基盤が安定的でかつ活力に満ちたものである必要がある。」といった記述がある。

改めて、両文書を安全保障の視点から読むと、以下の点でその相違が顕著と思われる。

（イ）今次二十七年版宇宙基本計画は、その一年前（平成二十五年十二月）に我が国史上初めて策定された「国家安全保障戦略」を反映したものとなり、我が国宇宙開発が、国家安全保障全体から見て不可欠な分野であると明確に位置付けた。同時に、その意図を内外に対し丁寧に説明することを試みている。

（ロ）安全保障重視の結果として、我が国自衛力の向上に活用していくのみならず、日米同盟に資する宇宙協力を推進していく方針が明確にされた。

（ハ）宇宙関係予算の将来について、二十五年版計画が厳しい財政制約を特に強調したのに対し、今次二十七年版宇宙基本計画は、厳しい財政制約を前提にしつつも、安全保障の重要性を強調することで、拡大志向が読み取れる。

次項以降では、この三点を中心に、日本の安全保障の視点から、今次二十七年版宇宙基本計画の評価を試みる。結論を先に述べれば、同計画は、二〇〇八年の宇宙基本法の制定によって解禁された宇宙の安全保障利用について、その意義を再確認するとともに、国家安全保障戦略に沿って宇宙の位置づけを再整理した点が評価できる。しかし、二十七年版計画がその二年前の二十五年版計画から開発方針を転換したというわけではない。国家戦略の視点から改めて宇宙開発の意義を明確化し、その中で宇宙開発における安全保障面の重要性を再整理しつつ、全体として宇宙基本法で定められた方針を継続しているとみるのが妥当であろう。

2．国家安全保障戦略における宇宙の重視

上記の二十七年版宇宙基本計画で「我が国を取り巻く安全保障環境が一層厳しさを増し」ているという場合、日本人にとり我が国周辺において起こりうる衝突可能性が思い浮かぶだろう。北朝鮮による核兵器

開発やミサイルの実験といった挑発的行動や、中国による尖閣諸島周辺の動きや防衛識別圏の設定などである。しかし、よりグローバルに進行する地殻変動的な動きをも併せて認識する必要がある。不透明と言われる中国による軍拡の継続のみならず、東シナ海や南シナ海における動きが東アジアのパワーバランスに不安定をもたらしている。大国ロシアがウクライナの東部やクリミア半島で力による現状変更を試みていること、また、米国が相対的に国力を落とす中で、中ソ両国が連携して欧米と反目する事態も増えてきており、新冷戦の始まりとする声も出ている。最近のＩＳＩＬ（いわゆる「イスラム国」）の非道に見るとおり、シリアやイラクをはじめ中東で広がる激動は世界の政治的安定やエネルギー供給を大きく揺るがしている。中国、インド、ブラジルなどの新興国の台頭は、欧米が形成してきた市場経済を旨とする国際経済ルールに変化をもたらすかもしれない。サイバー攻撃が跋扈している。北朝鮮やイランによる核開発およびその拡散が懸念されてきたが、その恐れは一般の人々が想像する以上に世界平和にとって大きな脅威である。宇宙においてもパワーバランスの変化、機微な軍事技術の漏えいが安全保障の視点から懸念されるに至っている。

日本は「開かれたグローバル国家」として自由、民主、人権、法の支配、市場経済を基調とする国際社会にあってこそ、発言権を増し、その存在価値を高め、国益を守ることができる。しかし、戦後国際社会が築いてきた自由・開放の国際秩序が揺らげば、日本が平和の中で繁栄する存立基盤自体が動揺するおそれがある。こうした状況に直面し、日本の国益のため日本がどう動くべきかが問われている。冷戦時代には、超大国米国の庇護の下、憲法上の制約があるとして防衛費を抑え、ソ連の脅威に対しては、日本周辺で米国との防衛協力を行うことでそれなりの貢献と認識されてきた。日本の原油輸入にとって死活的に重要な中東における紛争や石油輸入の通り道であるシーレーン上の脅威など世界の遠くで起こる安全へ脅威に対しては、国民感情的にも、国内政治的にも日本として動くことはできなかった。しかし、明らかに国際政治のパラダイムは変わり、自分の都合だけを考えていれば済んだ「一国平和主義」の時代は終わっている。国際環境が大きく変動しつつある中、日本の同盟国である米国はこの十年余り相対的な国力を落とし、内向き志向を見せつつも、外交戦略の変更や軍事再編といった模索を続けている。同時に、冷戦後の国際秩序を維持するため、同盟国や友好国の関与強化、負担増を求めるようになっている。米国の同盟国である日本としては、グローバルな安全保障問題にいかに関わり、どのような国際秩序を目指すのかを自ら考え、そのための国際的責務を果たすことを真剣に考えなくてはならなくなっている。

二〇一三年十一月、安倍内閣の下、以前にも存在した国家安全保障会議を強化する法案が成立し、翌一二月には「国家安全保障戦略」が策定されたのは、そのような国家的危機認識に対応したものといえる。同戦略の策定趣旨として以下のように書かれている。若干長いが引用する。

「我が国を取り巻く安全保障環境の動向を見通し、我が国が直面する国家安全保障上の課題を特定する。そして、そのような課題を克服し、目標を達成するためには、我が国が有する多様な資源を有効に活用し、総合的な施策を推進するとともに、国家安全保障を支える国内基盤の強化と内外における理解の促進を図りつつ、様々なレベルにおける取組を多層的かつ協調的に推進することが必要との認識の下、我が国がとるべき外交政策及び防衛政策を中心とした国家安全保障上の戦略的アプローチを示している。また、本戦略は、国家安全保障に関する基本方針として海洋、宇宙、サイバー、政府開発援助（ODA）、エネルギー等国家安全保障に関連する分野の政策に指針を与えるものである。政府は、本戦略に基づき、国家安全保障会議（NSC）の司令塔機能の下、政治の強力なリーダーシップにより、政府全体として、国家安全保障政策を一層戦略的かつ体系的なものとして実施していく。」（傍線：筆者）

ここで注目されるのは、宇宙分野が国家存続の大前提である国家安全保障にとって重要であるとして具体例に挙げられた五分野の一つに位置づけられ、下線で示したように、「資源（宇宙技術）を有効に活用」にするとともに、「国内基盤の強化」を図る対象と明示されたことである。同時に、こうした我が国の政策や立場について「内外における理解の促進」を図っていくとの方針が述べられている。

この国家安全保障戦略に定めた指針の下、今次二十七年版宇宙基本計画では、安全保障を重視する判断に至った理由について明確かつ丁寧に説明している。国内向けのみならず、日本の宇宙政策を宣明し、日本の政策意図に透明性を持たせることで、諸外国にあらぬ疑惑を抱かせないとの意図があったといえよう。こうして今次二十七年版宇宙基本計画では安全保障をめぐる日本の政策意図を明確に発信しようとしている点は、二十五年版計画策定時とかなり異なっている。その理由の一つとして、二十五年版計画策定時は安倍政権の発足直後であり、国家安全保障戦略もまだ存在していなかったし、安全保障上の宇宙開発の位置づけを総合的に検討するのに適した組織もなかったからと推測できる。

この点をもう少し補足したい。この国家安全保障戦略は、我が国として初めてのものであり、これまでこのような包括的な安全保障政策は我が国では策定されていなかった。それは我が国をめぐる国際情勢がそうした戦略が必要であるほどには緊張していなかったとみなされていたこともあろうが、「政治の強力なリーダーシップにより、政府全体として」策定する体制がこれまで不十分であったことを示している。二〇一三年十一月の法改正により、国家安全保障会議の司令塔となるのが首相、官房長官、外相、防衛相によって構成される「四大臣会合」に集中され、強力な事務局もできた。この結果、首相官邸を中心に外交・安全保障に関する迅速な情報収集や重要な政策決定が行われることが期待されている。これまで米国と類似の国家安全保障会議を設置することは長年の懸案であったが、この組織を有効に機能させるためには安保関係省庁が得た機密情報を一元的に集約する必要があり、その機密情報が外部に漏れないようにすることが不可欠であった。テロ関連情報のように内外から得た国家安全にかかわる機密情報が関係者以外に漏れるようでは、日本政府は信用できないとして機密情報自体が入ってこなくなるからである。新しい国家安全保障会議の創設と相前後して成立した特定秘密保護法（二〇一三年十二月公布、二〇一四年十二月施行）はまさにこのための法律であり、機密情報の範囲を定め、漏らした公務員ほかを厳しく罰することを定めるものであったが、同法の成立過程では国民の知る権利、報道の自由、検閲の復活等に注目が集まり、本来の目的についてはあまり国民的議論にならなかった。筆者が所属していた外務省の視点でいえば、世界各国に所在する我が国在外公館が外交的に入手した安保関連情報は霞が関の外務本省に送られるが、特に機密度が高い情報を他の省庁と共有する場合、秘密管理の体制が不十分な省庁から政府外に漏れるのではないかという不安があった。一旦漏れれば、外国からの信用を失い、重要情報や分析の提供が二度となされなくなるからである。防衛省、警察庁、経済産業省、海上保安庁、公安調査庁なども同じような不安を他の省庁に対してもっていたはずであり、それが省庁間の円滑な情報共有や一元的集約を時に難しくしていた。日本が機密管理に厳しい国との評価を得なければ、外国の不穏な動き、テロ関連情報、軍備装備品の仕様といった機微な安全保障関連情報は入ってくるはずもないのである。こうした安保政策を有効に司るために必要だったのが、国家安全保障会議の設置であり、特定秘密保護法だったのである。特定秘密保護法は、かつては自衛隊員によるソ連スパイへの情報漏えいなどの際に法制化が検討されたが、報道機関が主張する「国民の知る権利」とのせめぎ合いの中で、日の目を見なかった。同法制定によって、公務員が秘匿すべき情報と公表してもいい情報が明確になり、それらの情報を扱う公務員の意識も向上することができることとなった。他方、その結果、機密情報がメディア等を通じて報じられる可能性が減るかもしれない点が懸念される。日本を取り巻く安全保障情勢が厳しくなり、友好国との情報共有を強化していく必要が高まっていることとのバランスを現実的視点がから考える必要が出てきたということであろう。

民主主義をどうとらえるかであるが、相手が存在する外交や防衛といった分野、特に緊急事態の際には、関連情報について国民のアクセスに一定の縛りがかかり、国民が選出した政治に最終判断を任せることは是認されていいだろう。

いずれにせよ、おそらく最も重要なのは、国民が法制定の核心部分とその背景をバランスよく理解しているとの前提で、政府が特定秘密の具体的範囲をどう定めるか、それを如何に運用していくのかである。宇宙に関する特定秘密が何かについては、今後の運用を見ていく必要があるが、宇宙技術は安全保障に深くかかわる以上、その保全は重要である。例えば、情報収集衛星から得られた画像や衛星自体の能力を知りうる立場の者は明らかに規制の対象となろう。▼[5] 問題は、宇宙技術の場合、軍用、民事の両用であることから、どこまでが秘密であるかが曖昧になりやすく、外部への発表などで制約が出るし、あいまいゆえに自己規制をかけざるをえないという事態になる懸念もある。実際どこまでが特定秘密になるのかは今後の規制次第であり注視していかねばならない。ロケット技術などの機微技術は外国への漏えいが厳しく回避されねばならないが、すでに「外国為替及び外国貿易管理法」で縛られてきている。いずれにせよ、二〇一四年十二月に定められた特定秘密保護法の運用基準を見る限り、広範な安全保障関連情報のうち、規制はごく限定された範囲に厳しく絞りこまれている。

3. 日米同盟強化に資する宇宙協力の重視

今次二十七年版宇宙基本計画の二番目の特徴として、日米同盟を強化する宇宙協力を重視していくとの方針が明確にされている。国家安全保障戦略が、宇宙を安全保障上重要分野としていることから、唯一の同盟関係にある米国との宇宙協力が重視されているのはある意味当然の帰結といえよう。書きぶりとしては、「日米宇宙協力の新しい時代の到来」として、「アジア太平洋地域において、その平和と安定を維持するためには米国の抑止力が不可欠である。米国の全地球測位システム（GPS：Global Positioning System）を始めとした宇宙システムは、米国の抑止力の発揮のために極めて重要な機能を果たしており、万一、これが劣化・無力化され、アジア太平洋地域に対する米国のアクセスが妨げられることとなれば、米国の抑

▼5　特定秘密保護法の別表によれば、第一号（防衛に関する事項）として、現在、今後において宇宙開発にかかわると想定される情報がいくつか定められている。
ロ　防衛に関し収集した電波情報、画像情報その他の重要な情報
ハ　ロに掲げる情報の収集整理又はその能力、
ニ　防衛力の整備に関する見積もり若しくは計画又は研究、
ヘ　防衛の用に供する通信網の構成又は通信の方法

止力は大きく損なわれることになる。また、我が国を守る自衛隊の活動は、我が国自身が保有する宇宙システムや商用衛星サービスのみならず、GPSを始めとした米国の宇宙システムにも大きく依存している。」として意図は明確である。抑止力とは、安全保障の文脈でいえば、相手に戦闘を仕掛けるのを思いとどまらせる力であり、典型的には軍事力や同盟関係である。

他方、二十五年版計画でも、米国との宇宙協力を着実に推進していくとして、日米間で決められた安全保障分野における協力方針が紹介されているが、日米同盟の重要性や防衛面における宇宙利用について特段の記述や強調がなされているわけではない。

実際の政治の世界では、二〇〇八年の宇宙基本法制定によって宇宙の安全保障利用が解禁された後、早くも二〇〇九年には日米首脳会談において安保面での宇宙協力を行っていくことが確認されている。その後、日米協議が続けられ協力分野が特定されてきた。具体的に、衛星測位、SSA（宇宙状況把握）、宇宙を活用したMDA（海洋状況把握）、リモートセンシング・データ・ポリシー等の分野で協力が進めることが合意されている。この合意を踏まえ、衛星測位については、二十七年版計画において、時期不定の将来目標とされていた七機体制について平成三十五年度をめどに運用を開始すると時期が特定された。SSAは、宇宙空間への監視を強め、宇宙空間での衝突危機を減らすとともに、中国が平成十九年一月に行った衛星破壊実験のような事例を国際的に抑止していくことが目指されている。また、MDAは、海上を日米共同で監視する体制を強めようとの試みであるが、海賊、大量破壊兵器関連物資の輸送船、テロなどの不審船などの探知、追跡の能力を高めることになる。二十七年版計画をみると、SSAについては、政府一体となった運用体制を三十年代後半までに構築するとし、MDAについては二十八年度末までに知見等を取りまとめるとしたように、共に期限を定めて、具体的推進を促しているところに、米国との協力を重視する意思が感じられる。リモートセンシング・データ・ポリシーとは各種衛星で取得した安全保障関連データが不用意に外に漏れないよう保全基準を明確にすることで、両国の情報共有を促進していくものであるが、関係法を平成二十八年の通常国会に提出することを目指すと明記された。

こうして宇宙分野における日米協力を強化しようとしている背景として、今次二十七年版宇宙基本計画では、宇宙空間の安全保障上の重要性が近年著しく増大している点と、宇宙空間におけるパワーバランスが変化していることを挙げている。

米国では、宇宙における米国の脅威として中国とロシアを挙げているが、[6] 中国が行った衛星破壊実験などがその原因の一つである。中国はその後批判を浴びるような実験を控えるようになっているが、他の国がこのような実験を行わないよう規制する国際合意も必要になってきている。米ソによる二極構造が支配した冷戦時代には、双方の間に相手国の宇宙アセットを攻撃しないとの一定の共通理解が存在したが、残念ながら現在はそうした共通理解がないどころか、むしろ中国に続く潜在能力を持つ宇宙新興国が増えつつある。国際社会は、戦後長く宇宙空間の軍事利用に関するルール作りに失敗してきているが、日米が宇宙利用の国際ルール作りの面で協力することには安全保障上大きな意義がある。

以上述べた日米協力は、両国の首脳レベル、閣僚レベルの合意であること、双方の協力で相乗効果が期待できること、日本の抑止力向上に役立つのみならずアジア地域全体の安全を高めることから、今後日本の宇宙開発の中でも一定の優先度をもって進められていくことになると思われる。

こうして我が国の安全を確保していくためには、外交、防衛を中心としてなすべきことは多いが、後掲の表にもあるように、宇宙開発はとりわけ多面的に安全保障に役立つ分野である。この点は、国家安全保障戦略の趣旨としてすでに引用したように、「我が国が有する多様な資源を有効に活用し、……様々なレベルにおける取組を多層的かつ協調的に推進すること」として宇宙をその一分野に位置付けていることからも明らかである。

こうした多層的な取り組みの一例として、特定秘密保護法に次いで大きな議論を呼び、現在国会で議論

▼6　二〇一五年二月二六日、米国のクラッパー国家情報長官が上院軍事委員会で行った「世界の脅威に関する評価報告」

が始まっているのが集団的自衛権の限定的な行使を容認する内容を含む平和安全法制である。筆者が、大学で講義を行った際、学生の反応には興味深いものがあった。これまでは集団的自衛権の行使が認められていなかったため、例えば、我が国近隣で武力攻撃が発生し、米軍艦船が在留邦人の退避のため輸送している際に、当該米軍艦船が攻撃されても、我が国は米艦を防護することができなかった。筆者が、「集団的自衛権の憲法解釈見直しは、同盟関係にある米国との信頼関係を高めることにより、米国が日本有事の際に日本を是が非でも守るべきパートナーであるという信頼関係を強める意義がある。日本が戦争に巻き込まれる恐れを増やす可能性のみを考えるのではなく、日本に戦争を仕掛けさせないために抑止力を高めること、ひいてはアジア地域の安全に貢献する効果を比較して考えることが重要である。」と説明したのであるが、「やはり平和が大事だから、集団的自衛権には反対だ」、「戦争になる危険を高める法案には賛成できない」と短絡的に結論付ける学生が少なくなかった。若い人の間でも、日本さえ守られればそれでいいとする旧社会党的な「一国平和主義」の考え方が未だ根強いと考えさせられた。米ソ冷戦時代のように日本外交がなしうる有効な政策が限られていた時代とは異なり、今や世界をいかに平和的かつ安定した秩序に持っていくために日本として何ができるのかをグローバルに考えていく時代になっている。これが安倍政権の唱える「積極平和主義」の考え方であり、これを具体化したのが、二〇一三年十二月に閣議決定された「国家安全保障戦略」である。

4．財政制約の中での宇宙開発

今次二十七年版宇宙基本計画の第三の特徴として、今後の宇宙関連予算の増加について前向きなトーンが出ていることが挙げられる。そこでは、厳しい財政制約の中にあって、宇宙政策にメリハリをつける必要があるとしつつも、以下のとおり述べている。

「環境変化に応じて個々のプロジェクトを通じて達成すべき政策目標をも柔軟に見直し、また新たに実施すべき宇宙プロジェクトや講じるべき施策を追加する等により、『常に進化し続ける基本計画』を目指す。」こうして、宇宙政策はまだ流動的であり、今後の変化可能性を予見している。

また、産業界による投資の「予見可能性を高める」として、二十一年版計画および二十五年版計画が（今後十年程度を見据えた）五年計画なのに比して、今回は（今後二十年程度を見据えた）十年計画と改め、「宇宙の重要性の増大や、宇宙産業基盤の衰退を食い止めるために必要な事業量を確保していく」という長期計画になっている。また、「宇宙機器産業は世界的に自国の政府機関による官需が売上げの大きな部分を占める産業であり、我が国の宇宙機器産業も政府の宇宙開発利用に関する支出に売上げの大部分を依存している。」と述べ、国際競争力をつけて、海外受注を増やすことは短期間では難しいとの見解を示している。宇宙開発の場合自前の技術を作るには、十五年から二十年かかると言われていることから、より長期間の計画にしたことは妥当であろう。

他方、二十五年版計画では、冒頭に、「我が国の財政事情が近い将来において大幅な改善を見込むことが困難な中で、……今後の宇宙政策は、総花的に行うのではなく、限られた資源を前提に、重点的に行うべき分野に絞って、最大限の成果を上げるように推進しなければならない」と述べており、二十七年版宇宙基本計画とはニュアンスがかなり異なっている。計画期間の五年間に予算増の余地が少ないことを鮮明にして、その分、国際競争力をつけて海外受注を目指すとの方向を示したのである。

具体的プロジェクトを例に比較してみると、二十五年版計画では、抑制的な書きぶりであった国際宇宙ステーション（ＩＳＳ）計画や地球環境観測衛星について、二十七年版計画ではトーンが若干変わっている。両プロジェクトは、軍事的要素は特に強いわけではないが、日米関係の強化や、国際社会への貢献を通じて日本の国際プレゼンスを高める効果があり、間接的に安全保障に資する案件と言いうるものである。

例えば、国際宇宙ステーション（ＩＳＳ）について、二十五年版計画では「我が国の産業競争力強化に繋がる成果は現時点では明らかではなく、……」と具体的成果を重視する観点から高評価を与えず予算の縮小方向を示唆していたが、今次計画では、「技術蓄積や民間利用拡大の戦略実施等が効果的・効率的に行われることを前提に、これに取り組む。」として条件付きながら、肯定的な書きぶりになっている。日本は、欧米との象徴的なプロジェクトの共同創始者であることから、遠からず寿命を迎える巨大宇宙インフラの解体まで共同の責任を負うことが望ましい。他方で、終了時期までに安全保障面を含め最大限の成果を生み出していくよう努力を継続していくことは当然である。

また、日本が打ち上げているいくつかの地球環境観測衛星について、二十五年版計画では、「限られた予算の中で注力する分野を見極めた上で、データ取得に空白期間が生じないような計画とすることが必要である。」として、一部衛星については次世代衛星の開発を不可とする方向が示唆されているが、今次二十七年版宇宙基本計画では、「我が国の技術的優位や、学術・ユーザコミュニティからの要望、国際協力、外交戦略上の位置づけ等の観点を踏まえ、地球規模問題の解決や国民生活の向上への貢献など、出口が明確なものについて優先的に進める。」として、外交・安全保障に関連する分野との意識の中で、継続可能性について若干ではあるが前向きなトーンになっている。これまで数ある地球観測衛星が、先進国の責務として欧米と実質分担しつつ打ち上げられてきたこと、環境衛星は一大国際課題である気候変動問題にも大きく関わっているとの現実、日本が環境問題で世界をリードしてきた実績等を踏まえれば、予算が許し、国際的に高い意義があるということが確認できるのであれば、地球環境という長期的課題に引き続き取り組んでいくことが日本外交にとって望ましい。

次に、安全保障重視を打ち出した今次二十七年版宇宙基本計画において、宇宙技術が最も直接的な抑止力として使われる防衛面において、実際にどの程度優先していくことを想定しているのかをみてみたい。まず、北朝鮮の核・ミサイル実験を契機として展開されている情報収集衛星四機体制であるが、機数増を検討するとして偵察体制の強化にコミットするとともに、情報収集衛星によって得られたデータをより早く地上で入手するために必要な中継衛星についても、平成三十一年度をめどに打ち上げるとしている。また、測位衛星については、まずは四機体制、その後平成三十五年までに七機体制の運用にめどを付けるとして時期を明示した点は、日米協力案件でもあり大きな前進である。なお、今次二十七年版宇宙基本計画では、測位衛星の重要性について安全保障の側面が強調されているが、もともと日本では測位衛星七機体制の構築は民生利用を念頭に動き出したものである。[7] 宇宙技術が軍民両用技術であるとの特徴を示すものであり、安全保障にも資するという方がより正確であろう。

米国との協力が政府間で合意されている宇宙状況把握、海洋状況把握に関する施策については、防衛省を含めて検討が行われていくこととされた。現時点で大きな予算増を伴うものではないが、上記でも述べたように目標時期を定めて検討を促した点は、二十五年版計画より前進している。

また、防衛利用に特化した人工衛星として、北朝鮮などのミサイル発射をいち早く探知する早期警戒衛星の導入も注目点である。二十五年版計画では単に今後の検討とされていたが、今次二十七年版宇宙基本計画では「同盟国との協力等の代替手段、我が国における技術的実現可能性、費用対効果等を十分に勘案した上でその要否も含めた検討を進め、必要な措置を講じる」として、真剣に検討していく意思が表明されている。

ロケットの新規開発を決めているのも大きな前進である。ロケット開発は、日本の宇宙活動の自立性を確保し、抑止力として安保上も役立ち、更に、戦略的技術の高度化、産業基盤の育成など複合的な目的を持っている。新型基幹ロケットを三十二年度までに打ち上げることを目指している点、また固体燃料ロケットの高度化、継続的利用を明確した点も高く評価できるものである。二十五年版計画では、基幹ロケットの新規開発は今後の検討とされていた。測位衛星と同様、新規ロケットの開発方針については安全保障面での前進というより、産業基盤の強化、国際競争力の強化に資する点に重きがあるであろう。

二十七年版宇宙基本計画について、財政的側面からの重要性をもう一点指摘すれば、国家安全保障戦略

▼7　二十五年版計画では、「準天頂衛星システムは、米国のＧＰＳを俯瞰、補強するものであり、産業の国際競争力強化、産業、生活、行政の高度化、効率化、アジア太平洋地域への貢献と我が国プレゼンスの向上、日米協力の強化及び災害対応能力の向上等広義の安全保障に資するものである」としている。

に下に策定された計画であることを明確にし、防衛省、外務省、海上保安庁などの安全保障関係省庁に対し宇宙の重要性を再認識せしめ、今後十年にわたる予算編成の中で、宇宙利用の検討を真剣に行うよう促している点である。宇宙利用は高額であることから、スクラップ・アンド・ビルドを基本とする現行の予算制度の下では、なかなか大胆な政策変更が難しいという事情がある。二〇〇八年の宇宙基本法で安全保障利用を解禁したにもかかわらず、利用計画が必ずしも進んでこなかった一因もここにあろう。政府全体の宇宙関連予算は近年三〇〇〇億円強で推移しているが、各省庁予算が引き続きスクラップ・アンド・ビルドのやり方で決められていくのであれば、国家安全保障戦略を踏まえた宇宙基本計画の趣旨に沿っているとはいえず、優先度の高いプロジェクトについては、省庁の垣根を越えて新規予算を手当てしていくことが今後の課題であろう。

以上の予算面での特徴を要約すれば。今次二十七年版宇宙基本計画では、厳しい財政事情を意識しつつも、長期的視点から宇宙関連予算の増加について前向きなトーンを出しているということである。

5．安全保障と幅広くかかわる宇宙開発

以上のとおり、二十七年版宇宙基本計画では、国家安全保障を強く打ち出し、そのためにも産業基盤の強化が必要として、具体的な方向性を示すことに重きを置いている。これをもって、今後の宇宙開発が防衛利用に偏っていくのではないかとの解釈も可能であろうが、むしろこれまで長く宇宙の安保利用が厳しく制限されてきたことを考えれば、他の分野とのバランスがようやく真剣に検討され始めたということであろう。厳しい財政と専守防衛政策という制約は相変わらずであり、その範囲内で、日本がもつ優れた宇宙技術を安全保障に利用することは是認できよう。日本の宇宙基本法は「科学技術」「産業振興」「安全保障」の三本柱を定めているが、今次二十七年版宇宙基本計画では、安全保障の記載が目立つものの、残りの二つについて否定的な記述があるわけではない。三者をバランスよく開発していこうとする二十五年版

計画から方向が外れているものではないと評価するのが妥当であろう。

ここで改めて、宇宙開発が安全保障にどの程度関わっているのかについて、以下の表５―１により、我が国の重要な外交手段となっている政府開発援助（ＯＤＡ）と比べてみた。すでに述べたが。国家安全保障戦略では、さまざまな外交上、防衛上の施策に加え、海洋、宇宙、サイバー、政府開発援助（ＯＤＡ）、エネルギーの五分野を安全保障上重要であると明示している。◎（「重要性が特に高い」以下同じ。）、○（「重要性が高い」以下同じ。）などの印は、筆者の主観判断によるので識者によって意見が異なることは否めない点はお断りしておきたい。結論的には、宇宙開発は、国家の安全を主要業務とする外務省が所管し、安保の主要五分野の一つにも挙げられている政府開発援助（ＯＤＡ）と比べても遜色がない、もしくはそれ以上に幅広く安全保障に関わっているということが言えると思う。いくつかの解説を加えれば、防衛に関しては、ＯＤＡはほぼ×（「関係ない」）であるのに対し、宇宙は以上に見てきたように◎であり関わりが強い。もちろん、ＯＤＡも安全保障には多面的に関わっている。例えば、日米両国が共通の利害関係をもつ途上国に経済援助を行うというのは日米関係強化につながり、当該途上国との関係をも強化するという意味で日本の国益である。また、我が国にとって最重要の隣国である中国との関係改善については、ＯＤＡを◎にしたが、二〇〇八年以降円借款の新規案件がなくなり、援助全体が相当に縮小したので○でいいかもしれない。逆に、日中間の宇宙協力は力が拮抗していることなどの理由で実際の協力が少なかったことから△（「重要性が普通」）としたが、今後は協力が増える可能性が高いと思われる。サイバー空間は△にしたが、現在でも米軍は宇宙機に対するサイバー攻撃を警戒しており、一部の国にとっては○なのかもしれない。宇宙開発におけるテロの役割については×にしたが、テロの拠点を偵察衛星で追跡したりテロリストの通信を傍受するといった活動が今後増えることを考えるとむしろ○や△が適当かもしれない。

表 5-1　2013 年国家安全保障戦略の主要な安全保障分野一覧と宇宙、ODA の貢献分野

	2013 年国家安全保障戦略の項目	宇宙が貢献できる分野	ODA が貢献できる分野
防衛力整備	◎	◎	×
防衛技術向上、防衛装備品輸出	○	◎	×
日米関係強化	◎	◎	◎
その他西側諸国との関係強化	◎	△	△
ソ連（ロシア）との関係	○	△	×
中国との関係改善	◎	△	◎
朝鮮半島への対応	◎	○	△
全世界的な二国間関係強化	○	△	○
エネルギー・資源	△	△	○
食料	×	△	○
海洋監視、海上交通路	◎	○	○
宇宙空間	○	◎	△
サイバー空間	○	△	×
開放的な国際経済秩序	◎	×	○
環境、保健協力	△	○	◎
途上国への援助（ODA）	○	△	◎
防災（国際協力）	○	△	◎
民主、人権、法の支配等国際秩序	◎	△	△
アジアの地域秩序（ASEAN など）	◎	△	○
国連外交	○	○	○
軍縮・不拡散	○	△	×
国際テロ	○	×	△
国際平和協力の推進（PKO）	○	△	△
南北問題（途上国との秩序）	○	△	◎
防災（国内対策）	×	○	△
情報機能強化	○	◎	×
人的交流	△	△	○
技術力	△	◎	×
産業振興	×	◎	○

表は筆者作成。◎は重要性の記述や貢献度が非常に高い。○は重要性や貢献度が高い。△は重要性や貢献度が普通。×は記述や関連活動がない、又はほぼない。貢献度の判断は筆者の主観による。

６．日本をどう守るのか

日本が直面している国際社会の流れとして以下の二つがある。一つは、北朝鮮の脅威や中国の台頭によって東アジアのパワーバランスが変わりつつあり、こうした変化の中で地域の不安定性が増していることである。もう一つは、中東情勢の不安定化、国際テロの頻発、ＢＲＩＣＳ（ブラジル、ロシア、インド、中国、南アフリカ）を中心とする新興国の台頭、ロシア外交の変化などによって国際秩序自体が多極化や不安定化といった大きなうねりを見せている事実である。

冷戦時代にソ連の脅威に対するため、西側の一員として憲法の制約の範囲内で米国に協力していればすんだ時代と比べ、国際政治のパラダイムが大きく変わったのである。これまでの一国平和主義の思考では、日本の平和や繁栄自体が冷戦時代以上に脅かされる事態になりつつある。日本は好むと好まざるにかかわらず、グローバルな視点から世界平和に積極的に関わらなくてはならなくなっているし、中東やウクライナで起きている事象などに対して、自らの立場を曖昧にしておくことはますます難しくなっている。その結果、今回のＩＳＩＬ（いわゆる「イスラム国」）による二名の日本人殺害のような危険が今後再び生じる可能性も否定できない。そのような危険から目を背けるわけにはいかず、米国任せにもできないことから、日本は無作為ではなく、「積極平和主義」による外交政策とは何かを模索せざるを得ない。

こうした情勢の中で、国家安全保障戦略が、外交、防衛以外に、海洋、宇宙、サイバー、政府開発援助（ＯＤＡ）、エネルギーの五分野を安全保障上重要であるとして、戦略的アプローチの必要性を定めたのも、主要な手段は可能な限り利用して高まる不安定に重層的に対処して行こうとの方針を示したものである。そこでは、財政制約により、防衛予算が伸びにくい中で、日本の平和のためにさまざまな分野を動員していこうとの意志が感じられる。宇宙分野もこのような文脈で宇宙基本計画が二度にわたり途中改訂された。因みに、二〇一五年二月に閣議決定されＯＤＡに関する政策を定めた「開発協力大綱」も、同じく国家安全保障戦略を踏まえた形で策定されている。

宇宙は、この五分野の中でも比較的新しい分野であり、日米の目標や利害が一致しており、かつ能力的にも、今後安全保障面での協力進展を見込みやすい分野である。宇宙空間の脆弱性や、米軍の宇宙優位が相対的に下がりつつある情勢下、日本が一定の役割を担い、米国を補完することは、日本自身を守り、宇宙の永続的な平和利用と、国際社会の平和と安定を守るうえで重要性が高まっている。その背景について、二十七年版宇宙基本計画は以下のとおり書いている。

「宇宙空間は、……国民生活にとって重要な役割を果たしてきただけでなく、安全保障の基盤としても、情報収集や指揮統制等に活用され、死活的に重要な役割を果たしている。宇宙システムの利用なしには、現在の安全保障は成り立たなくなってきており、……米国、欧州、ロシア、中国等では、安全保障目的で多種多様の衛星を宇宙空間に配備し、先進的な軍事作戦を可能としている。」

日本の安全保障にとって幸いだったことは、研究、民生目的で開発されてきた日本の宇宙技術は今や世界レベルにあり、宇宙技術が軍民両用であることから、防衛利用に振り向けようと決めれば、比較的短期に開発可能な分野が少なくなかったことである。

一般的に言って、一国の安全を確保するためには、多様な努力が必要であり、これは日本に限られないのだが、以下のような努力が必要であるとされる。

（1）自国の抑止力を強化し、自らに脅威が及ぶことを防止する。

（2）同盟国や友好国との関係を強化し、地域の安全環境を改善する。

（3）グローバルな安全保障環境を構築する。

宇宙技術が日本の防衛力強化のみならず、日米宇宙協力を通じて日本の安全、ひいてはアジアの安全に役立つというのが（1）および（2）である。日米同盟は戦後長くアジアの安全擁護の要になっており、日米同盟の強化による抑止力向上がアジアの安定にも貢献してきているのである。（3）のグローバルな安全保障環境の構築であるが、宇宙技術は、分野により濃淡があるものの安全保障全般に貢献するところが大きい点は、表によって示したところである。グローバルな安全保障環境とは何かについて、国家安全保障戦略では、「不断の外交努力や更なる人的貢献により、普遍的価値やルールに基づく国際秩序の強化、紛争の解決に主導的な役割を果たし、グローバルな安全保障環境を改善し、平和で安定し、繁栄する国際社会を構築すること」と要約しているが、もとよりこれらに限られない。宇宙空間のルール作りが、アジア地域のみならずグローバルな国際秩序維持に重要な意味を持つことは分かりやすいだろう。また、人類の共通課題といえる国際公共財である環境、水、食料、エネルギー、災害などへの対処についても、人工衛星は脇役ながら、他手段ではなしえない重要な貢献を始めており、地球的規模の問題の緩和は、世界の緊張や矛盾を和らげることになる。ロシアや中国といった大国との関係では、（１）や（２）の抑止力を高め自らを守る努力を行う必要であるが、同時に、パートナーとしての関与を強め、協力を深めていくことが特に重要である。宇宙はその一翼を担う。ロシアは、国際宇宙ステーションという多国間協力のパートナーであるし、中国とはアジアの宇宙パワーとして、多国間、二国間双方で関わりをもってきた。アジア地域で宇宙の平和利用の機運を高めていくためには、中国との協力が必要であり、同じアジアの宇宙大国である日本に期待されるところは大きい。こうしてグローバルな安全保障環境を構築していく上で、宇宙分野がなしうる役割は大きい。

このようにみると、今次二十七年版宇宙基本計画が特に評価されるべきと思われる点は、日本の宇宙開発の意義付け、位置づけを、国家安全保障の視点から総合的に整理しなおし、日本の目指すところ（冒頭ページの３項）を内外に明示したことであると言っていいであろう。戦略が変わったわけではなく、これまでと同じ内容を安全保障という背骨に沿って「具体的かつ体系的に」「再整理」したものといえる。二十五年版計画が、どちらかといえば産業振興に重点をおき、財政制約を強調していたことから両計画の読後の印象はかなり異なるが、目指す方向に大きな差はないのである。二〇〇八年の宇宙基本法が超党派（自民党、公明党、民主党）により成立し、そこでは一つの大きな目的として国家安全保障に重点を定めた経緯からも、どの政権下にあるかに関わらず宇宙開発の大きな方向性は相当程度固まったとみていいであろう。問題は財政制約である。宇宙の安全保障利用が二〇〇八年に解禁され、その重要性が、国家安全保障戦略でも裏書きされた以上、本来であれば、解禁前に比べ、宇宙開発関連予算全体が大幅に増えていくのが通常であるが、実際は必ずしもそうなっていない。宇宙インフラの建設には莫大なコストがかかり、それゆえに、計画と実行の間に時間がかかることは理解できるところであり、今次二十七年版宇宙基本計画が示した十年計画の中で、必要予算を確保し、着実に成果が出ることを期待したい。

（二〇一五年二月記）

第6章
米国から見た中国の宇宙開発
——米国議会の公聴会証言から

中国の宇宙開発は、目覚ましい発展を遂げている。二〇〇三年に神舟5号の打ち上げに成功し、世界で三番目に独力で有人宇宙飛行を成し遂げた国となった。同年に月探査機嫦娥3号で月面軟着陸に成功し、同じく世界で三番目の国となっている。中国の宇宙開発はこの十数年めざましい発展を遂げており、遠くない将来、宇宙の超大国である米国に肩を並べる可能性があるのではないかと、国際政治上の一つの焦点として注目されるようになっている。本章では、安全保障の視点を中心に中国の開発状況をみるが、日本と中国には関連の公開情報があまり多くないことから、米国の専門家の見解を紹介することにより、米国がどのように中国の宇宙開発の現状および将来をみているのかについて整理、概観する。

二〇一五年二月に米国議会の米中経済安全保障調査委員会において「中国の宇宙活動及び対宇宙プログラム」と題する公聴会[1]が開かれ、政府関係者ではない九名の専門家が中国の宇宙活動の現状や米国がとるべき対策について証言した。[2] これまでも米国議会ではさまざまな機関が中国関連問題を議論、報告してきているが、同委員会は広範かつ綿密な活動を最も頻繁に展開する組織として高く評価されており、[3] 中国の宇宙開発について報告を行うのは二〇一一年以来である。米国政治に大きな影響力を持つ議会における証言であり、多数の専門家によって包括的な報告が行われていることから、本章のテーマを概括するのに適当な材料と判断した。

この公聴会における論点は多岐にわたっているが、要約を試みると以下のようなものである。[4]

（1）中国の宇宙開発は国家・共産党指導部の強い後ろ盾により着実に進められ、人民解放軍を中心とした開発体制にあることから、宇宙力、特に軍事分野で米国との差を縮めてきている。約二十年で中国が米国に追いつくとの見方もある。

（2）宇宙の軍事利用については引き続き米国が質量ともに優位にあるが、その要である軍事衛星は本質的に攻撃に対して脆弱であり、かつ米国の軍事作戦は衛星ネットワーク依存が特に強いこともあって、中国がこのネットワークに損傷を与える衛星攻撃兵器の開発に力を入れてきていると米国はみている。米国では中国からの攻撃を如何に抑止し、また自らも攻撃兵器の開発に踏み切るべきかについて検討が続けられているが、その結論は出ていない。

（3）ロシアや欧州が宇宙協力で中国との関係を深めており、米国としてはこれまで採用してきた中国に対する技術供与や協力における制限的な政策について、米国ビジネスおよび軍事双方の視点から、緩和の方向で見直すべきとの意見が強まっており、実際にそうした動きが出ている。

九名の証言はそれぞれ大部であり、筆者の判断で興味深い記述を中心に抜書き、翻訳し「　」括弧で明示した。総じて、証言者の見方に大きな違いがあるわけではないが、中国の現状や戦略をどうみるか、そして米国の対応如何に関する意見には無視しえない差があり、その場合には異なる見解双方を紹介するよう努めた。公聴会における証言者の一人も述べているが、中国においては宇宙活動に関する多様な文書や陳述が今や公式、非公式に外部に出るようになっており、何を引用するかで推論や見方には大きな差が出てくることから、中国の能力、意図について過早に決めつけるのは危険である。[5]同時に、宇宙技術は軍民両用であり、一概に軍事利用目的としての開発と決めつけることも適当ではない。

また、宇宙分野で米国が優位にある以上、安全保障の観点からも中国が差を縮小すべく努力するのは自然であることや、今次証言者には軍事関係者が少なくなく、ライバル国の実力を過大評価する傾向を割り引いて考える必要があるといった点も併せて念頭に置くべきは言うまでもないだろう。

１．中国の宇宙開発目的と軍事利用

（１）宇宙技術は軍民両用

中国の宇宙開発は人民解放軍が主導し、その目的は軍事利用であるとよく言われる。しかし、宇宙技術は軍民両用に使えるという特徴をもち、一つのプログラムが軍事目的のみならず、経済、外交、技術、国威発揚といった多様な目的を併せもつことはむしろ普通である。中国もその例外ではなく、仮に軍事的色彩が強いプログラムであっても平和目的と主張することはいずれの国でも可能である。したがって、中国の宇宙開発は軍事目的であるといった言辞は明らかに一面的であろう。また、軍民両用という特性を持つ宇宙開発分野において中国が米国を追い上げていることが事実であっても、質量ともに未だ米国が優勢にある状況下、どの程度中国の宇宙力が米国の懸念になっているのかについてその評価は必ずしも容易では

▼１　米議会の諮問機関である米中経済安全保障調査委員会（USCC;U.S.-China Economic and Security Review Commission）が二〇一五年二月一八日に「中国の宇宙活動及び対宇宙プログラム」に関する公聴会を開催した際に提出された証言者の各書面に基づいて筆者が翻訳・作成した。

▼２　九名はすべて民間出身の研究者等であるが、Dr. Phillip Saundersは現在米国の国防大学（National Defense University）に所属しており、政府の見解ではないと断った上で証言している。

▼３　米国議会で恒常的に中国関連問題を取り上げている機関として、米中経済安保調査委員会、中国に関する議会・政府委員会、中国議員連盟、上院各委員会、下院各委員会、議会調査局などである。米中経済安保調査委員会は、二〇〇〇年に設立され、米中間の経済問題が米国の国家安全保障に及ぼす影響を調査する。（日経ネットＳＡＦＥＴＹ ＪＡＰＡＮ　古森義久）

▼４　要約が議会への年次報告として二〇一五年一一月に出ている。http://www.uscc.gov/Annual_Reports

▼５　証言者Dr. Joan Johnson-Freese; Professor, National Security Studies, U.S. Naval War College

なさそうである。

「中国は富と力を追求する国であり、主権、独立、領土保全、政治システムを守ることを最大の目標とし、長期的には自らの利益に合致するような国際秩序に変更することを目指しているが、短期的には自らを現行秩序に組み込む一方で、アジア太平洋地域においては自らが支配的な存在となるような政治環境への変革を試みている。中国が宇宙大国にならんとしているのはこの戦略を実現するためであり、国力を強化するために必要な政策であるとみている。中国の目標は米国に匹敵する宇宙大国になることであり、宇宙産業としても米国、ヨーロッパ、ロシアに並ぶことを目指している。中国の宇宙活動は総合的、長期的なアプローチをとっており、そこから軍事的、経済的、政治的な付加価値を獲得することを重視している。国家中長期科学技術発展計画（二〇〇六—二〇二〇）[6]の中に多くの宇宙活動を入れ込み、豊富な資金を与えることで宇宙活動が活発化するような安定的な開発環境を提供している。……中国が宇宙活動によって軍事、経済、技術の大国になろうとしていることは米国の指導的地位を脅かすことになるかもしれない。……現状のまま行けば、中国の宇宙活動は、いずれ米国のそれに比肩しないまでも現代軍事作戦を適切に支援し、商業的にも競争力を持ち、政治的な利得を得るに十分な能力を持った幅広い戦略的利益を享受する大国のものとなるだろう。」[7]

「中国の宇宙活動が軍事なのか民生なのかについてカテゴリー分けするのは、宇宙技術の大部分、すなわち九十%以上が両用（デュアル・ユーズ）であるとの事実から複雑である。限られた資源から最大限の成果を出すには、中国に限らず、フランスや日本など多くの国が、両目的に沿う技術開発とそのための組織と運営を注意深く作り上げている。……宇宙技術の大部分が軍民両用であることにより、実際にはいかなる宇宙活動も軍事目的とみなすことが可能である。中国が何を行っているかを知ることは、なぜ行っているかを知るより易しい。例えば、宇宙空間で衛星によるドッキング技術が試されているときに、それを他の衛星に対するダメージを少なくするための実験ととらえるのか、他衛星を破壊するための実験とみなすのかは、外見からはめったにわからない。……中国の宇宙開発が攻撃的なのか否か、米国にとって、どの程度、どのような形の脅威なのかはさらに複雑な質問である。」[8]

このように宇宙の多目的性については、中国に限ったことではなく、日本や欧州でも同様である。米国でも国防総省とNASAで軍民の仕分けがあるが、技術自体は相互に壁があるわけではない。日本では二〇〇八年にようやく宇宙技術の安全保障利用が解禁されることになったが、民生利用として宇宙技術が磨かれてきたことにより、軍事利用へのキャッチアップは比較的容易だとされている。いずれにしても、かつて米ソ両大国によって宇宙開発が軍事目的として始まったことは事実としても、技術自体は軍用にも民用にも使いうる性質を持っており、宇宙にかかわる中国の行動や発言をもって、いずれの目的であると断定するのは難しいし、正確ではないであろう。

（2）人民解放軍中心の宇宙開発

中国の宇宙開発体制は外部に対し必ずしも明らかではないが、人民解放軍が広範で多様な宇宙開発全体の指導的役割を担い、情報化時代の戦争を重視した宇宙開発を行っていると米国ではみている。

「人民解放軍は湾岸戦争をはじめこれまでの諸戦争を分析し、その結果、宇宙がますます重要な役割を果

▼6　中国では五年ごとに策定される国家科学技術発展計画の他に、科学技術政策の最上位に位置する中長期計画が策定されることがある。重大特定プロジェクトとして有人宇宙飛行と月面探査事業が入っている。

▼7　証言者Kevin Pollpeter; Deputy Director, Study of Innovation and Technology in China, Institute on Global Conflict and Cooperation, University of California-San Diego

▼8　前掲Joan Johnson-Freese

たすようになり、現代戦争に勝つ鍵は〝制信息権〟すなわち情報支配を確立する能力にあると結論付けている。情報化時代に向かって人間社会や経済が進化してきた趨勢を踏まえると、将来に起こる戦争のほとんどは情報化条件下の局地戦争であると予想している。例えば、コソボ戦争では五十基の衛星が展開し、七十%の戦場通信、八十%の監視・偵察、一〇〇%の気象データ、九八%の精密誘導兵器が宇宙システムによるものであったとして、宇宙支配権が情報支配の重要な要素であるとみている。[9]」

「宇宙活動は軍事力を現代化し、即応能力を持つ軍に変革させる特徴を持っている。中国の専門家が述べているように、宇宙システムは人民解放軍が軍事作戦に情報革命をもたらし、ハイテク技術を有する敵国と戦うことを可能にする。……軍民両用技術を統合するという現在の指導方針は一九九七年に江沢民政権下で公式に採用された。[10]」

「人民解放軍がプログラム管理、影響力を行使していることから、中国の航空宇宙と軍事のコミュニティ並びにその産業は中央集権的であり、軍事のみならず、民生にまで影響を及ぼしている。そして、巨大コングロマリットである中国航天科工集団公司（CASIC）と中国航天科技集団公司（CASC）という二大国営企業が軍民双方の分野で強力なビジネスを行うことにより宇宙産業を支配し、さらには他の国営企業とも緊密な連携をとっている。緊密かつしばしば不透明な国営企業、民間航空宇宙企業、中央政府の関係は、民間を通じた技術入手を可能にし、これが中国の宇宙開発躍進の鍵となっている。[11]」

（3）中国の開発体制等の特徴

中国の開発体制は、国家（党）の強いサポートを特徴とし、特に毛沢東からはじまり指導層の強い後押しがあって、現在の習近平国家主席にまでつながっている。宇宙開発をめぐる中国の組織体制をどう評価するかについては、ある証言は複雑、重複が多いという問題点を指摘するものもあれば、一方で人民解放軍を中心とした官、産、学の連携体制を称賛する証言もある。

「一九五〇年代の宇宙開発の開始以来、中国の指導者は宇宙活動に個人的関心を有してきた。宇宙における成功は、政治的リーダーシップから始まり、時には政府高官の個人的関心が個別の宇宙プログラムの進展に貢献してきたことを中国の専門家は強調する。今日の習近平政権でも同様の状況が続いており、指導者たちはしばしば宇宙施設を訪れ、プロジェクトの進展につき説明を受けている。習近平は党、国家、軍のトップとして、民生、商業、防衛の宇宙プログラムに強い関心を有している（dote on）。……宇宙関連の国家予算については論争があり、関連するデータも乏しい。他方、二〇〇六年以来、宇宙関係諸機関は一連の政策、プログラムの文書を公表している。このことは、中国の宇宙活動の企画、実施のプロセスがより制度化、先進化、精緻化してきていることを示唆する。宇宙政策白書など様々な文書により、今では宇宙活動の優先順位、目標、スケジュール、長期ビジョンが以前に比してずっと詳細かつ透明性をもつようになり、国際社会として入手しやすくなっている。……外部の観察者から見て、中国の宇宙機関がこれまで成功してきた理由は、過去の一貫した包括的ビジョンに基づき、野心的でありながら現実的であったことによる。これまでの中国の宇宙活動全体、ロケット打ち上げ数、人工衛星数などを見る限り、継続的な成功はそのような活動を可能にする環境があったからと言えるだろう。……中国の中央集権的管理の下にある企業とその子会社が宇宙航空、軍事分野を支えているが、そのネットワークは複雑で重複しており、より高度でシステム重視の革新を作り出す競争的なダイナミズムを生み出してはこなかった。」[12]

「中国の宇宙研究開発は、人民解放軍を中心に進められ、その手法は長年ほとんど変わっていないが、人

▼9　証言者Mr. Dean Cheng: Senior Research Fellow, Asian Studies Center, The Heritage Foundation.

▼10　証言者Dr. Alanna Krolikowski: Princeton-Harvard China and the World Fellow, Fairbank Center for Chinese Studies, Harvard University

▼11　証言者Mr. Tate Nurkin: Managing Director of Research and Thought Leadership, Jane's IHS Aerospace, Defense and Security

▼12　前掲Dr. Alanna Krolikowski

民解放軍や宇宙産業構造の革新的な組織変更を通じて大きな前進を可能にしてきた。特に人民解放軍、産業、学術の協力を促進し、宇宙技術を広めるために公式、非公式の組織を立上げたのはその一例である。こうした組織的効率性と拡大する有能な技術者のプールこそが、中国の宇宙開発が洗練されてきた基盤となっている。」[13]

中国の宇宙予算については、日本の宇宙当局によれば、「予算は非公開だが、二十二億ドル（約二〇〇〇億円）との情報もある」として大きくない。[14] 同資料によれば米国の宇宙予算は四七二億ドル（約四・五兆円、二〇一一年度）で、このうち二六四・六億ドル（約二・五兆円）が国防総省、一八四・九億ドル（約一・八兆円）が民生部門を所管するNASAとなっている。因みに、日本の宇宙予算は現在三〇〇〇億円強であり、民生を扱う宇宙機関JAXAの予算は約一八〇〇億円である。

（4）中国の技術導入

中国はこれまでさまざまな方法で先進的な宇宙技術の獲得に努力してきているが、米国が厳しい制限をかけてきたことから、ロシアが技術導入先の中心になってきたとされる。そのロシアとの宇宙協力は、最近のウクライナ情勢により緊密化を増し、またヨーロッパとの協力関係も進展しているようである。中国による技術導入の手段について、包括的な証言があるので少し長いが引用する。

「中国が宇宙活動の更なる進展に必要な技術や科学を獲得する手段のうち、特に興味深いものとして以下の四つのルートがある。

（i）ロシアやEUなどからの国際協力ルート

ロシアはこれまでも宇宙航空、軍事分野における中国への最大の技術提供国であり、宇宙機開発、宇宙飛行士の訓練、宇宙服の提供、宇宙ステーションの設計などがその例として挙げられる。ロシアは、二〇一四年のウクライナ事件以来中国との連携強化を余儀なくされたことで、ロシアにとり軍事産業や改革中の宇宙産業において米欧に代替する輸入先として中国との協力関係を活性化しており、様々な協力協定を締結した。それには双方の測位衛星システムの協力も含まれる。中国としてはロシアの技術を獲得するのみならず、ロシアの宇宙、航空市場に浸透することを狙っている。欧州もこれまで中国にとり技術、ノウハウ獲得の重要なソースであり、欧州宇宙機関（ＥＳＡ・十九か国参加、本部パリ）のみならず、各国それぞれの宇宙機関（フランス、イタリア、ドイツ、イギリス）との関係も活発になっている。欧州宇宙機関との間では、中国国家航天局が共同で中国として初めての地球磁場観測衛星を二〇一三年、二〇一四年に計二基打ち上げている。

（ii）学術・研究機関ルート

中国は、海外の学術・研究機関との協力関係を推進することにより、合法、違法に技術、ノウハウを入手している。中国では、軍事産業と非軍事産業、学術研究と軍事研究の境界があいまいなこともあり、特にオープンな学術・研究機関ルートは有効な技術獲得手段となっている。ＦＢＩなどの米国当局はこの数年、外国からの学生、研究者を学術ルートの拡散として懸念を表明するようになっている。

（iii）スパイ

中国がどのくらいの規模で宇宙航空技術をスパイ行為で入手しているかを包括的に把握することは難しいが、公開情報によっても、伝統的なやり方とサイバーによる双方が重要な技術獲得手段になっていることが強く示唆されている。米司法省によれば、二〇〇八年一月から二〇一四年三月までに中国の宇宙航空活動関連で二ダース以上の起訴案件があった。

（iv）欧米企業とのジョイントベンチャーや吸収合併

▼13　証言者Mr. Mark Stokes; Executive Director, Project 2049 Institute

▼14　「海外主要国の宇宙政策及び宇宙開発利用の動向」（平成二十五年三月、内閣府宇宙戦略室）

中国はこれまで米国を含むいくつかの航空宇宙会社と合弁（ジョイントベンチャー）してきたし、さらに過去五年間でいくつかのアメリカの宇宙航空企業を含めて一ダース以上の西側宇宙航空企業と合併している。これらの合併は、人民解放軍が最も必要とする航空エンジンやセンサー部門の技術ギャップを支援する分野に集中している。……米国の輸出管理や欧州による制限は、中国による重要技術の獲得を妨げてきており、中国としては引き続き、米国の宇宙関連輸出の制限のみならず、より広く米国やEUの武器輸出制限を解禁するようロビー活動をしている。二〇一五年一月三十日の中仏の合意締結時にも中国の李首相は、フランス首相に制限緩和を要請している。[15]」

因みに、日本と中国との間の協力としては、散発的に小規模な宇宙科学協力がある他、多国間協力の場で宇宙探査がある程度にとどまっている。

(5) アジアへの影響

公聴会の多くの証言者が、中国の宇宙開発の現状、米中の宇宙競争について語る際、その争いの場はアジア・太平洋であり、具体的に台湾、東シナ海、南シナ海であると指摘している。

「中国共産党の最終的な目標は米国を世界のリーダーの座から引きずり下ろすことであり、宇宙力は新しく構築される反米国、反民主主義の同盟を支援するのみならず、中国に対する民主的圧力、まずは台湾の民主主義を粉砕するために使われるだろう。……一九九〇年代末から人民解放軍の情報化戦略の中で宇宙システムの役割は増大しているが、これは中国の目標である台湾の奪還、領土をめぐって争う東シナ海、南シナ海における軍事支配の強化、アメリカ率いるアジアにおける同盟関係を劣化させるために不可欠である。[16]」

「中国は二〇一四年十月にいかなる天候でも昼夜海上を監視できるSARレーダーを持つ海洋監視衛星群

を二〇一九年に打ち上げると発表した。この新しいシステムにより米国の太平洋艦隊も監視できることになる。……一九九六年の台湾海峡危機において、中国が台湾近海で数回のミサイル実験を行ったことで、米国のクリントン大統領は二隻の空母群を派遣した。米国空母は中国近海に到着するまで、中国にほぼ探知されることなく、中台関係に干渉する能力をもつことを示したが、これは中国をして軍事力の増強、特に海洋での能力の重要性を強く認識させることになった。海洋衛星3号シリーズ（HY—3）はそのための技術の一つであり、台湾周辺のみならず、争いのある尖閣諸島、南シナ海及びその周辺を監視する能力を持つことになる。」[17]

「観測衛星とみられる「遥感」シリーズは海洋における電波情報収集衛星の機能をもち、米海軍の広域海上システム（NOSS）を模倣した要素をもつとされる。二〇一〇年の打ち上げ以降西太平洋の海軍展開を監視することになるとして米軍の懸念になっている。また、技術実証衛星とみられる「実践」シリーズはミサイル発射を探知する赤外線センサーをもち早期警戒衛星機能を有しているとみられている。」[18]

なお、最後の部分で、中国が早期警戒衛星を実証中とあるが、他の証言者は、中国は早期警戒や弾道ミサイル発射を追跡する衛星といった重要技術をまだもっていないと評価している。[19]

▼15　前掲Mr. Tate Nurkin
▼16　証言者Mr. Richard D. Fisher, Jr.Senior Fellow, Asian Military Affairs International Assessment and Strategy Center
▼17　前掲Joan Johnson-Freese
▼18　前掲Mr. Tate Nurkin

（6）途上国における外交利用

宇宙技術が本質的に軍民両用であり、宇宙開発が必然的に多くの目的をもつことはすでに述べたが、ここでは中国がその宇宙力を外交目的に利用しており、今後はその傾向が高まっていくとの証言をいくつか紹介する。外交目的という場合も、国際協力を通じて宇宙ビジネスを振興すること、高い宇宙力を通じて国家としての威信や魅力を誇示すること、宇宙技術や宇宙における活動機会を提供すること、さらには軍事協力を通じて外交関係を強化するといったようにさまざまである。

「中国国防科学技術工業局（SASTIND）のホームページによれば、中国は二〇一四年においてトルクメニスタン、アルジェリア、ロシア、オランダ、イタリア、インド、ドイツ、スーダン、EUとの間で協力を行っている。このリストは新しい技術導入の相手先となる先進宇宙国のみならず、宇宙技術を売り込みたい国も入っている。……中国の宇宙活動は宇宙航空、軍事分野の輸出戦略として重要である。IHS Jane'sによれば中国は宇宙分野を含む武器輸出国として現在世界の第七位であり、更なる輸出市場を求めているが、それは経済目的よりも、地政学的、ソフトパワーへの考慮が大きい。すなわち資源が豊富な国、経済的影響力を持つ国、ライバルである近隣国のインド、戦略的に重要な地域に属する国々に対し、地政学的影響力を及ぼしソフトパワーを示すことである。ざっとみてもベネズエラ、インドネシア、パキスタン、ナイジェリア、ボリビア、スリランカ、ベラルーシが挙がるし、ブラジルも長年の宇宙パートナーである。」[20]

「中国の宇宙活動は、軍事力の象徴として国際的威信を獲得し、かつ高める道具となっているし、経済発展の手段でもある。国際的威信は彼らが世界で適切な役割を果たす上で重要であり、地域の主要なライバルである日本に優越することを示す道具にもなっている。すなわち米国との対等化とアジア太平洋地域における優越が中国の二つの目標となっており、このことが全世界、特に地域的な緊張を生んでいるが、中国としてはこの緊張のコストは国内政治的に許容すべきものとなっている。」[21]
「中国は、宇宙技術の進展により新規宇宙参入国に対する技術供給元になりつつある。例えば、APSCO（アジア太平洋宇宙協力機構条約）[22]という中国のイニシアティブにより設置されたアジアの宇宙協力国際機関を通じて、中国の関係機関が訓練やデータアクセスの機会をメンバー国に供給している。同時に、中国の宇宙産業は人工衛星やロケット打ち上げサービスについて一連の契約を結んできている。」[23]

2．中国の宇宙力

この節では宇宙における中国の実力についてのコメントを拾う。中国の宇宙力は質量ともに米国との差がいまだ大きいが、二十年くらいで追い付く可能性があると指摘する証言もある。

（1）米国との差

宇宙力の国際比較として、参考までに日本の研究機関が行った以下の二つの国際比較表を紹介する。[24]第一の表は総合力を見るため四分野で比較しているが、特に能力や技術力、すなわち質的には米国が引き続き相当な優位にあるとみてよいだろう。もう一つの指標である量的側面として人工衛星数の保有数の推移

[19] 証言者Dr. Phillip Saunders; Distinguished Research Fellow and Director, Center for the Study of Chinese Military Affairs, Institute for National Stragetic Studies, National Defense University .
[20] 前掲Mr. Tate Nurkin
[21] 証言者Dr. Roger Handberg; Professor, Department of Political Science, University of Central Florida
[22] Asia-Pacific Space Cooperation Organization; 二〇〇八年十二月発足、本部北京。加盟国は中国、バングラデシュ、イラン、モンゴル、パキスタン、ペルー、タイ。
[23] 前掲Dr. Alanna Krolikowski

表 6-1　宇宙技術力比較調査　評価結果総括表

評価項目	満点	米国	欧州	ロシア	日本	中国	インド	カナダ
宇宙輸送分野	30	27	25	25	18	22	11	0
宇宙利用分野	30	29	25	12	19	12	8	5
宇宙科学分野	20	19	11	8	7	4	3	2
有人活動分野	20	20	9	15	9	10	1	3
合計	100	95	70	60	53	48	23	10
順　位		1	2	3	4	5	6	7

(100 点満点)
世界の宇宙技術力比較（2013 年）独立行政法人科学技術振興機構研究開発戦略センター（CRDS）

をみると、中国が米国を急速に追いかけている状況が理解できる。二〇一五年一月時点では、世界で稼働中の人工衛星は一二六五基であり、そのうち米国が五二八基、中国が一三二基、ロシアが一三一基となっている。[25]

「中国による宇宙開発は幅広い分野で勢いがあるものの、パイオニアである米国やロシアに追い付くには二十年くらいかかるであろう。確かに米国の技術優位は中国の挑戦を受けているが、この時期までに追いつかれることはないだろう。最大の挑戦は米国が現在支配的地位にある測位衛星をつかさどるGPSシステムであると思われる。」[26]

「一九九〇年代末以来、中国の宇宙開発は大いなる進展を遂げており、総じていえば、コアとなる宇宙工学技術分野ではすでに米ロに匹敵する、ないし近づいている。」[27]

「現状における米国と中国の軍事上の宇宙能力を評価すると、大きな違いは中国が〝積極的に〟宇宙攻撃力を高め、かつ宇宙攻撃に対する防御力にも取り掛かっているのに対し、米国は防御力には関心をもっているものの、攻撃力については開発を行っているのか否かさえも定かでないことである。米国は軍民合わせて五〇〇基を超える衛星を所有している。[28] 一方、中国は約一二〇基であり、うち七五基が人民解放軍の専用ないしほぼ専用であるが、人民解放軍はその他の民間通信衛星の多くにもアクセス可能である。二〇一五年時点で、中国は多数の米国衛星を攻撃する能力を保有し、低軌道（注：通常は高度三五〇キロ・メートルから一四〇〇キロ・メートル）、中軌道（高度二〇〇〇—三万五〇〇〇キロ）、静止軌道（高度三万五〇〇〇キロ）すべてに対応可能

表 6-2　各国の年代別衛星打ち上げ数（2013 年 12 月末現在）▼29

年　代	米国	欧州	ロシア	日本	中国	インド	カナダ
1957-1960	35	-	9	-	-	-	-
1961-1970	629	21	483	1	1	-	3
1971-1980	247	41	1053	19	7	3	6
1981-1990	234	47	1123	31	23	9	5
1991-2000	535	112	442	32	30	14	7
2001-2010	297	130	215	68	88	24	13
2011-2013	158	71	76	18	61	14	6
総計	2135	422	3401	169	210	64	40

（注）欧州には欧州宇宙機関（ESA）およびその加盟国（仏独など 17 か国）の他、ユーメトサットおよびユーテルサットなどの国際機関・企業が保有する衛星を含む

であるが、米国は低軌道にある中国の衛星に対して限られた報復を行う能力があるにすぎないようであり、これらが攻撃された場合に衛星ネットワーク群を再配備する必要性が強調されているというのが現状である。」

「中国は現在イノベーションに挑戦しているが、これまで全体のシステムより個別の技術に集中してきたことにより、宇宙先進国に追いつき、追い越すためには今後十年は厳しい試練が待ち受けている。中国が克服すべき課題として（i）より複雑高度なシステム部門における能力開発、例えば、エンジン、センサー、衛星測位システム、炭素素材などの技術向上、（ii）そうした方向転換への意思、アプローチ、予算付けの変更、（iii）複雑、重複の多い開発組織の改革がある。こうした変更は十年程度では難しいだろう。」

「中国はＣ４ＩＳＲ▼30のすべての分野で宇宙軍事能力を拡大しており、地上戦を行う上でも宇宙兵器として利用する上でも重要であるが、まだ偵察能力などで相当な差（significant gaps）があり、中国は外国からの商業ベースの技術、情報を集めることで補っている。」

後述するように、米国は中国が宇宙攻撃兵器を開発していると非難しているが、米国がもつ弾道ミサイル防衛の技術は宇宙攻撃兵器と同じであるといわれ、その意味では技術を開発していない、全く所有していないということではない。

もう一点ここで簡単に触れておくべきと思われるのは、前記の表にお

いて総合力で中国を上回り世界第三位の宇宙力をもつロシアは米国にとって懸念ではないのかという点である。例えば、米国のクラッパー国家情報長官が上院軍事委員会で行った報告[31]では、宇宙における米国の脅威として中国、ロシアを相並べ、中国が先に来ているものの、ロシアがすでに衛星攻撃兵器を所有しているなどとしてその脅威を指摘している。したがって、米国にとり、ロシアの宇宙力の動向も中国と同様に注視すべき対象であることは疑いえない。他方、ロシア経済全体に勢いがなく、軍事予算も中国に比し大きく劣っている現状や、宇宙開発分野でも冷戦に敗れた影響で一旦宇宙産業が衰退したことが、中国がロシアより先に言及され、中国の動向がより警戒される状況になっている理由であると推測される。

(2) 中国の装備、能力

宇宙の軍事利用という場合、通常は軍事衛星の利用が主体となるが、(i)通信衛星(特に秘匿する必要のある軍用通信を中継するための衛星)、(ii)気象衛星(例えば敵国の気象状況を把握するための衛星)、(iii)航法衛星(GPSなどを運用し、航法情報を与える衛星)、(iv)偵察衛星の四種に大別される。最後の偵察衛星については、地表を撮影する画像偵察衛星、地表からの電波情報を傍受する情報収集衛星、ミサイルの発射炎(プルーム)を赤外線センサーによって探知する早期警戒衛星に分類されている。これらの軍事衛星を保有することにより、自らの国境を越えた作戦範囲が広がり、衛星のセンサー精度、誘導・制御技術を高めることで適時、正確な攻撃や防御が可能になる。また、軍事衛星のみならず、民生用に使われている衛星も軍事目的に利用することが可能であり、実際米国がイラク戦争などで使っている。

また、有事に備えて、これらの人工衛星を打ち上げるロケットを自前で製造できる能力も重要であり、その能力があるのは、世界で日本、中国を含め十か国程度にすぎない。さらに、敵国の人工衛星を破壊、無能力にする衛星攻撃兵器や、将来的には軍事機能をもつ宇宙基地を設置する能力があることも軍事面の宇宙力として重要性を増しているとされている。

「中国の宇宙技術は、二〇〇〇年から急速に進歩し、すでに多様なミッションに対応できるほぼすべての人工衛星を有している。これらには様々な解析度やスペクトルを持つ観測航法衛星、通信衛星、有人宇宙船、月探査プログラムなどがある。」[32]

「人民解放軍は、二〇一五年時点で、約四十基の光学衛星、十基のレーダー観測衛星、八基のおそらくは早期警戒機能をもつ衛星に加え、約二一基の電波情報収集衛星、たぶん四基の気象衛星をもっている。これらはすべて極軌道を周回する低軌道衛星なので陸上及び空中からの衛星攻撃には脆弱である。しかし、より高位の軌道に置く大型偵察衛星を開発中であるとされ、二〇一五年中に四―五基の中軌道ないし高軌道の軍事通信衛星と一六―二〇基のテキストメッセージ機能付き航法衛星、三基の静止軌道に配置するデータ中継衛星をもつとも言われている。地上にある追跡管制ネットワークについても、四隻の衛星追跡

▼24　世界の宇宙技術力比較（二〇一三年）独立行政法人科学技術振興機構研究開発戦略センター（CRDS）。宇宙輸送分野とはロケット、宇宙利用分野は人工衛星の技術、能力、競争力などの比較である。

▼25　Satellite Quick Facts (includes launches through 1/31/15)：Total number of operating satellites: 1,265、United States: 528 Russia: 131 China: 132 Other: 474

▼26　前掲Dr. Roger Handberg

▼27　前掲Dr. Alanna Krolikowski

▼28　Brian weeden"The End of Sanctuary in space", Secure World Foundation

▼29　「世界の宇宙技術力比較（二〇一三年）」独立行政法人科学技術振興機構（JST）研究開発戦略センター（CRDS）事務局作成。米国の軍および情報当局が所有する人工衛星は一五〇基以上。

▼30　C4ISR：Command, Control, Communication, Computer, Intelligence, Surveillance and Reconnaissance（指揮、統制、通信、コンピュータ、情報、監視、偵察）

▼31　二〇一五年二月二六日「世界の脅威に関する評価報告」

▼32　前掲Kevin Pollpeter

艦「遠望」、国内に八つの管制施設、また海外管制施設もアルゼンチン、チリ、フランス領ギアナ、ケニア、ナミビア、パキスタンに所有済ないし建設予定とされる。……また、中国は一九九〇年代半ば以降、小型衛星やナノ衛星の開発に大きな投資を行ってきており、現在、衛星攻撃で衛星を失った際にすぐに補充する小型衛星やナノ衛星群を開発する能力を有している。[▼33]」

「中国は現在大型の宇宙ステーションとともに、より大型の人工衛星を打ち上げ可能な新世代ロケットの開発を行っており、今後三十～五十年の打ち上げニーズを満たそうとしている。ここでは軽量、中量、重量の三種が検討されており、低軌道へは一～二十五トンのペイロード（注：ロケットの先端に搭載する弾頭など）、高度三万六〇〇〇キロ付近の静止軌道には十四トンの弾頭搭載能力を目指している。現時点で最大搭載能力をもつロケットは長征2号Fで低軌道に八トンを運ぶ能力を持つ。[▼34]」

「二〇一三年に新型の小型ロケットである移動式ロケット「快舟」を打ち上げ、続く二〇一四年に二度目を打ち上げた。移動式ロケットは軍事衝突の際に、中国にはロケット射場が少ないのを補うことができる。また、災害や緊急時に失った衛星を補完するために打ち上げるロケット長征11号も開発中である。」

これら証言によれば、上記で挙げた四種類の軍事衛星について中国はすでにすべて所有ないし開発中という状況にあるようである。なお、ロケット能力（宇宙輸送分野）については、2.（1）の表にあるとおり、中国は打ち上げ数や成功率の実績が日本を上回っており、全体として日本より高く評価されている。

（3）中国による衛星破壊実験

米国は世界で圧倒的な宇宙力を有し、どの国よりも国家安全と軍事力行使において宇宙ネットワークに強く依存している点はすでに述べた。問題は、人工衛星はほぼ無防備の状況で地球軌道を回っており、攻撃に極めて弱く、対策はコスト的にも技術的にもとりにくいという特徴があることである。中国は衛星を無能にできる攻撃兵器の開発に二十五年来取り組んできているとの証言もある。

「人民解放軍は敵による情報利用を遮断しなければならないことを認識している。中国の分析者は潜在的敵国、特に米国は宇宙ベースのC4ISR能力を使うこととなるので、その宇宙システムを攻撃する能力が必要であると判断している。米国国防省によれば、中国は広範囲の衛星攻撃兵器の技術開発計画をもっており、それはジャミング、物理的破壊兵器、指向性エネルギー兵器（レーザー兵器）、同一軌道方式兵器から成る。中国の衛星攻撃兵器開発は、いずれの兵器であっても軌道上にある人工衛星を脅かす能力を獲得しようとしているように見える。」[35]

「中国は二〇〇七年一月、機能不全になった自国の気象衛星を標的にして、地上からミサイルを発射しその弾頭を物理的に衝突させる実験を行った。その衝突により歴史的な数の宇宙デブリ[36]を出し、大きな国際的非難を浴びた。このテストは初めてではなく、それ以前にも物理的衝突を伴わない同じシステムの実験を二度行っていると当時の米国務次官補が述べている。中国は、こうした非難を避けるため、その後（二〇一〇年、二〇一三年、二〇一四年）は、宇宙デブリを出さない実験に切り替え、同じ原理が使われる「ミサイル防衛実験」と称するようになった。米国は「非破壊的対衛星兵器実験」と呼んでいるが、米国も不能になった偵察衛星をイージスミサイルで撃墜するという同種の実験を行っている（二〇〇八年）ことに留意すべきである。中国は二〇一三年の実験までは低中軌道（二六〇〇―二〇〇〇〇キロ）を目標にしていたが、高度の静止軌道（三万六〇〇〇キロ）を目標にするようになっている。静止軌道まで届けば米国にと

▼33　前掲Mr. Richard D. Fisher
▼34　前掲Kevin Pollpeter
▼35　前掲Kevin Pollpeter
▼36　「宇宙デブリ」は「宇宙ゴミ」、「スペースデブリ」などと呼ばれ、耐用年数を過ぎ機能を停止したり、事故・故障により制御不能となった人工衛星や衛星などの打上げに使われたロケット本体やその一部の部品、またデブリ同士の衝突で生まれた破片を指す。

って潜在的な脅威はさらに増し通信衛星や早期警戒衛星が破壊の脅威にさらされることになる。

物理的破壊を伴う衛星破壊の他にも三種の衛星攻撃兵器が代表的であり、(i)同一軌道方式(coorbital)兵器は、目標の宇宙機と同じ軌道に接近、接触して機能を喪失させるないし破壊するやり方であり、宇宙の「神風」である。すでに中国はこの能力を有している。(ii)指向性エネルギー兵器は、上記の地上発射兵器ほど知られていないが、レーザーで敵の宇宙能力に損害を与えるもので、中国は二〇〇六年に地上から米国の衛星向けにレーザーが使ったとされ、現在もレーザー兵器の研究が進められていると報じられている。(iii)サイバー攻撃も、衛星と地上を結ぶデータリンクを阻害するもので、鍵になる衛星を破壊したり、衛星の計器を違う方向に向ける等肝心な時に衛星を不能にすることで宇宙支配を可能とする。サイバー攻撃によれば、宇宙デブリが出ない等の理由で国際非難を浴びにくく好都合である。二〇〇七年、二〇〇八年に人民解放軍が米国の衛星に対しハッキングを行ったとされる。[37]

「米国は二〇〇八年にミサイル防衛技術を使って自身の不能衛星の一つを破壊した。ミサイル防衛と衛星攻撃兵器はほぼ同じ技術であることから、中国は衛星攻撃兵器と呼べば仮に宇宙デブリを出さなくても許容されず、ミサイル防衛実験と称すれば政治的に許されることを学んだように思われる。結果として、中国は、二〇一〇、二〇一三、二〇一四年に非破壊的な「ミサイル防衛実験」を行った。インドも衛星攻撃兵器に役立つ技術を使って二層のミサイル防衛システムを開発中であり、二〇一四年には初の大気圏外インターセプト試験を行った。ロシアもかつて積極的だった宇宙攻撃プログラムを再活性させると脅すようになっている。」

(4) 宇宙デブリ問題への中国の対応

中国が二〇〇七年に衛星破壊実験を行ったことは、その実験意図もさることながら、大量の宇宙デブリを実際に生み出し宇宙空間をより危険にしたとして国際社会から非難を浴びることになった。その後中国は宇宙デブリを出す実験は控えており、宇宙デブリを出さない方向で努力を始めているとの証言もある。

なお、宇宙空間をより危険にしたという意味での道義的責任はあっても、現行の国際法の解釈によれば、一部異論はあっても、衛星破壊実験を行うのみならず、自衛目的であれば敵国衛星への攻撃すら可能である点はすでに述べた。

「中国による二〇〇七年の衛星破壊実験では三〇〇〇以上の追跡可能なデブリを出し、宇宙における衛星間の衝突の可能性を増やしたとして国際的な怒りを買った。胡錦濤は事前に大量のデブリが出ることについて説明を受けていたようだが、デブリ発生により引き起こされるであろう国際的な反発については最小限の説明しかされなかった模様（appears）である。さらに、実験を行った事実の公表が遅れたことにより、対外宣伝面でもダメージを受けることになった。中国の役人はこの失敗で実験のやり方と情報公開について学んだようであり、続く二〇一〇年、二〇一三年、二〇一四年の実験では弾道ミサイル防衛実験と称して、周回軌道に到らない準軌道においてデブリが長く残らないやり方を採用した。また、両実験共にすばやく対外発表を行い、実験の目的はどこかの国を念頭に置いたものではなく、宇宙デブリも発生させなかったと強調した。

中国の二〇一一年宇宙白書には、デブリを減らす努力に関し、（具体例を挙げつつ）〝中国は宇宙デブリの監視と軽減、宇宙機の保護の業務を引き続き強化していく〟などと記載している。これらの例は、中国自身の宇宙機にも悪影響が及びうるし、責任ある宇宙大国としての中国のイメージが傷つくことに対し意識が高まっていることを表している。しかしデブリを生み出すことへの懸念が宇宙攻撃兵器システムの使用に影響を及ぼすか否かは不明である。……人民解放軍の文献によると、中国においては衛星を物理的に攻撃し大量のデブリを生み出す攻撃（ハード・キル）より、ジャミング、目くらまし、サイバー攻撃などのデブリを出さない攻撃（ソフト・キル）への嗜好が強調されるようになっている。デブリを出さない攻

▼37 前掲Mr. Dean Cheng

撃のほうが攻撃事実を否認しやすく、外交的な悪影響も少ないとみられている。別の文献では外交的に被るコストや紛争へのエスカレーションの危険があることを理由に、攻撃に当たっては中央による承認の重要性を強調するものもある。[38]」

「二〇〇七年の実験の結果三〇〇〇以上の宇宙デブリが生み出され、宇宙空間の混雑を著しく高めたが、デブリが消えるには数十年かかり、その間ＩＳＳを含め稼働中の人工衛星などの宇宙機に衝突すれば破局的な損害が生じる。……ＩＡＤＣ[39]という宇宙デブリに関する国際会議における最近の中国の建設的な関与姿勢は、中国としても持続可能な宇宙環境を必要とするとの認識をもち、特にデブリ問題で協力していこうという姿勢を示している。[40]」

3．宇宙協力における米国の対中姿勢

宇宙分野における米国の対中協力姿勢はこれまで総じて消極的であった。これが中国の宇宙開発を遅らせる効果をもったか否かについては証言者の間で意見の一致がないが、制限をある程度緩め一定の協力を行う方向に舵を切る方が米国の安全やビジネスにとって望ましいとの考え方が今次証言では主流となっている。

(1) 技術規制

米国にはＩＴＡＲ（アイター）とよばれる厳しい武器輸出管理制度[41]があり、軍民両用の技術として宇宙関連技術にも広範な規制がかかっている。輸出を許可するかしないかで米国内の審査が長引き、米国企業がビジネスチャンスを逃す例もあることから、規制見直しへの期待が高まり、現在ＩＴＡＲの審査手続きの見直しが行われている。

「米国議会が禁止したために、今でも米国と中国の間には直接的な協力関係がない。制限は第二次世界大戦後に導入され、朝鮮戦争で強化された。一九七二年のニクソン訪中後に若干の協力があったが、軍事関連の技術移転については一貫して厳しい制限が科されていた。加えてＭＴＣＲ[42]合意により、現在米国を含む三十四の国が非メンバー国へのミサイル関連技術の売却や移転につき制限を設けている。ＩＴＡＲの制限は米国の通信衛星を中国のロケットで打ち上げることを許可する関係で、一九八〇年代末から一九九〇年初めにかけて若干緩められた時期があったが、その後同ロケットの事故原因が究明される中で中国のロケット使用は禁止となり[43]、九・一一後にはさらに規制がより厳しくなった。その後緩められたが、解禁されることなく今日に至っている。ＮＡＳＡと中国との協力は議会により引き続き禁じられている一方で、ＩＴＡＲの制限を緩めるようにとの圧力がビジネス界から出ている。……米国は安全面における必要な制

▼38 前掲Dr. Phillip Saunders

▼39 機関間スペースデブリ調整委員会（IADC：Inter-Agency Space Debris Coordination Committee）は一九九三年に設立。各国の宇宙機関の間でスペースデブリの対策に対する協議を行っている。二〇〇七年にスペースデブリ軽減のためのガイドライン（Space Debris Mitigation Guidelines）を発行した。

▼40 前掲Joan Johnson-Freese

▼41 冷戦時代の一九七六年に制定されたInternational Traffic in Arms Regulations（ITAR）＝「武器国際取引に関する規則」は、軍事関連の物品および役務の輸出と輸入を規制する合衆国連邦政府の規則である。日本や欧州諸国などの企業が米国製の部品を一部使っているだけでも、外国への輸出にあたり米国の制限がかかる。

▼42 大量破壊兵器の運搬手段であるミサイルおよび関連汎用品・技術の輸出を管理する国際体制で、米国、日本など主に先進国で構成される非公式、自発的な集まり（Missile Technology Control Regime, MTCR）。中国は参加していない。

▼43 一九九〇年代半ば、中国のロケットによる米国衛星打ち上げ失敗の事故調査の過程において、米国企業によって中国への違法なミサイル技術の漏えいがあったと米議会で認定され、以後、米国の輸出管理法が厳しくなった事案。

限は維持しつつも、貿易の利益を最大化するためにITAR政策を見直すべきである。主要な見直しとしては、審査能力を拡充し、申請があれば直ちに決定することである。宇宙の国際市場は急速に進展しグローバル化しており、米国は競争力を維持すべきであり、一旦競争力を失えば取り返すのは難しい。」[44]「我々はグローバル社会に住んでおり、中国の宇宙活動を孤立させる試みは無駄であることが明らかになった。むしろ、中国やその他の国が米国のコントロールが全く及ばないような形で独自の宇宙産業を発展させることを後押ししてしまった。もしそのような政策をとらなければ、彼らは米国とパートナーを組むことで同じ技術を得ていただろうから、独自技術で政治的な威信を獲得することはおそらくならなかっただろう。この二十年の厳しい輸出管理の結果は、米国の宇宙ビジネスに損害を与えたという厳しい現実である。」[45]

「米国の宇宙関連輸出管理制度に対する忌避感や、どの品目が現在の輸出禁制品で、将来どう変更されるのかに関する混乱があって、ヨーロッパの宇宙産業をはじめとする海外企業はITAR規制を免れる品目を製造し、米国発の技術を実質的に迂回する方向に向かい始めている。ヨーロッパにも米国のITAR規制は及ぶものの、輸出管理規制は米国に比してずっと緩いからである。……その結果、米国の企業が欧州の企業に出し抜かれ、サプライチェーンから追い出されるか、米国企業自身が輸出管理規制に縛られる品目の製造を見直し始めており、これらは米国の宇宙産業基盤に悪影響を与える恐れがある。……したがって、輸出管理の見直しと精緻化を継続し、有人宇宙飛行の技術のような保護すべき対象を少数のシステムと技術に絞っていくべきである。こうした絞込みにより米国企業は中国の軍事力向上を支援するおそれなく、他の先進国によりすでに提供されている技術についてもっと自由に市場参入できることになる。」[46]

(2) 米中宇宙協力一般

米国では、ITARによる厳しい技流輸出規制のみならず中国との宇宙協力全般が厳しい規制下にある。かつてウルフ下院議員が提唱した通称「ウルフ条項」により、NASAおよびホワイトハウス科学技術政策局（OSTP）は、中国との宇宙協力で予算を使用することが原則として禁じられている。今次公聴会では、今後の協力如何につき賛否両論があった。

「米国の技術移転に関する懸念は、中国人がかつて米国技術にこっそりアクセスし、軍事的、経済的利益を得てきたことや、米中間に存在してきた技術ギャップが現在縮小していることを考えれば故なきことではない。しかし、過去十年、中国は低軌道や月において自前の技術力を示してきたのであり、外国から輸入してきた技術ではなさそうである。サイバー攻撃による産業スパイといった懸念も現実のものであり、深刻な問題ではないと言えないが、民生の宇宙活動については事情が変わっているかもしれない。……NASAは中国との協力が禁止されていると述べたが、安全と経済の両懸念を踏まえつつも、柔軟な対応ができる方向で検討すべきである。中国が国際協力を積極的に推進しようとしている中で、気が付けば米国だけが蚊帳の外にあるといった事態になりかねない。かつてソ連との間で協力がなされた例が示すように、安全を考慮した協力は可能である。……少なくとも制限的であっても、NASAと中国の宇宙協力活動を行うことを提案する。特にISSは二〇二四年に終期が来る見込みであることから有益であろう。」[47]

「ウルフ議員が、中国と宇宙協力を行うべきでないとする理由として、繰り返し主張してきたのは、（i）技術移転の懸念、（ii）価値観の相違、（iii）中国と協力しても得るものがないとの三点であるが、これは米国の政策オプションを奪うものである。（i）中国の宇宙活動を孤立させるこれまでの試みは無駄だったし、かえって中国その他の国が自前の宇宙能力を持つのを促進してしまった、（ii）道義的理由から権

▼44　前掲Dr. Roger Handberg
▼45　前掲Joan Johnson-Freese
▼46　前掲Mr. Tate Nurkin
▼47　前掲Dr. Roger Handberg

威権主義的政権や共産主義政権とは協力をしないといっても、現実は現在もそうした政権との協力を行ってきている、(iii)中国との協力により、得難い中国の政策決定プロセスや実行手続を理解したり、デブリ問題で信頼感を醸成することができるし、攻撃的行動を抑制することも可能である。……中国の政治家は、象徴的な理由からISSへの参加に関心があり、特に体制の正統性の証として国際宇宙ファミリーの一員として認めてもらいたいと考えているが、米国が中国との協力を差し控えたとしても中国の体制変更に影響を与えられるわけもない。……米国は中国と協力するか否かの選択肢を持っているが、米国全体、特に軍は宇宙環境の持続性に大きく依存しているのであり、軍の優位を維持したいのであれば宇宙デブリ問題についてだけは外交上の選択肢を排除すべきでない。」[48]

「中国との宇宙協力は米国に何らかの利益を生むかもしれないが、地上における中国との対立を和らげたり、方向転換を促すことにはおそらくならないだろう。中国の宇宙関係者、特に共産党や人民解放軍の高官と会うことは、宇宙における懸念を伝え、透明性を促進する上で役に立つかもしれない。しかし、中国が〝宇宙支配〟の段階に達するまでは、両国が宇宙協力を行うか否かの判断に当たって、米国の安全を脅かしうる中国の宇宙及びその他分野における行動にリンクさせることが重要である。そこまですべきと言う理由は、中国が米国の宇宙技術や宇宙企業、宇宙関係機関にアクセスすることを許容することにより二つのリスクが存在するからである。一つは、地上での争いが厳しくなっても宇宙での協力は可能だといった幻想を中国に抱かせ、北京が他の問題における批判をかわすことに利用したり、米国の選択肢や行動を制約する材料になるリスクである。二つ目は宇宙技術への新たなアクセスが中国のスパイ行為に使われ、中国の宇宙、軍事分野が強化されるリスクである。……ソ連の例が示すように、レーニン的独裁主義の中国と宇宙協力を進めても、地上や宇宙での平和がもたらされるわけではない。冷戦終了直前の数年間、米ソの宇宙外交はあったものの、ソ連は衛星攻撃兵器を最大限に展開していたのである。」[49]

この公聴会が終わった後の二〇一五年六月、ワシントンDCで行われた第七回米中戦略経済対話において民間宇宙協力に関する定期的な協議を両国政府間で実施することが合意された。第一回が十月末までに中国において開催されることとなった。また、別途、米中安全保障対話（U.S.-China Security Dialogue）の枠組みの下で、宇宙安全保障関連の協議が行われることとなり、ここでは上記証言でも協力候補の一つとして言及され、次項でも説明する宇宙デブリについても話し合われる見込みであると発表された。

他方で、米国内ではオバマ政権による対中融和政策に対する批判の声も高まっているようである。[50] これまでも宇宙分野における協力方針については揺れがみられてきたこともあり、今後の政策がいかなる方向に向かうかについては予断が難しいと思われる。

（3）宇宙デブリと宇宙状況監視

宇宙デブリについては、すでにこれまで何度か触れてきているが、現在は約六十もの国が人工衛星を運用するようになり、広大なはずの宇宙空間は縦横無尽に高速で回っている宇宙機とデブリによって混雑するようになった。正常に機能している人工衛星とデブリが衝突したり、デブリ同士が衝突するなど危険が増している。特に中国が二〇〇七年に実施した衛星破壊実験で三〇〇〇以上、またロシアと米国の人工衛星同士が二〇〇九年に衝突して約一五〇〇のデブリが新たに生まれた。将来的にはデブリとデブリの衝突が連鎖的に発生し自己増殖の連鎖に至る恐れもあると言われている。軍民ともに宇宙活動に対する依存度が最も高い米国は、自国のみならず、他国の宇宙機の稼働状況を監視し、衝突の可能性がある場合には中

▼48　前掲Joan Johnson-Freese

▼49　前掲Mr. Richard D. Fisher

▼50　例えば、外交問題評議会（CFR）は「対中戦略の見直し」（「Revising U.S. Grand Strategy Toward China」）において、米国の対中関与政策は結果的に失敗だったとして、米国の軍事力強化、軍事技術の管理制度の強化などを提言している。

国を含めて通報することで衝突を回避してきている。こうして宇宙空間の状況につき、宇宙機のみならず、デブリを含めて監視することをＳＳＡ（Space Situational Awareness：宇宙状況監視）と呼ぶが、現時点で米国が圧倒的に高い能力をもっている。

「米国が行っているＳＳＡの努力というのは、米軍が他国や人工衛星オペレーターに衝突回避情報を一方的に提供するという現在の行為を公式化する作業であるが、フランス、日本との二国間合意の他に、イギリス、カナダ、オーストラリアとの間にも限定的な協定がある。これまで米国は衝突の恐れがある情報について中国を含めて一方的に提供してきたがこれは称賛に値する。ますます多くの国が人工衛星打ち上げを拡大させている状況下、更なる技術向上を図るとともに、情報交換に関する協力が積極的に推進されるべきである。[51]」

「米国は他国による宇宙活動、反宇宙活動をよりよくモニターするためにＳＳＡ能力を強化すべきである。米国の宇宙インフラを適切に守るには、運用環境と来たるべき脅威について正確に把握する必要があるからである。[52]」

「中国との協力を公式にも商業的にも完全に禁止するというのは、米国の宇宙産業のみならずその同盟国に多大な経済的損失を与えるのみならず、米国が中国との間で無害な宇宙協力までも行わないとなれば、正当化されない敵対行為として、また米国の自信のなさの表れとして、米国のグローバルなイメージを損ないかねない。したがって、米国政府としては中国の宇宙軍事、衛星攻撃能力の向上になってしまう分野を特定してその分野への協力は制限するようにすべきである。すでに最近行われている宇宙技術にかかわる輸出管理の見直しプロセスにおいてその作業は始まっている。ＳＳＡのような分野では、中国が米国の人工衛星を探知し、狙いを定める能力を高めることになるので、米国のみならず同盟国にも協力の制限をかけるべきである。しかし、多くの科学応用や有人宇宙飛行の分野では、米国の安全を損なうことなく情報や経験の交換が可能であり、成長する中国の宇宙産業や国際的な宇宙協力分野における中国の貢献によって米国が利益を得ることが可能な状況になっている。こうして米国政府はケースバイケースの評価作業を行うことを通じて、中国との協力によるリスクという議会の正当な懸念に答える必要がある。」

中国のSSA能力については、証言によれば今後まだ改善が必要な技術の一つに位置付けられており、[53] 米国ではこの重要技術が渡らないよう注意が喚起されるとともに、自らの能力、体制の充実が目指されているようである。[54] なお、日本では美星スペースガードセンター、上斎原スペースガードセンターの二施設（共に岡山県所在）で美星が望遠鏡、上斎原がレーダーによるデブリ観測を行っており、日米の協力強化も模索されている。

（4）国際行動規範

今見たように宇宙空間の混雑状況を悪化させている宇宙デブリをどう規制していくのか、また中国が二〇〇七年に行ったような衛星破壊実験が今後どこかの国で再び行われるのをどう抑制していくのかは、世界が宇宙活用を拡大していく上で重要な課題となっている。宇宙の軍備管理を交渉する場であるジュネーブでは長年公式会議が開かれていず、衛星攻撃を法的に禁止するという合意を作るのは極めて厳しいと見られている。他方、同じ国連の枠組みでも民生分野を扱うウィーンでは、拘束力こそないものの宇宙デブ

▼51　前掲Joan Johnson-Freese
▼52　前掲Kevin Pollpeter
▼53　前掲Mr. Dean Cheng
▼54　米国では国防総省戦略軍統合宇宙運用センター（JSpOC）が地上や宇宙に設置した観測機器により宇宙の状況を監視しており、最近の取り組みとしては、①JSpOCに民間事業者を常駐させる、②JSpOCのバックアップとなるセンターの設立、などが計画されている。http://spacenews.com/u-s-military-intelligence-community-planning-backup-jspoc/

リを低減していくためのガイドラインの策定に成功している（二〇〇七年）。近年、中国の衛星破壊実験を契機として軍民双方にまたがる宇宙活動に関する国際ルール（「宇宙活動に関する国際行動規範」・International Code of Conduct for outer space、以下「ＩＣＯＣ」という。）を作ろうという新しい動きがＥＵの主導によって生まれており、これまで自らの手を縛るような国際規制を拒否してきた米国も交渉参加に合意している。これまで米国、中国、ロシアも参加して三回の非公式会議が行われ、二〇一五年七月にはニューヨークで交渉会合が行われた。国際法分野は米中の協力が期待される分野の一候補である。

「（米国の）二〇一五年国防権限法の文言は、敵の攻撃を打ち破り、悪化した宇宙環境での軍事作戦継続に備えることを強調しているが、責任ある平和で安全な宇宙利用を促進するとの視点からは他の要素も重視すべきである。例えば、軍事システムを攻撃に耐えるよう強靭化したり、透明性と信頼醸成措置の向上するよう努力したり、ＳＳＡ能力を向上することである。さらにはヒラリー国務長官等が二〇一二年に支持するに至った拘束力のないＩＣＯＣの合意である。強力な国際規範ができれば、有効な抑止力になるし、履行を促すこともできる。これらの諸措置は戦略的アプローチとして相互に関係しているので、すべてを同時的に実行するべきである。宇宙空間は国際公共財であり、持続可能な宇宙環境を重視するならば、米国は中国との共通利益を求めるべきである。……米国がＥＵ主導のＩＣＯＣを支持する一方で、米議会が引き続き中国との宇宙協力を制限することを決定したのは、米国が宇宙環境を守るためにすべての宇宙関係国と協力する意図について強烈なメッセージを発したものと言える。宇宙という国際公共財に建設的に関与するためには、包括的なアプローチに勝るものはない。」[55]

「中国共産党の性格が基本的に変わるか、多元化の方向に進化しない限り、中国がその拡大する宇宙力を制限するような交渉を受け入れることはなさそうである。さらに言えば、ロシアがその権威主義的な反欧米的性格を増大させれば、中国との軍事協力を進化させることになろう。」[56]

「ＩＣＯＣが合意できれば、責任ある行動を促す規範が醸成される上で役立つというメリットはあろうが、宇宙攻撃兵器の開発、試験、配備に対し、意味があって検証できる制限を設けるための軍備管理を行うことができるようになるかについては懐疑的である。拘束力をもつ条約を締結するといった伝統的な軍備管理のやり方では、米中による衛星攻撃兵器を制限することに成功するとは思えない。……長期的にみれば米国と中国が宇宙機に頼る度合いが軍事、民事共に近づくようになれば、紛争時であっても宇宙を聖域にしようという共通利益が生まれるかも知れない。相互に軍事、民生双方の衛星に戦略的に干渉しないという合意ができれば、相互抑止が強化され、米中間の宇宙競争を抑制することを通じ、二国間関係の安定に資する潜在性がある。

中国の公式な政策は宇宙の平和利用を強調し、宇宙の武装化（weponizaton）と宇宙における軍事競争を防止するために法的拘束力ある条約を策定するというものであり、ロシアと共同で二〇〇八年に国連軍縮会議に条約案を提出した。条約案はいかなる種類の兵器であれ、これを運ぶ物体を軌道上に載せることや天体に設置することを禁じ、宇宙物体に対する攻撃やその脅しに訴えないよう約束することを求めている。しかし、その条約案には検証手段がなく、衛星や地上の衛星支援施設を地上から攻撃する兵器には適用されないことから、衛星攻撃兵器の危険を抑制するという目的からみて不適当なものになっている。

人工衛星やその能力を損なうための手段は多くあり、これを軍備管理で効果的にコントロールできる可能性は少ないので、米ソ間にかつて存在したような有効な軍備管理は行いえない。例えば、米中両国は衛星攻撃兵器に使うことができる物理的に衝突させるロケットや直接エネルギーシステムを放棄しないであろうし、弾道ミサイル防衛システム（BMD）のような有力な代替も存在する。ソフトキルの能力を制限するような規制を作成することはもっと難しいし、規制を順守しているかの検証もほとんど不可能である。さらに言えば、宇宙攻撃兵器の開発は、配備をしないにしても逆戻りさせることができないので、宇宙攻

▼55　前掲Joan Johnson-Freese
▼56　前掲Mr. Richard D. Fisher

撃兵器の管理に関する合意は簡単に破られてしまうリスクが高い。宇宙攻撃兵器を軍備管理によってコントロールできないとすれば、次善の策は米国の宇宙機に向けて使用されないよう抑止する戦略的環境を構築するしかない。[57]」

以上のような証言をみると、ICOCに合意することは非拘束なものであっても容易ではなさそうであるし、首尾よくICOCに合意ができても、実効性や検証には問題があると指摘されている。他方、二〇一五年九月に習近平国家主席が訪米した際、空中での偶発的衝突回避に向けた信頼醸成措置の強化が合意されるなどの進展があり、ここでは宇宙分野に直接の言及はなかったものの今後の米中協力に向けた序章になる可能性もある。[58]

4．米国の対応

米国は、軍事作戦において宇宙システムに過度に依存しているとされ、その宇宙システムは本質的に攻撃に弱いことから、中国による宇宙開発の攻勢に対する対応を含め、宇宙における自らの優位を維持するためにいかなる対応をとるのかが注目されている。

(1) 米国の宇宙戦略

二〇一一年二月、米国防総省（DOD）は十か年の米国家安全保障宇宙戦略（NSSS）を発表し、宇宙空間での軍事的優位を維持・拡大していく方針を示した。その中で、「宇宙空間はますます軍事的な挑戦を受ける領域になっており、宇宙システムとその支援インフラは多様な人為的脅威に直面している」との認識を示し、相互に関係する以下の五つの政策アプローチを追及するとしている。

（i）国際協力など外交努力の推進により、責任ある、平和的、安全な宇宙利用を促進する。

（ii）宇宙における優位を保持するため米国の宇宙能力を強化する。
（iii）同盟国、パートナー国等の責任ある国々、国際機関、民間企業との連携を強化する。
（iv）多層的なアプローチにより、米国の国家安全を支援する宇宙インフラへの攻撃を防ぎ、抑止する。
（v）攻撃を受けて悪化した宇宙環境下においても相手を打ち負かす作戦を準備する。

「中国が、おそらくロシアの支援を得て宇宙支配力を獲得できるかどうかは、米国が民主主義諸国の宇宙へのアクセスを防御するとともに、中国とロシアによる攻撃を抑止するために立ち上がる決意の程度にかかっていると言って間違いないだろう。二〇一五年時点での米国政治のパワーバランスからみて、宇宙を含む広範な米軍再編を続けるとの強い決意をもった政治シフトが必要となる。また、将来技術への継続的な投資も必要になる。そのためには次世代の宇宙軍事システムを深く探求しなければならないが、それは小型衛星とナノ衛星群、巨大薄膜ベースの深宇宙偵察衛星、一〇〇トン超級の液体ロケット、固体レーザー、一〇〇〇万ドルから一〇〇〇万ドルの安価な打ち上げサービス、月での戦略的地位といったものであろう。」▼59

（２）対衛星攻撃抑止のための多様なアプローチ

米国が潜在的敵国から衛星攻撃を受けないためにとるべき抑止策として、二〇一一年の米国家安全保障

▼57　前掲Dr. Phillip Saunders
▼58　習近平訪米前の人民日報は、「習主席訪米は戦略面の相互信頼を強化する」と題して、「偶発的事態が両国関係の妨げとならないよう、中米は両軍の重大な軍事行動の相互通告制度と公開海域での海空軍事安全行動規範を積極的に推進し、核兵器や宇宙分野の協力を強化し、関係当局の実際のオペレーションにおける衝突を管理・コントロールすべき」と述べている。（人民網日本語版　二〇一五年〇九月二十一日）
▼59　前掲Mr. Richard D. Fisher

宇宙戦略は以下のとおり書いている。「米国が宇宙システムとその関連インフラに依存している程度の深さに鑑みれば、攻撃を防ぎ、抑止するためには多層的なアプローチを使わなければならない。そのアプローチとは、宇宙で責任ある行動をとる規範を設ける外交努力であり、潜在的敵国の抑制を促す国際的なパートナーシップの構築、特殊攻撃に対する我々の能力を高めること、攻撃による利益を否定するような我々の宇宙アーキテクチャーの強靭性を強化することであり、さらには、こうした抑止が失敗した際には反撃する（respond）権利を留保することである。」

米国はこうして対衛星攻撃を抑止するために「多層的なアプローチ」をとろうとしているが、最も難しいのは宇宙攻撃兵器を積極的に開発すべきか否かであるとみられている。米国にも宇宙の軍事利用についてはタカ派からハト派まで四つの思想グループがあるとされ、これまでは宇宙を聖域として平和利用を重視するハト派的主張が主流にいたが、ここにも変化が出つつあるようである。[▼60]

「米国が対宇宙作戦（counterspace）を強調し、それが他の国、特に中国の行動や意図に対抗したものだと言われるようになったのは近年のことである。しかし、中国の意図については公開されていない文書に基づく推測であり、推測の正しさと米国がとるべき適切な対応との間で妥当な判断をすることを難しくしている。例えば、自分の知る限り、中国が二〇〇七年に行った衛星破壊実験は、米国からは責任ある行動としての国際的規範に逸脱したとみなされたが、以来そうした行為は行っていない。すべての宇宙関係国は、透明性や信頼醸成措置を強化し、共通認識を特定する国際的な努力や、自らの軍事システムの強靭性を高める努力については、対宇宙作戦と同じくらいのエネルギーと決意を持って追求しなければならない。そうでなければ、輸出管理のように中国の宇宙活動を孤立させようとした米国の努力がかつて裏目に出たように、「抑止、防御、反撃」戦略は、軍備競争の引き金を引き、宇宙環境の持続性を危険に陥れ、米国の国益を損なうという予想外の結果になりうる。宇宙機の強靭性、特に米国防総省や国家情報長官室（ODNI）の衛星を強靭化することについては、費用が掛かりすぎるし、宇宙軍備管理を行うのと同じくらい実行がとりわけ難しいということで国内的な抵抗に遭ってきた。米空軍も、そのための行動に移るというより、まず問題の状況を見極めるという段階にとどまっているようにみえる。宇宙が紛争のあらゆる段階で重要な役割を果たすことは今や万人が認めるところであるが、相手の攻撃から自らを守るという兵器システムの構築はセクシーとはいえず、政策決定者たちの興味をひかないという問題がある。その点、衛星攻撃兵器はセクシーな選択になりやすい。」[61]

「（国際協定が本来できれば最も望ましいとしつつ、無理なので、）中国の宇宙攻撃から米国の宇宙機の脆弱性を守るための強靭化対策は、攻撃システムを作るよりはるかにコストがかかる。国防総省は最大限の効果を得るよう、衛星通信を強固にする、戦術的偵察衛星システムを有効活用する、小型衛星のコンステレーション化を進めるなどの策を追求するべきである。」[62]

「人民解放軍の攻撃を抑止するには、いかなる宇宙インフラが攻撃されても、すぐにその代替機が打ち上げられるか、効果的に同じ機能が再設置されることを示す必要がある。その意味で現在DAPRA（ダーパ、国防高等研究計画局）[63]が米国の宇宙抗たん性を高めるための様々なプログラムを追及しており、この努力への支援を拡大すべきである。」[64]

▼60　前掲Brian Weeden。四つの思想グループとは、（1）Sanctuary School（いわゆる「宇宙の平和利用」を重視）、（2）Space Control School（軍事衛星の重点配備による宇宙の軍事支配を重視）、（3）High Ground School（宇宙からの攻撃も辞さず）、（4）Survivability School（宇宙システムの脆弱性を強く認識する）。実際の政策は、これら思想の組み合わせで決まると説明している。
▼61　前掲Joan Johnson-Freese
▼62　前掲Dr. Phillip Saunders
▼63　アメリカ国防高等研究計画（Defense Advanced Research Projects Agency）。各軍に所属しない分野横断的な新技術開発および研究を行うアメリカ国防総省の機関。
▼64　前掲Mr. Richard D. Fisher

「米国は、他国の宇宙活動を監視するためにSSAの能力を高めるとともに、より小型で広範囲に展開する衛星の開発に投資すべきである。小型衛星は大型衛星ほど能力が高くなく頑強でもないが、多数の衛星を配置することにより、一部が失われても全体機能が失われる破局的な事態を免れることができる。小型衛星はコストが低いので、素早く補充することで十分な能力を提供することが可能である。」

二〇一五年七月、宇宙システムの抗たん性向上については、二〇一六―二〇二〇年度の五年で国防総省および情報コミュニティ向けに八十億ドルの予算がついた旨報じられている。[65]また、証言の中に強硬な政策は「軍備競争の引き金」になるとの表現があるが、比較的製造、実行が容易な衛星攻撃兵器の特徴によるものであろう。また、SSAについての言及もあるが、これは衛星攻撃を抑止するための基盤的技術であり、日本を含む同盟国との協力が模索されているところである。

(3) 米国は衛星攻撃兵器をもつのか

米国は、自らの衛星に対する攻撃に備え、上記で見たような多層的アプローチをとろうとしているが、その一つとして衛星攻撃兵器開発への傾斜があるとも指摘されている。米国では二〇一一年の国家安全保障宇宙戦略が定めた米国の宇宙システムへの攻撃をどう抑止し、打ち勝つかという点でこれまで公的な議論がほぼなかったとされる。[66]その後二〇一四年十二月に成立した二〇一五年度国防権限法においては、議会は国防省に対し宇宙支配と宇宙優位に関して報告を提出するよう命じるとともに、宇宙安全防衛プログラム向け基金（三二・三百万米ドル）の半額以上を「攻撃的な宇宙支配」と「積極的防御戦略と能力の開発」に充てるよう要請した。この「攻撃的な宇宙支配」と「積極的防御戦略と能力の開発」の意味は不明確であるが、衛星攻撃兵器の開発を含むものとみられているようである。[67]

「二〇〇三年の〝空軍変革flightplan〟には軌道に宇宙兵器を載せる計画も含まれており、続く二〇〇四年には空軍が〝対宇宙作戦〟を発表し、宇宙が第四の戦場となったことを示唆した。[68]

同文書では、将来的に宇宙における武力衝突が必至とみて、〝宇宙攻撃は空軍が宇宙優勢を獲得し、維持する手段であり、宇宙優勢の確保により、攻撃し、攻撃を免れる自由を持つ。……宇宙と空域の優勢は軍事作戦の重要な第一歩である〟としている。

「米国が敵の宇宙攻撃兵器からの脆弱性を免れないとすれば、自身の宇宙攻撃兵器に投資を行い、潜在敵の宇宙物体をリスクに置く必要があるだろう。米国としては、物理的攻撃（ハードキル）よりデブリを発生させない非物理的攻撃（レーザーなどの利用によるソフトキル）を優先して敵の人工衛星を一時的に麻痺させるべきである。宇宙空間への攻撃のみならず、宇宙で優位に立つための地上の関連施設への攻撃なども含めることができる。そのような宇宙反撃システムは、実際の武力衝突の際に使い勝手がいいし、中国による米国の宇宙機器への攻撃を抑止するためにもより効果的かつ能力が高いだろう。」[69]

「中国は約二十五年間宇宙攻撃兵器を継続的に開発してきているが、抑制する気配はほとんどない。これまで四種ないし五種の衛星攻撃兵器を開発したことが明らかになっていることから、米国としては中国共産党、人民解放軍が宇宙で戦争を開始しようとするのを抑止するために適切な能力を所有するべく開発を開始することには合理性がある。この能力には中国が米国の宇宙インフラを攻撃した際、直ちに同様の手段で対抗する能力を含むべきだが、必ずしもすべて中国と同じ能力を持つ必要はなく、米国独自の戦闘能

65　Space News 二〇一五年七月二日付
66　前掲 Brian Weeden
67　前掲 Brian Weeden
68　前掲Joan Johnson-Freese
69　前掲Dr. Phillip Saunders

力でよいだろう。コストを下げるためには、最初の衛星攻撃兵器システムは既存のBMDシステム（米海軍のSM―3、米陸軍のTHAAD、米空軍のGMDなど）を利用することもできよう。」[70]

このようにBMDシステムを含めれば、米国が衛星攻撃兵器を所有していないとは言えず、中国やロシアにも米国が抱いているのと同様の懸念がある。[71] こうして今後これら諸国を中心に軍拡競争が行われる可能性は排除できない。軍事衛星は地上の戦争をサポートする役割を超えたものとなり、宇宙そのものが第四の戦場になる恐れがあるといわれるゆえんである。

軍事衛星については、冷戦中は米ソが互いの軍事力を監視し、軍備管理の違反を検証する手段として機能し、共に限定的ながら衛星攻撃兵器は有していたものの相互に宇宙インフラを攻撃することは差し控えるとの暗黙の了解があったとされる。冷戦後は地上の戦闘を支える不可欠なインフラになりつつあるが、それゆえにその支援インフラを攻撃する誘因は高まらざるをえない。第四の戦場とはそうした事情を反映し、地上で戦闘機がドッグファイトを行うように、有人宇宙船が宇宙空間を縦横に飛びレーザーを撃ち合うという未来映画のイメージとは違うが、地上→宇宙、空中→宇宙、宇宙→宇宙で互いの衛星が攻撃の対象となり、宇宙空間は敵国の地上における戦闘能力を減じる戦いが行われる場となりうるのである。こうした事態は、軍同士の信頼醸成や外交努力によってぜひとも避けねばならない。

（4）米中宇宙競争

これまで見てきたように、中国の追上げによって、米中の宇宙力は徐々に接近している状況となっているが、米国が実際どの程度危機感を募らせているのかと言えば、今回の一連の証言から判断することは難しい。米国と中国の宇宙力を比較すれば、軍事衛星の量でも差があるし、質的にも差は大きい。米国はSSAの能力や早期警戒の重要技術で優位にあり、中国が追いつくにはあと二十年はかかるとの証言があるし、米国の巨大な宇宙予算は大きく増えないまでも減っているわけでもない。なお、予算額を見ると、国防総省をはじめとする米国の国家安全関連宇宙予算は二七五億ドルであり、またＮＡＳＡ予算は一七八億ドルと他国を圧倒している。[72]

「多くのメディアは、中国が宇宙で米国のリーダーシップに挑戦していると注意を喚起しているが、これは米国のリーダーシップが落ちていることに触発されたものである。米国の民生宇宙プログラムは続いているし、軍事面での宇宙活動は拡大しており、いかなる国も米国がこれまで成し遂げられなかったことを達成したわけではない。……宇宙におけるアメリカの一極支配は終わった。中国のような台頭するパートナーとの協力を望まないのであれば、アメリカが宇宙のリーダーであるとの認識自体が減じていくことになる。予算の拡大だけがアメリカが宇宙分野でリードを保つ方法であるが、すべてで優越するという時代は終わったのである。」

「米国と中国が宇宙競争に従事しているかと言えば、即座に否である。宇宙競争とは、少なくとも複数の国が争っていること（competition）を意味するが、米国は、拡大する中国の宇宙活動、特に有人宇宙活動に対抗しようとはしていない。代わりに、米国の姿勢はＩＳＳに中国を参加させず孤立させようというものであって、国内的要因への考慮が宇宙活動を決定している。一つは連邦予算の赤字が過去数十年ＮＡＳＡの予算をほぼ横ばいにしている。もう一つは、政治的、技術的要因で、ＮＡＳＡの次期有人宇宙船をどうするかに関して意見が分裂している。すなわち、〝まず月に〟路線なのか小惑星とかいくつかの

▼70　前掲Mr. Richard D. Fisher

▼71　「ロシアと中国は、米国の高度co-orbit能力の開発、例えば、XSS-11ランデブー視察衛星やX-37B宇宙飛行機は初期の宇宙兵器とみている。……米国のミサイル防衛の改善努力に懸念を表明し、それらを戦略的脅しであり、物理的衛星攻撃兵器と認識している。」（前掲Brian Weeden）

▼72　前掲Brian Weeden

選択肢を包含する〝柔軟な道〟路線なのかに行きつく。こうした国内要因が中国の宇宙プログラムに対抗して、競争するという政治的関心を薄くしているようにみえる。さらに言えば、米国は宇宙ビジネスの振興に強くコミットしており、まずは低軌道、その次はさらにその外で米国企業を儲けさせるとの方向であり、このことがある分野では米国の能力を中国に劣らせることになるかもしれない。……米国は中国と宇宙競争を行っていないが、中国は行っている。中国の宇宙活動は国際的威信を獲得するとともに、軍事力の象徴であり、経済開発の道具でもある。地域的には、ライバルである日本に優越していることを示すことであり、米国と同等、アジア太平洋地域の雄になることを展望している。[73]」

「中国が自分たちは宇宙競争をやっていないと述べる時、おそらくそれは真実なのであろうが、そのような発言は彼らの宇宙活動の真の意図、すなわち、軍事的にも、外交的にも、商業的にも宇宙で米国同様の競争力を持つ意志を隠しているのであり、米国やアジアにおける懸念となっている。……米国が台頭する中国の関係で状況を改善していくためには以下のような行動が必要である。（i）もし、米国が宇宙空間における優位を維持したいならば、民間及び軍事両分野の宇宙計画に対する投資を継続するべきである。革新を生むには様々な要素がかかわるが、適切な資金供与なしでは何も生まれない。（ii）どの産業でも最も重要な資源は人材であり、米国の宇宙産業の人材は六十％以上が四五歳以上と、中国の五五％が三五歳以下なのと比べ若くない。[74]」

本章では、宇宙における安全保障状況について、国際的に主要な関心事になっている中国の開発状況並びに米中関係について米国議員が国内でどのようなインプットを得ているのかという切り口からみてきた。冒頭にも述べたとおり、安全保障問題の常として、国家の危機に備えるという立場から自国の安全をめぐる脅威認識は誇張される傾向があり、本章が依拠した公聴会における米国専門家の報告を読む際にも、多かれ少なかれそのような誇張が出うる点に留意すべきであろう。また、宇宙技術は軍民両用であり、個々の開発プロジェクトの目的が、軍用開発に重きがあるのか、民生開発に重きがあるのか、もともと両にらみなのかは、外見からはわからないことがほとんどである。中国からみれば、宇宙開発の目的は、「大気圏外空間を探査し、地球と宇宙に対する認識を広げる。大気圏外空間を平和利用し、人類の文明と社会の進歩をはかり、全人類に幸福をもたらす。経済建設、科学技術発展、国家安全保障、社会進歩などの面の要請を満たし、全人民の科学的文化的資質を高め、国の権益を守り、総合国力を増強する。」ということであり、▼75 米国の見方とはおのずから異ならざるをえない。

いずれにしても、中国の宇宙開発の現状や今後の推移、さらに宇宙をめぐる米中関係は、日本にとっても重要な関心事であり、アジアの安全保障情勢にも影響を及ぼさざるを得ない。この点を踏まえ、次章ではアジアの状況をみることとしたい。

（二〇一五年六月記）

▼73 前掲Dr. Roger Handberg

▼74 前掲Kevin Pollpeter

▼75 二〇一一年十二月三十日中国国務院新聞弁公室発表「二〇一一年中国の宇宙活動」。

第7章

アジアの宇宙開発

二十一世紀はアジアの時代と言われ、世界中がアジアの経済的台頭に注目している。アジア経済の推進力といえば、二十世紀後半は日本であったが、二十一世紀前半は中国、二十一世紀後半にはインドになるといった見通しもある。そうしたアジアの繁栄が続いていく前提としてアジアの平和がこれからも保たれる必要があるが、この地域はかねてより政治体制や経済力、人種、宗教、歴史などが極めて多様であり、力の均衡をうまくとりながら地域全体として平和と繁栄を続けられるかは決して簡単ではないとみられてきた。実際、二十世紀後半のほとんどは冷戦下の二極対立のもとで、朝鮮戦争、ベトナム戦争、カンボジア紛争、インド・パキスタン戦争など大規模な代理戦争が行われてきた。一方で、日本を先頭にして多くのアジア諸国が経済的な離陸を果たすことに成功した雁行型発展モデルと呼ばれる経済成長が生まれた。二十世紀の終わりに冷戦が終了したあたりから、中国の台頭が始まり、二十一世紀前半はアジアにおける影響力を巡って米中が対立するとも言われている。中国は改革開放により急速な経済発展に成功し、それに伴って年間十%を超える軍事予算の拡大を二十年以上続け、この力を背景として東シナ海では日本と、南シナ海ではASEANの数か国と対立を深めつつある。中国が最重要課題と位置づける台湾問題は現在小康状態にあるが、両岸の力関係には大きな開きができており火種が消えたわけではない。こうした中、米国の外交と軍事はアジアへの傾斜を強めつつあり、中国との関係が関与と協調に向かうのか、それとも対抗色が濃くなっていくのか、アジアの多くの国々は大きな不安をもって情勢を見つめている。アジア地域において、米国が主導してきた自由と民主主義が拡大の趨勢をたどっていくのか、それとも中国が経済力を求心力にしてアジア各国を魅きつけ中国中心の新しい秩序にとって代わっていくのか、それとも米国と中国の間でアジアに対する影響力を二分するような何らかの妥協ができていくのか、現在は岐路にあるとも言われている。

宇宙に目を向ければ、アジアでは宇宙開発の競争が行われているとの見方がある。これまでも見てきたように、宇宙開発の目的には必然的に軍事利用が見え隠れするので、競争が始まっているという場合に、それが宇宙技術の民生利用を競う宇宙開発競争のことなのか、軍事的対抗を意識したものなのかは我々の関心をひかざるを得ない。そして、アジアにおける宇宙開発競争は上述したようなアジアの秩序形成にいかなる影響を持ちうるのであろうか。アジアの宇宙大国は、日本、中国、インドの三か国とされるが、その他のアジア諸国はどういう状況にあるのか、アジア地域の多国間宇宙協力として現在日本主導と中国主導の二つがあるが今後どのような方向に進むのかなどが注目点となる。

本稿ではこうした諸点を中心に、アジアにおける宇宙開発の現状について、特に安全保障の視点を中心に概観することとする。

1. アジアにおける宇宙競争

今、アジアでは宇宙開発競争が行われているのか。この問はかなり抽象的なので、見方により肯定もできるし、否定することも可能であろう。

米国人学者Clay Moltzはその著書で[1]、「アジアでは宇宙競争が進行しており、その結果が平和的競争になるのか軍事的対立になるのかは不確かであるが、幸いにアジアの宇宙活動のダイナミクスは敵対的、軍

▼1　Clay Moltz「Asia's Space Race」(Columbia University Press)

事的というばかりではなく、否定的な結果を避けうる合理的な展望がないわけではない。しかし、世界の他地域の国々が緊密な宇宙協力の方向に進んでいるのに対し、アジアでは歴史的な不信と敵意、安全保障面での対話不足により、悪しき方向に進んでいくリスクが存在する」と結論している。少なくとも、アジアではよかれあしかれ宇宙競争は始まっているとの見方である。宇宙利用はさまざまな形で経済、社会、科学技術の発展に役立っており、その傾向は今後さらに高まっていくと予想されている。そうである以上、他国に遅れまいと自国の宇宙開発、宇宙利用に力を入れようとするのは極めて自然であり、現実もまさにそのような状況にあることから、これをもって宇宙競争と言えなくはないだろう。また、宇宙技術が民生のみならず、軍事目的にも使える両用技術であるという特徴から、国によって経済発展や技術の水準が相違し、野心の程度も異なるであろうが、将来的に軍事面での利用を拡大することを目指し、他国に遅れないよう宇宙開発を進めようとすることは、主権国家が安全保障を考える限りこれも当然の流れであろう。アジアの現状を見ると、冷戦が終了して平和を享受するようになったヨーロッパに比べ、平和の配当を得られていないとの見方が優勢である。経済的、社会的便益の向上を目指す宇宙の平和利用に向けて開発競争が行われているのみならず、軍事的優位を意識した競争ひいては軍事的対立に向かって宇宙が使われる「リスク」が将来に向けて存在するというMoltzの表現ぶりは概ね妥当と言えるのかもしれない。

本章では、まずはアジアにおける宇宙競争につき主要な国々の状況を簡単にみる。また、前章（第6章2.「中国の宇宙力」の項）で掲げた国別比較表にあるように、日本のシンクタンクによる比較によれば、アジアにおいては日本と中国がトップを争い、少し距離をおいてインドが第三位となっている。この七か国に続く国としては、少し古いが米国企業による競争力調査によれば、韓国、イスラエル、ブラジルが挙がっている。▼2 韓国がアジアの第四位、世界では第八位ということになる。

では、アジア諸国の宇宙力について現状を大まかに説明すると概ね以下のようになると思われる。

（1）アジアの三大宇宙国（日本、中国、インド）

この三か国は民生から軍用まで多様な人工衛星を製造する自前の能力を持ち、これらを宇宙の軌道に載せるロケットについても、気象衛星や通信衛星のように軍事上も役立つ人工衛星が周回する高度である地上三万六〇〇〇キロの静止軌道まで打ち上げる能力をもつ自律的な宇宙国である。

日本では北朝鮮の脅威が顕在化するまで宇宙の軍事利用が禁じられ民生利用に限ってきたが、二〇〇八年に解禁となり自衛隊が偵察や通信の用途で軍事衛星を持つ法制度上の制限がなくなっている。逆に言えば、それまで軍事ではなく、民生に力を入れてきたことで、特に人工衛星による宇宙利用について開発が進んでいる。

中国は民生のみならず軍事的に米国に対抗できる宇宙力を目指しているとされ、国家の全面的な支援のもと、さまざまな分野で開発が急速に進んでいる。米ソに次ぎ独力で有人宇宙飛行を成功させた三番目の国にもなった。

インドは国土が広く貧困が多い国家であり、農業、漁業に役立つ地球観測衛星、教育、医療に役立つ通信放送衛星に力を入れる一方、ライバル中国の台頭やパキスタンとの対立もあり、これまでの平和目的の利用から軍事利用にも力を入れるようになっている。

（２）安全保障に懸念を抱える国など（韓国、台湾、北朝鮮、パキスタン）

韓国はアジア第四位の宇宙国とみられているが、米国からの宇宙技術の支援が得られず宇宙開発で出遅れた。一九九二年に外国の協力を得て初めての国産衛星の開発に成功し、今や小型衛星の海外輸出にも乗り出しているが、まだ完全自立には至っていない。ロケットもロシア企業と共同開発して二〇一三年にようやく低軌道への打ち上げに成功したが、自立打ち上げ技術とはみなされていない。軍事面では、北朝鮮

▼２　米ヒュートロン社の二〇〇九年調査。一位米国、二位欧州、三位ロシア、四位日本、五位中国、六位カナダ、七位インド、八位韓国、九位イスラエル、十位ブラジルとなっている。

との対抗もあり、二〇〇六年に軍事通信衛星を持ち、二〇一五年には軍事偵察衛星の開発計画を発表した。台湾は主に米国からの協力を得て、観測衛星を製造する能力をもち、超小型衛星を低軌道に載せる能力があるロケットの開発にも成功している。

北朝鮮は二〇一二年十二月に自前のロケットによって人工衛星の打ち上げに成功したと発表したが、いわゆる「人工衛星」からは信号が出なかったとされ、軍事に重要な人工衛星の製造能力は不明である。日本の防衛省・自衛隊発表によれば、この実験により北朝鮮が「弾道ミサイル開発を急速に進展させてきた」と評価しており、弾道ミサイルとロケットの技術がほぼ同じであることから、ロケット開発能力は低くないと考えてよいと思われるが、自前の能力かは不明である。

パキスタンは軍事的に隣国インドと対立しており、宇宙開発でもロケット、人工衛星ともに中国等の協力を得てインドに追いつきたいところであろうが、未だに開発には成功しておらず、他国開発の衛星リースやデータ利用にとどまっているとされる。

（3）ASEAN諸国およびオーストラリア

ASEAN内ではインドネシア、マレーシア、タイ、シンガポールが宇宙開発に積極的であり、実力的にはほぼ横並びの状況にあるとみられている。いずれの国も国産のロケット、実用衛星ともに開発に成功していないが、研究開発を進める一方で、他国から人工衛星を購入し、それを運用してデータを利用する形態で宇宙開発活動が行われている。

ベトナム、フィリピンは、以上の国より遅れているとみられ、まずは小型衛星の開発を目指しているが、基本は他国衛星のデータの利用の推進と人材育成の段階にある。ベトナムは国家としてフランスからODAで得た地球観測衛星を保有するが、フィリピンは保有していない。

オーストラリアも自国の地球観測衛星を持たず、他国衛星のデータを利用している。宇宙開発機関もなく、ロケットや実用衛星の開発計画もない。他方で、オーストラリアは米国と同盟関係にあり、両国は軍事通信衛星のネットワーク構築や地上局支援で軍事協力が進んでいるという特徴がある。

このように、アジアでは多くの国が宇宙開発を進めているものの、宇宙先進国とその他の国では大きな差があるし、宇宙発展途上国の間でもその差は小さくない。また隣国による安全保障上の懸念が大きいか小さいかの差によっても、宇宙開発への意欲は異なっているとみてよさそうである。

宇宙技術は軍民両用という特徴があり、実際に日本を含む多くのアジア諸国が、経済・社会の発展、科学技術力の向上のために宇宙開発を進めているが、すでに述べたとおり、そのような民生目的の開発は、同時に潜在的な軍事力向上の布石にもなるということで相互の意図に対し疑心暗鬼が生まれ、近隣国に遅れまいとする競争意識が働きやすいと思われる。

なお、北朝鮮の説明の際に触れた弾道ミサイルと人工衛星打ち上げ用のロケットの違いであるが、ペイロード部（先端部分）に人工衛星を格納するか、弾頭を格納するかの違いはあるが、構造上も、必要技術もほぼ共通している。相違するのは、ロケットでは目標軌道高度に到達するまで秒速七・八キロ・メートル程度の高速を与え、かつ正確に軌道に投入する誘導能力を必要とすることであり、弾道ミサイルでは放物線を描いて飛翔し、一旦宇宙空間を通過するので、降下時に大気圏突入による高熱に耐え、目標地点に向かって弾頭を正確に誘導する技術が重要である。

2．アジアの宇宙協力

アジア、正確に言うとアジア太平洋地域には、宇宙に特化した地域協力組織として、日本中心のＡＰＲＳＡＦ（アジア・太平洋地域宇宙機関会議）と、中国中心のＡＰＳＣＯ（アジア太平洋宇宙協力機構）がある。[3]ＡＰＲＳＡＦは参加国こそ多いものの国際会議体（フォーラム）の段階にとどまっている一方、ＡＰＳＣＯは加盟国こそ少ないものの正式な地域国際機関であり、ＣＯＰＵＯＳなどの国連の宇宙機関にもオブザーバー資格を持っている。

（1）APRSAF

APRSAFは、アジア太平洋地域における宇宙利用の促進を目的として、日本の提案により一九九三年に設立され、各国の宇宙機関や行政機関をはじめ、国際機関や民間企業、大学・研究所などさまざまな組織が参加している。国数では四十を超える地域最大の宇宙関連会議へと発展してきた。米国やヨーロッパ諸国も参加している。さまざまな分野における各国の宇宙活動や将来計画に関する情報交換を行うとともに、災害や環境など地域共有の課題解決に向けた国際協力プロジェクトを立ち上げ、具体的な協力活動を行っている。この組織の中心に位置する日本は、国際協力に際して一定の制約がある。ロケットや人工衛星の技術を海外に移転する際に、国内法である外国為替及び外国貿易法（外為法）によって安全保障上の厳しい制約があるので、協力のやり方について難しさがある。しかし日本が得意とする宇宙データの利用分野では協力の余地が大きい。

一方、APRSAFの特徴として、オープンで柔軟性のある地域協力体制をとっていることから、多種多様なニーズに対応でき、メンバー国や地域を拘束しない柔軟な協力体制であることが挙げられる。後述するが、代表的な活動として、防災や環境面での協力、国際宇宙ステーションにおける協力がある。

（2）APSCO

中国が中心メンバーであるAPSCOは、二〇〇八年に正式に設立され、国連憲章に基づき国連事務局に登録を行った。APSCO設立のきっかけは、国際宇宙年の一九九二年十一月に北京で開催された「アジア太平洋宇宙技術応用多国間協力会議」（AP―MCSTA）において、中国、パキスタンおよびタイが機構の設立を提案し、十六のアジア太平洋地域諸国の同意を得たことから始まる。APRSAFとの対抗から国際機関としての設立が目指されたと言われる。

加盟国間の宇宙科学・宇宙技術およびその応用領域の多角的な協力を推進し、各加盟国の宇宙能力を向上させ、各国の持続可能な発展を促進することを目指している。機構の運営方法やプロジェクト実施方法などは欧州宇宙機関（ESA）をモデルにしており、自ら「アジア版ESA」と称している。当初設置提案に合意したロシア、韓国、インドネシア、マレーシア、フィリピンなどは現時点で加盟していない。二〇一五年四月現在、バングラデシュ、中国、イラン、モンゴル、パキスタン、ペルー、タイ、トルコの八か国が正式加盟している。

中国では「メンバー各国がそれぞれの優位性を発揮し、計画および訓練プログラムを推進し、さらに多くの国がAPSCOに加盟するよう惹きつけ、APSCOの国際舞台における影響力向上を促進することを希望する。」旨述べ、加盟国の増加を目指している。[4] 当初加盟国は中国から人工衛星製造などの技術移転が行われるとの期待があったが、必ずしも当初の期待どおりにはいっていないようであり、APSCOの活動はシンポジウムの実施や、教育・能力開発が中心になっている。国際機関であり、加盟国は拠出金の支出が必要であるが、資金に見合う見返りが期待されるところである。

この機構設立によって中国は国際威信のみならず、経済的メリットも得ているとされる。例えば、「中国は、宇宙技術の進展により新規宇宙参入国に対する技術供給元になりつつある。例えば、APSCOという中国のイニシアティブにより設置されたアジアの宇宙協力国際機関を通じて、中国の関係機関が訓練やデータアクセスの機会をメンバー国に供給している。同時に、中国の宇宙産業は人工衛星やロケット打ち上げサービスについて一連の契約を結んできている。」[5] と米国学者は見ている。

▼3　APRSAFはAsia-Pacific Regional Space Agency Forum、APSCOはAsia-Pacific Space Cooperation Organization

▼4　辻野照久「中国の宇宙開発事情（その7）APSCO」（Science Portal、二〇一三年二月十四日）

▼5　Dr. Alanna Krolikowski; Fairbank Center for Chinese Studies, Harvard University:米中経済安全保障調査委員会証言（二〇一五年二月十八日）

（3）両組織の協力可能性

ＡＰＲＳＡＦ、ＡＰＳＣＯ両者の活動状況をみると、ほぼ同時期に活動が始まっているが、それぞれ日本政府、中国政府が全面的なサポートを行っているところが共通している。中国は、ＡＰＲＳＡＦに政府として、またＡＰＳＣＯの代表として双方の立場から参加している。他方、日本がＡＰＳＣＯに参加するには国際機関加盟の国内手続が必要であり、これまで加盟に向けての検討は行われていないようである。おそらくはＡＰＳＣＯで行っている活動はＡＰＲＳＡＦでも可能であるし、すでに宇宙先進国である日本として加盟することによって得られるメリットを考えるとあえて加盟する必要はないという判断であるとみられる。

また、日本、中国共に自らが事務局を務め（中国は常設のオフィスもある）、多くの国にとって魅力ある地域フォーラムになるよう努力しようとしている点も同じであるが、ともに情報交換の場である以外には、いわゆる小規模な技術支援の域を超えておらず、協力に大きな資金を投入しているわけではない。

このように、ＡＰＲＳＡＦとＡＰＳＣＯは組織の性質が異なることもあり、アジア地域で共存している。タイやパキスタンが両組織に参加しているように、両者は互いに競争しているとの実体はないと思われる。中国はと言えば、新規加盟国の開拓に重点を置いているものの現時点で成果はなく、日本はと言えば、国際協力の活動を強化していくことが課題であるが、中心機関であるＪＡＸＡが援助機関ではないことからその活動拡大には限界がある。災害や農業の分野において、宇宙利用による協力が特に有効ということが日本政府や途上国政府に認識されるようになれば、今後その活動が強化され、より意義の高い地域協力になることが期待できる。

以上のように、アジアでは日本と中国がそれぞれ主導する二つの宇宙地域協力があり、今また南アジアではインドを中心とした宇宙協力が動き出している。こうした現状は、アジアの政治状況を反映しているともいえる。一つにはアジアの宇宙先進国の外交的必要に根差しているとみられていること、もう一つには宇宙途上国は宇宙先進国の技術や情報（データ）に頼らざるを得ないという事情がある。ＡＰＲＳＡＦとＡＰＳＣＯの並立によって地域協力がある程度重複するし、地域協力を強化していくためには、まずは日本と中国の協力意志が固まる必要があるといった見方もある。[6] 両組織の協力強化については、両組織の制度が異なることもあり容易ではないとの見方もあるが、両者が並立しつつも協力を拡大していく余地は現状でも小さくなく、実際それぞれの特徴を生かした活動を行っていくことでむしろ参加国のニーズにより沿うことになる場合もあると思われる。

３．日本の対アジア宇宙援助

上記でＡＰＲＳＡＦの活動を述べたが、この地域協力の中心は日本であることから、日本による対アジア宇宙支援の色彩が強い。この枠組みの中で最も進んでいる協力活動が、センチネル・アジアと呼ばれる宇宙技術を利用した災害に対する国際協力の枠組みである。その他、環境分野やＩＳＳでの協力が代表的である。

（イ）災害

センチネル・アジアは二〇〇四年末のスマトラ沖地震の後にアジアの宇宙機関間の協力として立ち上がり、日本が事務局として中心的役割を果たしている。ＪＡＸＡがシステムの開発と運用を行い、災害時に、衛星画像を中心とした災害関連情報を被災国に提供することを主たる活動としている。人工衛星は打ち上げ費用も含めれば極めて高価であり、アジアでも一部の国が所有するにすぎない。そこで災害時に衛星画像を融通し合う地域支援が有益と判断された。二〇〇六年の活動開始からこれまで試行錯誤が続けられ、

▼6 Rong Du, The University of Hong Kong,「Space Cooperation in Asia: a Mystery」

その間二十五か国・地域や国際機関が参加するとともに、利用できる衛星数も増加し、画像データを分析、加工する機関とのネットワークも整備された。日本が受益者になることもあった。東日本大震災においては、このセンチネル・アジアの枠組みにより多数の国から日本に画像が提供され、アジアからは韓国、中国、インド、タイ、台湾の協力を得た。

災害の多いアジアでは宇宙技術を使った協力の余地が特に大きい。例えば、フィリピンでは、日本（JAXA）とフィリピン政府が二〇〇九年以降協力を続け、特定箇所の火山噴火、洪水、土砂崩れのモニターやハザードマップの作成を行った。首都マニラを擁する最大のルソン島のアルバイにあるマヨン山は、この四〇〇年に五十回も噴火を繰り返してきたとされ、両国の協力により溶岩堆積物地図、ハザードマップが作られ、二〇〇九年十二月に起きた噴火の際には早速当局の状況把握と避難ルートとして役立った。また、二〇一二年にはタイのバンコクで洪水予測システムに関して衛星データを使う技術協力を行い、パキスタンでも同様の洪水プロジェクトを行っている。

以上は宇宙機関であるJAXAによる小規模援助であるが、日本のODA実施機関である独立行政法人・国際協力機構（以下「JICA」という。）による援助もある。例えば、二〇〇九年にベトナムに対して地球観測衛星二基の提供と宇宙センターの設置を円借款で行うことが決まったが、ベトナムが人工衛星を持とうとする主要目的の一つは災害対策である。

（ロ）環境

APRSAFで行われている活動として環境分野もある。SAFE（Space Applications for Environment）と呼ばれ、宇宙からのリモートセンシング技術を用いて長期的な環境監視を行うことで、災害や環境リスク等の軽減に貢献することを目的としたさまざまな実証実験が行われている。例えば、インドネシアの米作収量に対する干ばつ影響度の評価とその利用プロジェクトでは、衛星データから作成した干ばつ指標を提供するWeb-GISシステムを開発し、現在運用中である。

（ハ）日本の実験棟「きぼう」を利用した協力イニシアティブ（Kibo-ABC）

また、ＡＰＲＳＡＦの枠組みで日本が国際宇宙ステーション（ＩＳＳ）で運営している「きぼう」も利用されている。例えば、初のアジア諸国共同利用ミッション「Space Seed for Asian Future」（アジア各国の植物種子を「きぼう」に打ち上げ・回収し教育等に利用する）を実現するなど、共同利用を強化している。なお、二国間ベースでも「きぼう」において、これまでマレーシアとはタンパク質結晶成長実験、韓国とはハイビジョンカメラの技術実証として遠隔診断のデモンストレーションを行っている。

日本としてはこれまで小規模ながら、ＡＳＥＡＮ諸国、特にタイ、インドネシア、マレーシア、フィリピン、ベトナムなどを中心に宇宙協力を行ってきているが、宇宙が持つ潜在力に比べればこうした協力はまだまだ不十分と言わざるをえない。今後は防災を中心に、農業、環境、国境警備など、さまざまな経済・社会開発分野で貢献していくことが予想されるが、アジアで宇宙利用の力が最も強い日本としては、宇宙分野の地域協力を一つの優先援助分野にしていくことも考えられる。幸い、日本の援助機関であるＪＩＣＡと宇宙機関であるＪＡＸＡの協力関係が緒に就いたところなので、組織だったＯＤＡが徐々に拡大していくことが期待できそうである。

また、商業ベースでの展開も期待したい。アジアは世界で最大の災害多発地域であることもあり、災害対策に関する協力が特に有用と見込まれるが、現状は、衛星画像の提供や災害避難のための実証プロジェクト実施の段階にとどまっている。日本の災害対策の実績やアジアにおける宇宙防災の経験の強みを生かし、災害対策をＪＡＸＡの技術協力やＯＤＡによる援助から始めてビジネスに結びつけていくようオールジャパンで取り組む価値は高いと思われる。

また、二〇一四年十二月に東京で行われたＡＰＲＳＡＦには筆者も参加したが、ＡＳＥＡＮの一か国の代表が、近い将来ＡＳＥＡＮにも欧州のような宇宙機関ができるだろうと述べたのが印象的であった。資金力も技術も足りないＡＳＥＡＮがひとつになって高価な地球観測衛星を共同で運用していくといった宇宙協力を進めていくことは今後十分ありうることであり、これに日本が協力していくことも意味のある貢献となろう。実際、ASEANには小規模ながら防災センターやSCOSA（宇宙技術応用小委員会）といった宇宙科学組織があるが、日本は双方と協力関係がある。

4．アジアの安全保障と宇宙

アジアは極めて多様であるがゆえにヨーロッパのように一つにまとまっていくことが困難であるとこれまで言われてきたが、それでも冷戦後には、さまざまな地域協力機構が生まれ、対話や実務協力が進むことにより地域の平和と繁栄に向けた努力が続けられてきている。国際社会に限らないが、関係構築は対話から始まる。しかし、北朝鮮の核・ミサイル開発、中国やインドという大国の台頭、アジアの軍事競争、南シナ海や東シナ海における中国の主張など、ヨーロッパが冷戦終了による配当を得たのに対し、冷戦後のアジアでは勢力バランスに変化が生じ、新たな地域秩序がどうなるのかが見通せないという意味で不安定な状況が続いている。こうした紛争の種を抑制し、安定化に向けて歩を進めるためには、地域における対話そして協力を拡大する努力が必要である。日本は地域のリーダーとしてその一翼を担っており、これまで同様日米同盟を堅持し、アジアの安全の要としての役割を果たす一方で、隣国であり最重要の二国間関係の一つである中国との協調をできる限り図っていく必要がある。宇宙も地域の協力を深めるべき重要な分野であることは疑いない。

(1) アジアにおける米中関係

一九九〇年代以降の中国の台頭に伴って、アジアにおいて米国と中国の利害が衝突する傾向が強まっている。これまで世界中で圧倒的な影響力をもってきた米国としては、最も成長著しいアジア地域において中国が影響力を強めることは自らの影響力を減じるものと考えるであろう。中国にとっては、自らが位置するアジアにおいて実力に見合った影響力を行使する上で、米国の存在が目の上のたん瘤と感じるのはまた自然であろう。こうした構図の中で、前章でも見たように、米中間では、近年宇宙においても確執が生じ始めている。その確執はアジアにおける各種紛争がエスカレートし、安全保障環境が変化することによって高まっていく恐れがある。例えば以下の記述のように、米国では中国がアジアにおける米国の軍事介入を拒否するために宇宙開発を急いでいるとの見方が強く、米国として宇宙における軍事力優位を確保しなくてはならないという危機感がある。

「中国は二〇一四年十月にいかなる天候でも昼夜海上を監視できるＳＡＲレーダーを持つ海洋監視衛星群を二〇一九年に打ち上げると発表した。この新しいシステムにより米国の太平洋艦隊も監視できることになる。……一九九六年の台湾海峡危機において、中国が台湾近海で数回のミサイル実験を行ったことで、米国のクリントン大統領は二隻の空母群を派遣した。米国空母は中国近海に到着するまで、中国にほぼ探知されることなく、中台関係に干渉する能力を持つことを示したが、これは中国をして軍事力の増強、特に海洋での能力の重要性を強く認識させることになった。海洋衛星３号シリーズ（ＨＹ―３）はそのための技術の一つであり、台湾周辺のみならず、争いのある尖閣諸島、南シナ海及びその周辺を監視する能力を持つことになる。」[7]

また、米国では、二〇〇七年に中国が行った衛星破壊実験が、有事において米国の軍事衛星を攻撃するための準備であるとみられていることもあり、この衛星攻撃への対策も検討されてきている。

（2）日本の対外宇宙政策

宇宙が戦場になるような事態は、軍事面のみならず、発展を続けるアジア諸国の経済、社会に深刻な悪

▼7　Joan Johnson-Freese; professor of U.S. Naval War College:米中経済安全保障調査委員会証言（二〇一五年二月十八日）

影響を及ぼすことになるので、これをどう防ぐかというのが日本の宇宙政策となる。この点について、中山泰秀外務副大臣が第二回ARF宇宙セキュリティワークショップ▼8の場において、以下のように日本の宇宙政策を三点で説明しているので、少し長いが「　　」括弧で紹介する。

(イ)日本の宇宙外交：国際的なルール作り

「我が国は、宇宙の安全かつ持続的な利用を確保するため、次の三点を重視しています。

まず第一に、デブリの増加、宇宙空間を不安定化させる活動などに国際社会が一致して対応するための、皆の共通理解の元となる国際的なルール作りです。宇宙については、増加する宇宙利用国間の利害の対立から新たな条約は作成されておらず、今後も国際条約の作成には多大な時間を要することは論を俟ちません。このような状況の中、今回のワークショップでも紹介があると承知していますが二〇〇八年にEUが提案した「宇宙活動に関する国際行動規範」は、法的な拘束力は持ちませんが、宇宙物体の衝突のリスクやスペースデブリの発生を最小化させる上で注目すべきものだと考えます。日本は、宇宙空間の安全かつ持続的な利用の確保のためにこの行動規範が果たす役割は大きいと考え、議論に積極的に貢献し続けています。ARFメンバーの皆様にも、是非ともこの行動規範の意義と必要性を御理解いただき、この行動規範が実効的なものとなるよう御協力をお願いしたいと思います。」

(ロ)日本の宇宙外交：宇宙をめぐる国際協力の推進

「我が国が重視する二つめの点は、「国際協力」です。この広い宇宙空間を効率よく、安全に利用していく上では、各国間の協力が必要不可欠です。例えば、スペースデブリについて、地上に光学望遠鏡やレーダー施設を設置し、宇宙空間の状況を把握することによって脅威を低減する「宇宙状況把握（SSA）」や自然災害の多いアジア太平洋地域で人口衛星を活用した自然災害の被害軽減・予防に向けた取組として日本が進めるセンチネル・アジアは、その一例です。」

(八)日本の宇宙外交：対話

「三点目は「対話」です。宇宙活動について、安全保障・民生双方の観点を踏まえ、各国間で意思疎通をはかり、いかなる協力が可能かを議論する場として、我が国は対話を重視しています。一昨日は、ＥＵとの間で初の「日ＥＵ宇宙政策対話」を行いました。また、米国との間では、「宇宙に関する包括的日米対話」等の対話・協議の枠組みがあります。このワークショップにおいて、ＡＲＦメンバーの皆様と対話を行うことも、そのような努力の一環であることは言うまでもありません。」

(3) ARFとAPRSAF

この日本の宇宙政策が披露されたのは、ＡＲＦ（ＡＳＥＡＮ地域フォーラム）という場である。アジアの安全保障にとって極めて重要な対話・協力の場であり、また外交と宇宙をつなぐフォーラムになる可能性もあるので簡単に説明しておきたい。

ＡＲＦは、政治・安全保障問題に関する対話と協力を通じ、アジア太平洋地域の安全保障環境を向上させることを目的としたフォーラムで、一九九四年から開催されている。当時、冷戦が終了し、アジアの主要な紛争であったカンボジア問題も解決に向かい、アジアにも新しい時代が訪れることが期待される時代であったが、当時のアジアには政府間で安全保障を話し合う多国間の場がなかったので、一九九一年に中山太郎外務大臣[9]がＡＳＥＡＮの関係会議（ＰＭＣ）の場で政治対話を開始するよう初めて提案した。アジアの国が一堂に集まり政治、安全保障の話し合いをしようという提案は、今では当たり前のようであるが、

▼8　二〇一四年十月九日及び十日、日本、米国、インドネシアが共催で「第二回ＡＳＥＡＮ地域フォーラム（ＡＲＦ）宇宙セキュリティワークショップ」が東京で開催された。

▼9　中山太郎元外務大臣は、中山泰秀外務副大臣の叔父である。

当時の政治情勢では非常に目新しかった。その後ASEANの正式な提案になって設立が決まり、今日まで続いてきている。そこではASEANの中心的役割が確保され、北朝鮮も参加している。これまで（イ）信頼醸成の促進、（ロ）予防外交の進展、（ハ）紛争解決、という三段階のアプローチを設定して漸進的な進展が目指されてきた。

こうしてARFの枠組みの下では、安全保障に関する政府間会合が各種開催されてきているが、二十年以上の実績を重ねたにもかかわらず、NATOや欧州安全保障協力機構（OSCE：Organization for Security and Co-operation in Europe）など欧米の安全保障機構と比較すると制度化が進んでいるとは言いがたい。アジア太平洋地域では、域内各国の発展段階、政治・経済体制、安全保障政策が大きく異なっているという特徴があり、これが影響していると考えられる。加盟国間の結びつきも弱く、確固たる信頼関係が存在しない。こうした状況下、ARFにおける協議の中では、二段階目の予防外交概念の適用に関する加盟国間の認識が一致せず、その役割は一段階目の信頼醸成の域を出ていないとされている。

一方、先述のAPRSAFは、これまで外交や防衛とは関係なく、民生の宇宙関係者が多く集まる宇宙対話や協力の場であったが、二〇一五年の会議では日本の外務省幹部が上記で紹介した中山副大臣による日本の宇宙政策を繰り返し、アジアの宇宙関係者の中でも問題意識の共有を図ろうと努めた。こうして宇宙関係者の集まりであるAPRSAFの場でもアジアの外交、安全保障が語られ始めている。

このようにAPRSAFとARFは、アジアにおいて外交と宇宙が交錯する場になりつつあり、そこでは、日本が主導して、宇宙空間の長期持続利用を可能にするためにデブリ問題の危険性について啓発したり、宇宙の軍事利用について制限を設けるためにアジアの旗振り役を果たそうとする姿勢をみてとることができる。

もとより、APRSAFもARFも共に協議の場にとどまっており、何らかの政策決定を行う場ではないが、現在のアジアの情勢からすれば、関係国間の意思疎通を図り、地域の世論を形成していくための重要な場の一つと位置づけることができる。日本としては、アジアの平和を維持するために、戦争や衝突が起こりにくい国際環境を作るための多様な外交努力の一つとして、こうした場を使って国際世論形成を図ることは有意義であろう。

5．日米の宇宙協力

アジアにおいては、アジア地図を見ればうなずけるところであるが、紛争の種は海洋に多い。中東からの石油の海上輸送路（シーレーン）の確保、マラッカ海峡やインドネシア海域における海賊の多発、北朝鮮の脅威、台湾海峡における中国と台湾の対峙、南シナ海や東シナ海における中国の対応などが存在する。近年のロシアの外交姿勢の変化も注意を要するかもしれない。こうした厳しい状況の中、二〇一一年の日米安全保障協議委員会では、日本および米国の安全保障、さらには二十一世紀のアジア太平洋地域の平和、安定および経済的繁栄のため、さまざまな安全保障面での方針を確認している。宇宙においては、「閣僚は、安全保障分野における日米宇宙協議および宇宙状況監視、測位衛星システム、宇宙を利用した海洋監視、デュアルユース（筆者注：軍民両用）のセンサーの活用といった諸分野におけるあり得べき将来の協力を通じ、日米二国間の宇宙における安全保障に関するパートナーシップを深化させる最近の進展があったことを認識した。」としている。

ここで挙げられている測位衛星システムと宇宙を利用した海洋監視については、特にアジアとの関係が強いことから、日米が安全保障面でいかなる協力をしようとしているのかをみておきたい。

（1）海洋監視

海洋における紛争を抑止するため、日米が協力して海洋における船舶の動きを監視する能力を共同で高め、その一つの手段として宇宙を利用するというのは将来的に意義のあるものと考えられる。海洋監視のことを英語でＭＤＡ（Maritime Domain Awareness）と呼ぶことが多いが、漁船、貨物船などの船舶間の衝突の回避、海難救助といった航行の安全、テロ、海賊、不審船の探知といった安全保障、油汚染などの海洋環境の状況を把握することである。宇宙から海上を監視する場合、潜水艦の活動などを探知する海洋偵察衛星があるが、現在は衛星ＡＩＳ（Automatic Identification System：船舶自動識別装置）の利用が議論されている。国際条約により、ＡＩＳは二〇〇二年から導入されており、船舶の識別符号、位置、速度等の情報をＶＨＦ電波によって船舶から送信し、船舶の円滑な運航、海難の未然防止に貢献するものである。

国際航海に従事する全ての旅客船又は三〇〇総トン以上の船舶、国際航海に従事しない五〇〇総トン以上の船舶にＡＩＳを搭載することが義務付けられている。ＡＩＳは、本来、船舶相互間、船舶と陸上局間の通信を意図したものであり、陸上においては、我が国では、海上保安庁が全国七か所の海上交通センター、管区海上保安本部に送受信設備を設けて運用を行っている。しかし、地球が丸いことの影響を受け、陸上の送受信施設では、三十海里（五五キロ）～四十海里（七四キロ）程度の範囲でしか船舶の動向を把握できないという限界がある。このＡＩＳ信号を衛星で広範囲に受信することを意図したものが、衛星ＡＩＳである。米国沿岸警備隊が、二〇〇四年から、米国ＯＲＢＣＯＭＭ社に委託して開発を進め、二〇〇八年には、最初のＡＩＳ受信機を搭載した衛星六基が打ち上げられた。衛星の高度にも依るが、直径五〇〇〇キロ程度の範囲からのＡＩＳ信号の受信が可能とされる。

将来的には、違法漁船の探知等に利用していく可能性もあるが、現状では漁船はＡＩＳを積載する必要はない。また、いわゆる不審船や軍艦はＡＩＳ信号を発しないので、これを捕捉したい取締当局としてはそこに困難がある。

一方、従来から、光学衛星、レーダー衛星等は海洋の観測に使われており、この観測衛星のデータと衛星ＡＩＳのデータ双方を突き合わせると不審な船を捕捉、追跡することが可能になる。すなわち、観測衛星に映し出された船舶がＡＩＳ信号を出していない場合、不審船の可能性が高いからである。

衛星ＡＩＳは、米国やカナダ、欧州などでは実用化されているが、日本ではＪＡＸＡが二基の人工衛星にＡＩＳを搭載し、実証実験を行っている段階にある。▼10 衛星ＡＩＳの問題点として指摘されているのが、船舶が多く存在する海域での信号の衝突・干渉の問題である。もともと、衛星で広い範囲からＡＩＳデータを収集する信号規格にはなっていないので、対象範囲に七〇〇隻程度以上の船舶が存在すると干渉が起こりうる。

ＪＡＸＡの実証実験においても、船舶の少ない日本の東側の太平洋域では、船舶の検出率が高いが、多くの船舶が航行する日本の西側の東シナ海では、検出率が低いと言われている。

日米間の合意を受けて、二〇一四年三月には日米間の机上演習も行われており、今後ＭＤＡ協力の検討が進んでいくことが予想される。今後、問題点をどう克服し、どのように日本を中心とする海域の安全を高めるか、経済面での利益がどうなるかなどが検討されていくと予想される。

米国との関係で注目されている中国の海洋関連の宇宙開発はどうかといえば、「海洋衛星3号は解像度一メートルのＣバンドの合成開口レーダー（ＳＡＲ）を持ち、二〇一九年に打ち上げ予定と報じられている。『科技日報』の報道によると、国家衛星海洋応用センターの蒋興偉主任は、「中国は二〇二〇年までに、八基の海洋観測衛星を打ち上げる予定だ」、「八基の海洋観測衛星には、四基の海色衛星、二基の海洋観測衛星・海洋2号（ＨＹ─2）、二基のレーダーサット（ＲＡＤＡＲＳＡＴ）衛星が含まれる。これらの衛星により、黄岩島（スカボロー礁）、釣魚島（中国側呼称、尖閣諸島）、西沙群島の島と海域全体に対するモニタリングを強化する」、「陸海観測衛星業務発展計画で批准された」等と述べた旨報じられている。[11] 中国は現在まで、三基の海洋観測衛星を打ち上げている。このうち「海洋1号」シリーズ（海色衛星）が二基、「海洋2号」シリーズ（海洋動力衛星）が一基にあるとされる。[12]

▼10　衛星搭載船舶自動識別システム実験（SPAISE: Spacebased Automatic Identification System Experiment）と呼ばれ、二基の小型衛星にＡＩＳ受信機が搭載されている。
▼11　二〇一二年九月九日　Searchina
▼12　前掲Joan Johnson-Freese

（2）測位衛星

衛星測位システムは、米国のGPSが有名であり、約三十基がグローバルに運用されている。ロシアのGLONASS、EUのガリレオ、中国の北斗、インドのIRNSS等、宇宙大国も衛星測位システムを構築中ないし計画している。他国に頼らずに自前の測位システムを保有するには大きな費用がかかるが、各国にとり米国のGPSに頼らざるを得なかったというこれまでの安全保障上の欠点を克服するのみならず、精密誘導兵器の運用等の観点からも重要とされている。

その意味で、グローバルな安全保障戦略をとるロシア、ヨーロッパ、中国はグローバルな衛星測位システムを持とうとしている。

日本やインドは、三十基程度の衛星が必要なグローバル展開ではなく、七基で足りる地域展開のシステムを構築中である。このように書くと日本が軍事目的で測位衛星を導入することを決めたように聞こえてしまうが、地殻変動の監視から測地・測量、天気予報、カーナビやケータイによる道案内、ロボットの制御、ネットワークの時刻同期まで非常に幅広い分野での利用が想定されており、防衛にも利用できる点は設置決定の経緯からしても主要な要因ではない。しかし、繰り返し述べるように衛星技術は軍民両用であり、防衛にも利用できるのである。日本が計画している準天頂衛星システムは、すでに二〇一〇年九月に技術実証のため初号機「みちびき」が打ち上げられており、二〇一七年から二〇一九年までにさらに衛星三基を打ち上げ、四基体制でシステムが運用されることが決定している。二〇二五年度までを見通す新宇宙基本計画ではさらに三基増やして七基体制にすることが明記されている。

準天頂衛星からの信号と米国のGPS衛星からの信号を組み合わせることで、測位の正確さが増すとともに、GPS信号を捕捉するまでにこれまで三十秒～一分ほどかかっていたのが十五秒程度に短縮できる見込みであるとされ、今後経済・社会面でさまざまな便益が期待されている。

日本の準天頂衛星は、日本、インドネシア、オーストラリアを結ぶラインを8の字の軌道をとる構想であり、東京では常に七十度以上の高い仰角で一基以上の準天頂衛星を見通すことができることになっている。その結果、東アジアの国々にも将来に向けて経済的、社会的便益が届くことになりそうである。

日米が安全保障目的で測位衛星分野でも協力を行う意味は、すでに述べたようにミサイルによる攻撃に際し、精密誘導兵器による迎撃をこれまでより正確に行いうるといった防衛上の利点があるとともに、例えば、米国のＧＰＳが攻撃されて運用不能になった場合、日本の測位衛星が代替されるといった役割も期待できるとされている。

６．地域秩序への宇宙の関わり

以上、アジアの宇宙競争という側面からアジアの宇宙開発状況について、特に安全保障の視点から俯瞰した。これまで見てきたように、アジアにおける宇宙開発は、総じて経済社会開発の手段や科学技術の向上のために行われてきているが、国によって異なるものの、多かれ少なかれ安全保障を意識した開発や利用も行われている。これは将来に備え近隣のライバルに技術的な後れを取らないという側面が強いように思われる。

現時点で、宇宙技術を軍事作戦に利用できる能力を持つ国は限られており、先頭を走る日本、中国、インドも基本は宇宙から対象国の動きを偵察することが基本であり、米国のように軍事作戦において宇宙ネットワークが不可欠な段階にまで達しているわけではない。

そこで現在注目されているのが、アジアにおける米国と中国の関係であり、中国がこの二十五年間、米国の宇宙ネットワークに損傷を与えるための宇宙攻撃兵器を数種開発してきたと米国からみられていることである。有事に相手国の戦闘能力を弱めるために人工衛星を攻撃するという作戦が行われることになれば宇宙は戦場になってしまう。しかし、衛星攻撃兵器を使う能力を持つ軍事大国は米国、中国、ロシアのみであり、これらの国同士が直接に軍事衝突する状況は予想しにくい。この点、ロシアは衛星攻撃兵器を再び開発する意図を表明しているし、インドも将来的に衛星攻撃兵器を開発すると公言するようになっていることから、将来、国際情勢、地域情勢が悪化すれば、そのような状況に進んでいくおそれがないとは言えない。

現在の国際社会のキーワードの一つは「秩序」である。今後の国際秩序はどのようになっていくのであろうか。米ソ二極構造であった冷戦が終わり、米国一極体制になったかと思われた時代はほんの数年で過ぎ去り、現在は中国、インド、ブラジルなどの新興国が台頭することで、米国が引き続き優位にあるものの欧州や日本も入って「一極多極」の世界になったと言われる。すでに「米中二極体制」に入ったのだという見方や、ロシアがウクライナ問題で中国との連携を強め「新冷戦」時代になる可能性も指摘されている。米国が掲げる欧米流の自由と民主、市場経済、法の支配といった国際秩序は、権威主義的なロシアや中国が目指す国際秩序像とは異なることから、秩序対秩序の様相を深めているようにも見える。台頭する中国がアジアにおいて、これまで主流であった欧米的な国際秩序の中で更なる発展を目指すのか、もしくは中国を中心としたアジア新秩序の構築を目指すのかは世界が注目するところである。アジアで存在感を増す中国が、日本を含むアジア各国との間でいかなる関係を構築していくのか、米国との間でどのように折り合いをつけていくのかは、今後アジアにおける地域秩序を考える上での焦点である。

日本として、米国と中国のいずれにつくのかという議論がなされることがあるが、単純な答えは大いに誤解を招きうる。海洋国家である日本としては、自由と民主を基調とする国際秩序の中でこそ、自らの強みをよりよく発揮できるのであり、戦後長きにわたり言行にブレが少ない経験済みの超大国である米国が主唱する自由秩序の維持、強化に与することが国益であるというこれまでの日本政府の考え方には揺れはないように見える。共産主義国家であり将来の世界構想を提示しえていない中国がめざそうとする未知の秩序に現時点で乗る選択肢はないだろうが、これは必然的に日本と中国が対立関係に陥っていくということでは決してない。日本として、最重要の隣国である中国が現行の秩序の中で自らの発展を図るよう関与し協力していくとともに、相互の利害が異なる分野では対話を通じて互いの利益の調整を粘り強く図っていくことが何より重要であり、国益である。

こうした情勢の中で、宇宙が安全保障に強くかかわる分野だという事実を踏まえれば、宇宙における対話や協力が果たす役割は決して小さくない。米中間では二〇一五年六月に両国の宇宙対話が合意されており、[13]今後の成り行きが注目される。日中間ではこれまで宇宙協力が積極的に展開されているわけではないが、宇宙科学分野などの分野で二国間、多国間の協力が散発的に行われてきている。ARFやAPRSAFのような協力や対話の場でも、地域の宇宙大国として協調していく余地が少なくない。

アジアが宇宙開発競争に向かって進んでいるという見方が正しいとしても、宇宙利用の有用性に鑑みればそれはある意味自然の流れである。アジア諸国の宇宙力が高まり、宇宙空間の国際公共財としての役割が地域レベルでより強く意識されるようになれば、それを侵害するような行為が宇宙先進国の間で慎まれ、協力の機運が広がることもありうる。宇宙活動の対話や協力に向けてのさまざまな努力の積み重ねが地域の秩序作りにとって重要な貢献になる。日本は宇宙先進国としてそうした秩序形成を行っていく上で外交上有利なポジションにいることを頭に入れておいていいだろう。

（二〇一五年八月記）

▼13　二〇一五年六月、第七回米中戦略経済対話において、民間宇宙協力に関する定期的な協議が行われることが決まった。

第三部

宇宙と
地球規模課題

第8章 災害と宇宙

東日本大震災後三年が経った。二〇一三年十一月には超大型台風ハイヤンがフィリピンを襲い甚大な被害を出し、二〇一四年二月にはインドネシアのスマトラ島、ジャワ島で相次ぐ噴火があった。アジアでは自然災害による被害がひときわ大きい。[1] 世界全体を見渡しても災害の深刻さが増しているとされ、世界経済への悪影響も取りざたされるようになる中、防災に対する国際的関心も高まっている。

日本は自らが被災大国であることもあり、これまでアジアを中心に防災協力を積極的に行ってきた。日本にとり防災協力はいかなる意味をもつのか。世界にとって防災はどのような位置づけにあるのか。本章は近年実用の度を増している宇宙技術を使った災害対策に焦点を当てつつ、「宇宙視野」で災害をめぐる日本および世界の国際協力を俯瞰することを目的とする。

まずは、災害分野における宇宙技術の実用化状況について東日本大震災を例に述べ、次にアジアにおける日本の災害協力につき衛星利用を中心に概観する。続いて国連を中心とする国際社会全体の取り組みを見た後、最後にまとめとして災害分野における国際協力が日本外交にとりいかなる意味をもつのかについて整理する。

1．災害時の宇宙技術利用――東日本大震災を例に

宇宙技術の実利用は長足の進歩を遂げており、それは災害分野にも及んでいる。以下に見る東日本大震災の例にもあるように、この十年足らずで人工衛星はＩＴの進歩と相俟ってますます重要な役割を果たし始め、今や日本国内の対策のみならず、国際的な貢献策としても役立つ状況になっている。

(1) 観測衛星の活躍

東日本大震災においては観測衛星が活躍した。特に地上の被災状況を見るのに適した陸域観測衛星が有用であった。[2] 日本の「だいち」[3]は地球表面全体を周回する移動カメラであり、被災地上空を通る際に高度約七〇〇キロの宇宙から画像を撮り続けた。高度を活かして地上や航空機では取得困難な広域の被災状況を確認できるので被害の全体像を掴むのに適するのみならず、搭載するレーダーセンサーは、天候、夜間にかかわらず、雲や森林を透視し地上を撮影できる。撮った映像をフォーカスすることで、狭い地域の冠水状況や建築物の有無がわかるほか、緊急救助に利用する道路や橋の状況把握もできる。

「だいち」は世界中を回る観測衛星なので日本を観測できるのは概ね二日に一度であり、二〇一一年の東日本大震災発生時には二日目の三月十二日に日本を真上から撮影できた。[4] 国際的に衛星画像を相互に融通しあう協力体制がすでに存在していたので、台湾の観測衛星から三月十三日に映像が日本に届いたのを最初として、その後他の外国からも陸続と入ってきた。アジアからは韓国、中国、インド、タイからも協力を得た。日本政府保有の情報収集衛星もあり、軍事目的以外に防災目的でも利用できるのでその画像も利用された。近く打ち上げ予定の「だいち2号」（二〇一四年五月に打ち上げ成功）はさらに性能を上げ一日に二度日本を観測できる予定である。

今後はこれらの衛星に加えて、これまでより小型の観測衛星を多数打ち上げて観測頻度を高めたり、全

世界ではなく日本を中心に見る軌道の観測衛星を別途打ち上げるといった選択もある。平成二十五年には日・ASEAN間の協力として、小型観測衛星を多数打ち上げて、ASEAN防災ネットワークを作るという具体的構想が浮上した時期もあった。観測衛星は高価であり、大型であるほど値が張るが、被災直後の映像のみならず、火山や洪水の予測にも役立っている（現時点で、地震予測は難しいとされている。）。また、災害以外でも海上監視、森林違法伐採、不法投棄など多目的に利用可能なので、費用に十分見合う公共投資といえよう。

（2）通信衛星の緊急利用

東日本大震災では、観測衛星のみならず通信衛星も活躍した。一般的に災害時には通信施設が機能不全

▼1　ベルギーのルーベンカトリック大学災害疫学研究所（CRED）によれば、一九七〇─二〇一一年にアジアは世界の災害発生件数で三九％、死者数で五五％、被災者数で八九％を占めている。

▼2　観測衛星の中で最もなじみのあるのは気象衛星であり、日本では「ひまわり」の愛称で知られる。超高度（三万六〇〇〇キロ・メートル）の静止軌道から雲やガスを観測し、台風等の予測に先駆的な役割を果たしてきた。しかし、地震・津波の予測や災害時の緊急対応としては、通常の気象観測を行う以上の役割はない。

▼3　「だいち」はJAXA所有の観測衛星で二〇〇六年一月に打ち上げられた。分解能は二・五〜一〇メートル。地図作成、地域観測、災害状況把握、資源調査など多目的な地球観測を行う。地上から高度七〇〇キロ・メートル周辺の軌道にあり、東日本大震災の際は稼働していたが二〇一一年四月に機能停止した。二〇一四年五月に打ち上げた「だいち2号」まで日本には同種の観測衛星がない状況が続いたので、国内利用のみならず国際協力もできない状況となった。「だいち」は二〇〇六年以来、国外においても地滑り災害、火山噴火、タンカー原油流出、洪水、地震、海氷災害などで緊急観測を繰り返してきた。

▼4　「だいち」は光と電波（レーダー）という二種のセンサーをもっており、光センサーの方は夜間や雲を通さないものの、撮影角度を変えられるので二日以内に観測可能で四月十二日から被災地の一部を観測できた。「だいち2号」はレーダーのみ。

に陥ることが多いが、今回も固定電話や携帯電話が通じず地上のインターネット利用が極度に困難になった。そこで衛星利用の通信が役立った。携帯電話や衛星放送の民間会社のほか、総務省を中心とした政府系の団体が緊急対応に取り組んだ。独立行政法人・宇宙航空研究開発機構（以下、「JAXA」という。）もその一つであり、自ら所有する通信衛星である「きずな」と「きく8号」を使った衛星インターネット[5]が主に岩手県で利用された。岩手県の県災害対策本部（盛岡）と現地対策本部の釜石と大船渡を宇宙通信回線で結び連絡体制の用に供した。宮城県の女川町にも衛星回線が提供された。これによりインターネット会議の開催などの行政連絡のみならず、地域住民によって安否情報の確認等にも利用された。

東日本大震災において初期医療がうまくいかなかった反省を踏まえ、日本医師会とJAXAは、大規模災害発生時の医療対応において超高速インターネット衛星「きずな」を活用する方向で検討することを決めており[6]、緊急通信面での改善が期待されるところである。

観測や通信以外に、すでにカーナビ等で幅広く利用されている測位衛星も現場で役立った。被害地のがれきや道路の損傷を把握するため、地上では米国の測位衛星（GPS）を利用した車両が走った[7]。GPSを補完するために日本が独自に開発した測位衛星「みちびき」もすでに一基が飛んでおり[8]、今後数を増やしていくことが決まっているのでビルや山間部でも精度の高い測位が可能になり、地震災害などで建物の中に閉じ込められた人の救助に活用することが技術的にも実際にも可能な状況になっている。

（3）今後期待される宇宙技術

こうして宇宙技術が防災分野の新しい旗手として登場した。ただ新しいとはいっても一九五九年の伊勢湾台風をきっかけに、台風の目の上を観測するためにロケットの開発を進めようと構想された時代もあり[9]、宇宙技術を防災に利用しようとする歴史が浅いわけではない。二〇一三年一月に安倍内閣のもとで策定された宇宙基本計画において、「安全保障・防災」が宇宙戦略の三本柱の一つに位置付けられたことでもわかるように、防災面での宇宙利用は開発段階から実利用段階に進展してきたのである。JAXAが開発に関わり、早期の実用化が視野に入っている災害対応技術のうち筆者が知る二例を挙げたい。

①津波の早期警戒

津波の早期警戒が実用間近である。東日本大震災では、東北の沖合いにある津波検知のための海上ブイが津波の発生をうまく検知したものの、その後沿岸の地上局が機能不能となり第一報以降の続報が途絶えてしまった。ブイが探知した波の揺れ（水圧の変化を示す電波）は、無線で地上局に送られるが、無線は直線にしか進まず地球が弧であることから沖合二十キロまでしか届かないとの限界があった。東日本大震災の震源は宮城県牡鹿半島沖合約一三〇キロだったので、もっと遠い沖合にブイを置き、宇宙空間にある通信衛星[10]を経由して伝送することができていれば早期の探知が可能で、その分避難時間が長くとれたことになる。[11]二〇一三年十二月に実施された高知沖における衛星利用実験が成功し、[12]その他にも通信衛星を活用したり海底ケーブルを使ういくつかの方法が配備されたり実証段階にある。

▼5　「きずな」は超高速インターネット衛星で、通信衛星が未発達の途上国や山間部、海上でも写真や映像など大容量のデータを短時間で伝送できる。「きく8号」は静止軌道にある移動体通信用の技術試験衛星で、携帯電話程度のサイズの端末により直接人工衛星経由で通信が可能となる。

▼6　二〇一五年七月、「きずな」を用いた「南海トラフ大震災を想定した衛星利用実証実験（防災訓練）」が実施された旨日本医師会が発表している。

▼7　三菱電機が開発したモービル・マッピング・システム（MMS）は時速六〇キロで走りながら、道路の高低差やマンホールの浮上りなどをまるごとデータとして記録できる。

▼8　準天頂衛星は日本のほぼ天頂を通る軌道の測位衛星という意味であり、一基目の「みちびき」が二〇一〇年に打ち上げられた。米国所有の測位衛星システムであるGPSを補完して精度を上げる。準天頂衛星が、日本の天頂付近に常に一基以上見えるようにするためには、最低三基の衛星打ち上げが必要となる。

▼9　「H―Ⅲ宇宙への挑戦」（五代富文：徳間書房）p.100

▼10　現在は、東日本大震災の緊急通信で役立った実験通信衛星「きく8号」が利用可能なので、実用化すれば、海上ブイを広範に設置することで減災が期待できる。

②人工衛星、無人機、航空機を統合する災害システム

東日本大震災のような広域災害になるほど、情報収集や対策のための判断に時間を要し救援活動は遅れがちになる。また、航空機、ヘリコプターによる情報収集は発災地域の状況や天候に大きく影響される。そこで夜間や天候不良時の災害初期において、観測衛星や無人機によって災害情報を入手し、その情報を活用して多数の航空機、ヘリコプターによる救助活動を衝突などの事故を避けつつ混乱なく行うシステムができれば望ましい。この情報収集、運行管理を統合するシステムをＪＡＸＡが開発中であり、二〇一三年十月に消防庁、神戸市と共同試験を実施している。日本においては、これまで無人機の開発が遅れているが、無人機はすでに述べた発災時の観測衛星の代替、補完としても利用可能である。日本は世界で六番目に広い排他的経済水域をもち、広域の監視・警備活動や事故救助といった危機管理、安全保障の視点からも重要であろう。

このように被災時における宇宙技術の利用潜在性は高く、行政が注目し更なる開発や実用化のために予算がもっと手当てされることが期待される。一方で、災害の種類は多様でありそれぞれの対応局面をみわたせば、宇宙技術利用は解決策の一部を担うにすぎない。人工衛星にどの程度の役割を担わせるのかは、技術の進歩も見極めつつ他の対策との比較で費用対効果を見なければならないが、研究開発に当たっては、これからみる国際的視点も併せ持つことが望ましい。

2. アジアにおける日本の防災支援

アジアは洪水、干ばつ、森林火災[13]をはじめ自然災害が特に多く、アジアにおける災害援助に長く従事してきた日本の経験、技術、資金に対する期待は大きい。途上国が多いここアジアでも人工衛星による対策は始まっており、防災分野の新しいトレンドになりつつある。日本にとって、国際防災協力において宇宙技術をどのように活用していくのかは新しい課題となっているといえよう。

表 8-1　世界における自然災害被害額の地域別割合

（単位：億ドル、％）

		自然災害被害額	割合
アジア		4,958	45.9
	日本	1,668	15.4
	その他アジア	3,290	30.4
米国		2,297	21.2
その他アメリカ		788	7.3
ドイツ		208	1.9
フランス		205	1.9
英国		152	1.4
その他ヨーロッパ		1,718	15.9
オセアニア		264	2.4
アフリカ		222	2.1

（注）1970 ～ 2004 年における被害総額である。
（資料）ルーバン・カトリック大学疫学研究所（CRED）ホームページ（http://www.cred.be/）より作成
出典：平成 17 年度国土交通白書

（1）アジア地域の宇宙防災――センチネル・アジア

アジアには宇宙技術を利用した災害協力の枠組みがあり、センチネル・アジアと呼ばれる。センチネル（sentinel）は英語で「監視」という意味であり、宇宙から災害監視を行うとの命名である。二〇万人以上の犠牲者を出した二〇〇四年末のスマトラ沖地震の後にアジアの宇宙機関間の協力として設置され、日本が事務局となり中心的役割を果たしている。ＪＡＸＡがシステムの開発と運用を行い、アジア防災センター▼14とともに、衛星画像を中心とした災害関連情報を災害国に提供することを主たる活動としている。▼15人工衛星は打ち上げ費用も含めれば大変高価であり、アジアでも一部の国が所有するにすぎない。そこで災害時に衛星画像を融通し合う地域協力として、センチネル・アジアが始まった。衛星画像の融通については、世界大でも、二〇〇〇年に欧州宇宙機関

▼11　国際的には太平洋津波警報センターがハワイにあり、太平洋に多数の海底津波計を置き、人工衛星を通じてデータを入手しているが、津波計の設置位置、設置密度によるが、東日本大震災のようなケースでは直近の日本自身への警報は間に合わない。

▼12　ＪＡＸＡの他、高知工業高等専門学校、情報通信研究機構（ＮＩＣＴ）、日立造船株式会社、東京大学地震研究所が協力。

▼13　アジアでは焼畑が原因であることが多く、自然災害ではないとの定義づけもある。

（ESA）とフランスのイニシアティブで立ち上がった「国際災害チャーター」と呼ばれる枠組みがある。東日本大震災では、センチネル・アジアと国際災害チャーターの双方を通じて多数の国から日本に画像が提供され、アジアからは韓国、中国、インド、タイ、台湾の協力を得た。

このセンチネル・アジアは、二〇〇六年の活動開始以来試行錯誤を続け、その間二十五か国・地域[16]や国際機関が参加するとともに、利用できる衛星数も増加し、画像データを分析、加工する機関とのネットワークが整備された[17]。こうして宇宙機関間協力は、災害直後の画像提供から始まり、ようやくモニター、早期警戒への利用が緒に就いたという段階まで来ている。二〇一三年には、これまでの発災時の緊急対応を中心とした活動のみならず、災害発生前の減災・準備フェーズや、発災後の復旧・復興フェーズでも可能な対応を徐々に行っていくという拡大方向で合意されている。しかし、多くの途上国ではこの協力の有用性について政府の認知度が高いとは言えず、データ提供のスピードを含む運用面の改善や技術者の育成、地方への普及といった課題がある。今後、この地域における災害時の宇宙協力をどのように発展させていくのか、現行のように政府間の義務としての協力ではなく、宇宙機関間の自発的な協力枠組みは持続的なのかという問題意識まで、アジアの防災協力体制のあり方については引き続き手さぐり状況が続いていくものと思われる。防災分野の地域リーダーであり、この枠組の事務局でもある日本としても考えどころであろう。

（2）日本によるアジア諸国への宇宙防災支援例

次に、アジアにおける宇宙利用の防災支援例をみるが、本章ではフィリピンの事例を重点的に取り上げることにより、フィリピン一国を見ても防災ニーズは膨大である点を読者と共有したい。センチネル・アジアの枠組みでは、すでに述べた災害時の衛星画像の提供以外にも小規模ながら防災関連のソフト支援を行っている。フィリピンでは、日本（JAXA）とフィリピン政府が二〇〇九年以来協力を続け、特定地区の火山噴火、洪水、土砂崩れのモニターやハザードマップの作成を行った。首都マニラを擁する最大のルソン島の一都市アルバイにあるマヨン山はこの四〇〇年に五十回も噴火を繰り返してきたとされ、両国の協力により溶岩堆積物地図、ハザードマップが作られ、二〇〇九年十二月に起きた噴火の際には早速当局の状況把握と避難ルートとして役立った。また、同じくアルバイにおいて土砂崩れ警報システムを構築したし、洪水で有名なイロイロ市では観測衛星「だいち」の画像を利用したハザードマップを作成した。

センチネル・アジアの枠組み以外にも、ＪＡＸＡがアジア開発銀行（以下「ＡＤＢ」という。）との共同プロジェクトで、ベトナム、フィリピン、バングラデシュの三カ国で洪水予警報の実証プロジェクトを実施している。人工衛星による雨のデータを使い、地上で得られるデータと照らし合わせることで洪水予測精度を高め、氾濫前に河川沿いの住民を避難させるというものである。メコン川など流れの緩やかな大河川に有効であることが確認されており、避難時間を従来より十時間も長くとる効果などが見込まれている。同様の洪水プロジェクトは、パキスタンやタイでも行われており、今後日本の防災援助の顔になる可能性がある。

地域機関が防災に取り組んでいる他の事例としては、前述した日本のアジア防災センターが人材養成を行ったり、国連の地域機関（国連アジア太平洋経済社会委員会、以下「ＥＳＣＡＰ」という。）が規模は大きくないが津波や干ばつのモニター、早期警戒システムの開発を行っている。[18]

▼14　アジア防災センターは、阪神淡路大震災を契機に、一九九七年国土交通省所管の一般財団法人都市防災研究所によりその附置機関として設立された。センチネル・アジアでは各国の宇宙機関（日本ではＪＡＸＡ）のみならず政府の防災機関が共同で参加し、人工衛星の専門機関と災害行政が連携している。

▼15　二〇〇七年の開始以来、二〇一三年末までに累計一九〇回の発動要請が出ている。

▼16　豪、バングラデシュ、ブータン、ブルネイ、カンボディア、中国、フィジー、印、インドネシア、日本、カザフスタン、韓国、キルギスタン、ラオス、マレーシア、モンゴル、ミャンマー、ネパール、パキスタン、比、シンガポール、スリランカ、台湾、タイ、越。

▼17　日本では、ＪＡＸＡ、アジア防災センターのほか、千葉大学、中部大学、山口大学が参加している。

(3) アジア諸国の衛星利用レベル

アジアでは、気候変動による影響ともいわれるが、災害による被害が増える中で、衛星利用のニーズが高まっている。途上国によっては衛星利用を行う体制がなく、技術を使える人材も乏しいことから、衛星分野の技術支援の本格展開は時期尚早との見方もある。しかし、日本とは異なり、予算的に雨量計や水位計を川岸に多数設置できない国もあるし、特に島国や島嶼地域では周辺海域に雨量計自体を置けないので降水量の計測が難しく、人工衛星データに頼るしかないとの事情もある。紛争地域ではそうした測定機器自体を地上に置けない。技術を習得し、観測衛星データや中継用通信衛星を使いたいとのニーズはむしろ日本以上に強く、加えて経済的にも合理的である。かつて筆者がカンボジアに勤務した際、内戦から復興に向けた経済インフラ整備の一環として日本の援助で電話網を設置しようと検討したが、首都プノンペンから全国に電話線を敷き詰めていくよりは、一足とびに当時実用化が始まっていた携帯電話による通信網を拡充する方が効率的と判断したケースに似ている。

無料で衛星画像やデータをインターネットにより入手できるようになっても、それだけでは災害対策に使うには不十分である。地理情報システム（以下「GIS」という。）と呼ばれるITシステムを持ち、被災前の電子地図により道路、川、橋、森林、農地、建物、港、発電所といったインフラの位置を把握しておく必要がある。こうした事前情報を被災直後の衛星画像と重ね合わせて変化を読み取ることにより、被害状況を把握し、適切な対応をとることができるのである。

その観点では、アジア太平洋地域で、そうした観測衛星データを読み取り、GISを利用できる水準に一応あるとみられるのは、実用的な地球観測衛星を保有する日本、中国、インド、台湾、韓国、タイ、シンガポールである。インドネシア、フィリピン、マレーシアもある程度備わっているが十分なレベルではないとされている。

二〇一三年十一月のフィリピン台風による被害の中心は日米戦闘の地で知られるレイテ島であったが、

台風に伴う高潮は予報されていたものの住民には想定外の大きさであったことから逃げ遅れ、貧しいインフラも破壊された。衛星情報は入手できてもＧＩＳ情報が不十分であったため被災後約三週間もの間被害状況が過少に予測されざるをえなかったとも言われている。

今後衛星技術の災害利用につきソフト支援が進んでいけば、災害予測や被災前の避難、被災直後の対応に当たり効果的な利用が可能となる。防災援助の場合、インフラ建設とコミュニティレベルの避難訓練がセットになることが多く、物とノウハウをパッケージにして日本が支援に乗り出せば「顔の見える援助」としても有効であろう。

（４）日本による対アジア二国間援助

ここで宇宙を一旦離れて、日本の政府開発援助（以下「ＯＤＡ」という。）によってアジアにどのような防災支援が行われてきたかをみる。言うまでもなく防災支援は人道支援であるのみならず、途上国の開発支援に強くかかわっている。これまで日本は途上国の要請に応じて災害前の予防フェーズにおけるハード支援に力を入れてきた。[19] ここで再びフィリピンの事例でみれば、上述のセンチネル・アジアの援助例として挙げたフィリピン第七の都市イロイロ市では洪水対策として、円借款により市内の主要河川（イロイロ川、ハロ川等）の改修と放水路建設というインフラ整備を行うとともに、市職員向けに技術研修を行っている（二〇〇一年契約、借款許与限度額六十八億円）。フィリピンに対する災害関係援助は一九七〇年初頭以来、洪水や火山対策を中心に多数実施されてきた。[20] 大規模なプロジェクトは円借款で、比較的小ぶりなプ

▼18　津波ファンドは、インド洋、東南アジアで津波用早期警戒システムの確立を目的として二〇〇五年に設置。タイ、スウェーデン、ドイツ、トルコ、バングラデシュ、フィリピン、ネパールが拠出。

▼19　災害対策には、大きく分けて事前の予防フェーズ、発災直後の救援・緊急対策フェーズ、その後の復興フェーズがある。

ロジェクトは無償資金協力によって実施されるが、いずれの資金援助形態でも単なるインフラ建設にとどまらず、それを使うために技術協力を組み合わせるのが通常である。こうした日本の積極支援にもかかわらず防災、減災に要する資金ニーズははるかに大きく、すべてに対応することはほぼ不可能といっていい。他方、前述のフィリピン台風で甚大な被害を出したレイテ島の中でも、日本が二十二億円の無償資金協力により堤防などのインフラ整備をしてあったオルモック市では被害が小さかったとの成果が出ている。[21]

防災面における支援においては、途上国側の優先付けにもよろうが、ハード面（インフラ）の整備とソフト支援が車の両輪として引き続き重要であることは疑いを入れず、日本が目指すべき方向である。

二〇一三年十二月に東京で開催された日・ASEAN特別首脳会議において、安倍首相は、災害対応を日・ASEANの共通の課題であるとして、災害対処能力向上、高品質な防災インフラ整備を柱に五年間で三〇〇〇億円規模の支援と千人規模の人材育成を実施することを表明した。アジアにおける防災の重要性と援助方針を改めて強調することになったが、人命に直接かかわる防災が日本とASEANの連帯を高める上で外交的にも有効との認識を示した例と言えよう。[22]

（5）衛星利用による防災支援

こうした状況の中、今後防災関連援助を行っていく上で宇宙技術の利用が拡大していく可能性は高いだろう。二〇一一年に玄葉外務大臣が、「ASEAN防災ネットワーク将来構想」[23]を発表した際にも宇宙利用が主要な協力分野と位置付けられた。気象衛星を除けば、人工衛星が防災分野で役立ち始めたのはわずかこの十年ほどの話であるが、日本のODAでもすでに衛星関連の供与案件が出始めている。例えば、日本のODA実施機関である独立行政法人・国際協力機構（以下「JICA」という。）の事例としては、二〇〇九年にベトナムに対して観測衛星二機の提供と宇宙センターの設置を円借款で行うことが決まったが、ベトナムが人工衛星をもとうとする主要目的の一つは防災である。また、前述したが二〇一二年にはタイのバンコクで洪水予測システムに関して衛星データを使う技術協力を行い、パキスタンでも同様の洪水プロジェクトを行っている。[24]

ＪＩＣＡによる最近の協力実績や、ＪＡＸＡが実施してきた宇宙機関間の協力事例を通じて、その有効性が他の支援形態との比較で確認されれば、ＪＩＣＡという日本の国際援助専門機関によるネットワーク、ノウハウを使って、より効果的な支援が拡大していくことが期待できる。

宇宙先進国である日本国内においてさえ、防災に人工衛星を活用するとの発想が定着するのに時間がか

▼20　ＪＩＣＡによる二〇〇〇年以降の主要な防災資金協力プロジェクトの約束分だけでも、第二次オルモック市洪水対策（無償六億円、レイテ島）、第二次地震・火山観測網整備計画（無償九億円）、アグノ河洪水、カマナバ地区洪水対策（円借款八九億円）、メトロマニラ洪水対策（無償一〇・四八億円）、パンパンガ河・アグノ河洪水対策（無償一一億円）、テオアグ州治水砂防（円借款六三億円）ピナツボ火山期初レーダーシステム整備計画、カガヤン川、タゴロアン川、イムス川洪水リスク（円借款七五億円）、気候変動による自然災害対処能力向上計画（無償一五億円）、マヨン火山周辺地域避難所整備（無償七億円）、広域防災システム（無償一〇億円）、気象レーダーシステム整備計画（無償三四億円。このシステムは気象衛星や観測衛星を利用していない）など。以上の例示は、被災後の緊急支援や復興支援を除いている。

▼21　二〇一三年十一月二十九日朝日新聞デジタル

▼22　日本は二〇一三年七月の世界防災閣僚会議ｉｎ東北でも国際社会の防災分野の取り組みを主導していくとして二〇一三年からの三年間で三十億ドルの支援を行うことを約束した。

▼23　二〇一二年七月十一日の日・ＡＳＥＡＮ外相会議での玄葉外務大臣発言「玄葉大臣より、『ＡＳＥＡＮ防災ネットワーク構築構想』の下、そのハブとしてのＡＨＡセンターの能力強化や二国間での協力の他、『宇宙から僻地』に至るネットワーク強化の取り組みを支援する方針である旨説明した。また今後、宇宙分野での更なる協力の可能性を検討したい旨発言し、ＡＳＥＡＮ側より歓迎された」（外務省ホームページ）。二〇一三年一月発表の宇宙基本計画によれば、この構想の下、観測衛星を所有するアジア諸国が共同利用することで効果的な防災に役立てるシステムを整備するとしている。

▼24　タイではＪＩＣＡによる二国間技術協力。パキスタンではＵＮＥＳＣＯとの協力の下、日本からＪＩＣＡ、ＪＡＸＡが参加している。

かったし、今でも十分とは言えない。ましてや宇宙のプレゼンスが低い途上国政府においては言うまでもなく、防災で宇宙を利用したり、援助を受けようとの要請は出て来にくい。途上国の援助要請機関担当者も、運輸、教育、保健、環境といった従来型の援助分野には精通していても、宇宙技術を使った援助には知識も経験もないことから日本に援助を要請しようという発想が出ないのである。そこで日本政府が途上国のニーズを積極的に掘り起こすことを考えていきたい。日本政府は主要な被援助国政府との間で、援助プロジェクトの方針、絞り込みを議論する援助政策協議を行っているが、こうした場で人工衛星を念頭に置いた資金援助、人材育成を含む技術協力の供与可能性につき、先方からの支援要請を待つのではなく、むしろ日本側から提示していくことも一案であろう。

3．国際社会における防災の取り組み

次にアジアから世界に視点を広げると、国際社会が自然災害に共同で取り組むという事象は意外にも比較的新しいことがわかる。それは、世界が防災に無関心であったということではないが、自然との闘いに対抗する手段、例えば科学技術力が不十分であったこともあるし、災害対策には大変な費用がかかることもあった。さらに言えば、被災は自然が相手であり自国で対応せざるを得ないことから、国際社会の責任には帰しえないとの認識もあったと思われる。防災は、「すべての国々が領域内の国民と財産を災害から守る第一義的な責任を持っており」（兵庫宣言、二〇〇五年）として自助努力が基本であるとの基本認識が世界にはある。被災の頻度や程度は国によって大きく異なり、それぞれの国が膨大な開発ニーズの中で自らの状況に応じて災害対策にどの程度の優先度を置くのかは各国の責任と判断に委ねざるをえないからである。その意味で、防災はある災害多発国にとっては国内開発の「主流」であっても、世界全体にとっては「主流」とはいえなかったといえよう。ここで「主流」とは前者の場合、国内開発において防災により重点を置いた国造りを進めることを意味するし、後者では国際社会において他の地球規模課題との比較で

最重要課題であるのか否かの意味で使った。

ところが、気候変動問題という比較的新しいテーマが、この認識を変え始めている点は是非指摘しておきたい。地球温暖化により、台風、洪水、灌漑などの自然災害が極端化する傾向が強まっているとされており、その原因を作ったのは工業化によって温暖化ガスを大量に排出してきた先進国、そして現在は経済発展に成功している新興途上国にもあるという議論が説得力をもつからである。そうであれば、災害問題は、すべての国にとって自国に一義的責任がある問題ととらえる見方も相対化し、国際社会全体が一定の責任をもち共に取り組むべきとの視点が強くなるであろう。

（1）国連の取り組み

一九六一年十二月にあの有名なケネディ米国大統領が国連総会で一九六〇年代を「国連開発の十年」とするよう提案し、南北問題が初めて国連の場で取り上げられて以来、開発・貧困問題は長く国際社会の深刻な争点であり続けた。世界銀行や国連開発計画（以下、「ＵＮＤＰ」という。）など数多くの国際機関が作られ取り組みが行われてきたし、先進国による援助目標としてＧＮＰ比〇・七％も掲げられた。その意味で、開発問題は国際社会の主流であり現在も同様である。

災害については、ようやく一九八七年の国連総会で日本とモロッコが二〇世紀最後を「国際防災の十年」（一九九〇－一九九九）にしようと提案し、国際社会が協調を始めるとの国連決議が採択された。開発分野に比べ約三〇年遅れた。その後、国連の中に防災専門機関が設置されたのはつい一九九九年のことである。一九九四年に国際的な防災戦略を議論するため第一回国連防災世界会議が横浜で開かれた。第二回は二〇〇五年に神戸で、第三回は二〇一五年三月に仙台において開催された。[25] ほぼ一〇年ごとに世界会議が開催されるが、国際防災分野における日本のリーダーぶりは突出している。日本自身が有数の被災国であったことと、途上国に対する災害関連援助に大きな実績を重ねてきたことによるが、世界的な会議のホストをするという労苦をいとわない積極的な外交姿勢の表れでもある。

国連の機関として防災を担当するのは、ジュネーブにある国際防災戦略事務局（以下、「UNISDR」という。）であり百人程度の小さい組織である。防災意識の普及啓蒙を行うとともに、国際会議を催し世界の進むべき方向や行動計画を指し示すという調整業務を行っているが、現場レベルのプロジェクトは行っていない。一口に防災といっても多様な援助があるので、世界銀行、国連開発計画（UNDP）、国連教育科学文化機関（UNESCO）といった既存の国連機関や、アジアでいえばADBやESCAPといった地域機関、そして各国中央・地方政府、民間企業、NGOなどがそれぞれの特性と専門性を生かしさまざまに行っている。宇宙の切り口からは国連事務局の中の一部門である宇宙部（OOSA・二十五人程度）があり、多彩な宇宙関係業務を行う中で災害関係でも情報提供等の活動を行っている。それぞれの団体が防災に対しどの程度の資源を振り向けるかは、各主体の判断に委ねられている。

UNISDRは、「災害を受けやすい途上国、特に最貧国及び小島嶼開発途上国が災害に対応できる能力を、その国自身の努力、そして、技術協力及び資金協力を含む二国間、地域間、さらに国際的な協力の強化を通じて強化する緊急な必要性がある。」（兵庫宣言、二〇〇五年）といった形で国際的な防災協力の重要性を唱道する旗振り役であるが、防災に集中的配分を促すような国際約束があるわけではもとよりない。

（2）取り組みの現状—国際防災戦略である兵庫行動枠組二〇〇五—二〇一五

国連が主導した最初の「国連防災の十年」（一九九〇—一九九九）では、防災が国際社会の取組むべき重要課題であるとの認識が醸成され、国際行動計画を作成するとの成果を上げた。災害の研究・観測・予測のために科学技術の振興を謳った点に先駆性があったとされる。[26] その後、災害後の対応中心から災害予防が重視されるようになるとの変化があった。しかし、災害復興のために膨大な資金が手当てされるのは人道上からも通常のプロセスであるが、いつ来るかわからない災害予防のための資金は出にくいとの事情は現在でもあまり変わっていない。それゆえにこそ防災が主流になる必要があり、これが日本政府の主張であるし、国際社会が進むべき方向である。事前にコストをかけて災害対策を行えば、結果として人的被害のみならずトータルの経済的被害も少なくすむということである。

二〇〇五年に神戸で採択された「兵庫行動枠組二〇〇五－二〇一五：災害に強い国・コミュニティの構築」が現在の国際防災戦略となっている。取り組むべき五つの主要分野[▼27]があり、簡略化して言えば、各国が災害に取り組む体制をまず作り、各国が抱える各種災害のリスクを洗い出すとともに、被害を減らすための事前、事後の対策をとるという日本ではなじみのある政策課題が列挙されている。

宇宙技術の利用については、この兵庫行動枠組みでも少なからず言及されている。例えば、「情報の管理及び交換」の中で「災害リスク軽減を支援するために、新しい情報や通信技術、衛星技術や関連サービス、そして地球観測を活用する。」といった表現である。

二〇一五年に仙台で行われる第三回国連防災会議において後継の枠組み（二〇一六年以降の国際戦略）を

▼25　二〇一五年三月十四日～一八日、仙台において第三回国連防災世界会議が開催され、兵庫行動枠組の後継となる新しい国際的防災指針である「仙台防災枠組2015-2030」と、防災に対する各国の政治的コミットメントを示した「仙台宣言」が採択された。日本は貢献策として二〇一五～一八年の四年間で四十億ドルの資金協力、四万人の防災・復興人材育成を含む「仙台防災協力イニシアティブ」を発表した。

▼26　一九八七年に国連決議が採択された背景には、日米科学者を中心とする防災分野の国際協調に向けたイニシアティブがあったとされる。一九八九年の国際特別専門家グループによる東京宣言では「今こそ科学技術の進歩を結集して自然災害がもたらす人的被害や経済的損失の軽減に取り組むべきである」とした。（『大災害に立ち向かう世界と日本―災害と国際協力』柳沢香枝編、佐伯印刷）

▼27
a. ガバナンス：組織的、法的及び政策的枠組
b. リスクの特定、評価、観測及び早期警戒
c. 知識管理と教育
d. 潜在的なリスク要因の軽減
e. 効果的な応急・復興のための備え

打ち出すための準備がＵＮＩＳＤＲを中心に行われたが、兵庫行動枠組に基づく二〇〇五年以来の取り組みをモニターしたＵＮＩＳＤＲの報告[28]をみると、重要な進展がみられたと評価しつつも、主要五分野すべてにおいて、多くの国、特に途上国での取組が不十分であると結論している。より貧しい国にとっては災害に備える体制を作ること自体が容易でないし、ましてや防災対策の実行は人材、技術、資金の不足からさらに難しいという現状が明らかになった。こうした現状を踏まえて、二〇一五年の仙台会議では、これまでの基本方向を大きく変えることはなく、仙台防災枠組二〇一五－二〇三〇が発出された。[29]

（3）今後の動向

このように防災に取組む国際枠組みの基本的立ち位置については当面大きな変化が予想されないが、国際社会の注意を防災分野に魅き付けるというこれまでの努力には、緩やかながら風が吹いてきていると思われる。その理由としては、

（イ）一九九〇年代初めに長く厳しかった冷戦の対立が終了し、国家の生存（安全）が何よりも重要であった時代から、人間の生存にも世界の意識が向くようになっている。二〇〇一年の九・一一テロ以降は、テロの温床である貧困への対策として、世界の最貧困層を削減する方向で開発援助に力を入れていくということが国際社会の潮流になった。世界の開発が進むにつれて災害は必然的に増加し、その被害は特に低所得国、貧困層という弱者に過酷であり、災害による死者の約九割は途上国の人々だと言われている。こうして途上国が開発を進め、貧困を減らしていくには防災対策が不可欠であるとの認識が高まっている。

（ロ）同じく温室効果ガスの大量排出による気候変動問題が世界の注目を集め、気候変動に起因するとみなされる大規模災害が多くなった今日、国際社会で災害の深刻性が意識される機会が増えている。気候変動問題対策は災害対策と重なる面も多いのでそこへの公共投資や援助が増えやすい。例えば、津波や高潮から沿岸を守るための防潮堤建設は、気候変動による海面上昇への対策ともなる。

（ハ）世界経済のネットワーク化が進み、一国の災害がグローバル企業のサプライチェーンを止めるよう

な状況が出ている。二〇一一年にタイで五十年に一度という降水量により大洪水が発生した際、バンコク周辺にある日本企業を含む外国企業の工場が生産ストップし、グローバル・サプライチェーンに影響が及んだことは我々の記憶に新しい。海外投資が経済発展に果たす役割が顕著になる趨勢の中で、災害に弱い国や都市は海外投資を呼び込みにくいし、災害による被害で折角の経済成長の成果も損なわれてしまうとの認識が強くなっている。[30] 新興国の台頭に見られるように世界経済が拡大すれば、防災に回す予算も確保しやすいという好循環も生まれやすい。

他方、こうした好ましい潮流と裏腹の関係として、防災重視の勢いを変えてしまうような国際動向もないではない。国際社会の関心の潮目は変わりやすく、特に現在のように国際情勢の将来が読みづらい状況では尚更である。例えば、（イ）の最貧困層への援助に関し、米国を中心とするテロとの戦いがイラク、アフガニスタンからの軍撤退で一段落したことや、そもそも最貧困がテロを生みやすいという因果関係はそれほど強くはなかったとの主張もあり、[31] こうした認識の変化はテロ対策として高まった先進国の開発援

▼28　Implementation of the Hyogo Framework for Action; summary of reports 2007-2013; UNISDR

▼29　二〇一五年三月に発出された仙台防災枠組2015-2030における優先事項として四点を挙げている。（1）災害リスクの理解、（2）災害リスク管理のための災害リスクガバナンス、（3）強靭化に向けた防災への投資、（4）効果的な応急対応に向けた準備の強化と「より良い復興」。また、指導原則の筆頭に、「各国は防災の一義的な責任を持つ」と明記している。今回の枠組み合意で目新しい点は、世界中の地震、異常気象などの災害による死者や破壊を二〇三〇年までに著しく低減するとの目標を定めたことである（国連広報局プレスリリース）。

▼30　災害と経済損失との関係を示す包括的な統計はない。ただし、経済規模の小さい途上国の被災は大きなインパクトをもつ。一九八八年にアルメニアで発生した地震の被害額は同国のＧＤＰの約九倍、一九九六年にモンゴルで発生した森林火災による被害額はＧＤＰの約二倍。（アジア防災センター「Asian Disaster Reduction Center」）

▼31　The Rise and Fall of the Failed-State Paradigm: Michael J.Mazarr（Foreign Affairs Jun/Feb 2014）

助熱を弱めるかもしれない。（ロ）の気候変動に対する世界的取り組みも、米国、中国、インドといった温室効果ガス大口排出国が義務的排出削減を受け入れない国際枠組みに対する懸念が高まり、途上国を含む世界全体で取り組むものの自主的行動に任せるという方向へと潮目が変わっている。この変化は世界の災害対策にいかなる影響をもたらすであろうか。また、今後の地球の気候動向によっては、災害発生のトレンドや国際社会の取組自体にも変化が出るかもしれない。そして、（ハ）とも関係するが、世界経済の先行きが不透明になる中、世界の景気如何は気候変動への取り組みや経済ネットワークにも影響を与えざるを得ず、防災に対する関心にも正負いずれかへの変化があるかもしれない。

こうして、防災が今後、数ある地球規模課題の中で相対的地位を高め、各国の経済・社会開発の中で最重視されていくという意味で主流化▼32していくのかは、世界経済、開発・貧困、気候変動という課題の今後の成行きに従属しているともいえる。この三課題は、戦前、戦後に世界を主導した先進国が自らに有利なように作り、維持してきたとみなす「国際秩序」が生んだ問題、すなわち「南北問題」に関連しており、現行の秩序をどのように途上国に配慮したものに変えていくべきかという対立がその根にある。他方、防災は自然との闘いであるという特質から、南北問題という対立的要素が濃厚な「主流」課題ではない。むしろ三課題を包含しつつも、これらの上位にある国際協調要素のより強い課題と位置づけられるのではないだろうか。それ故に、防災が世界の主流になるような国際社会は世界の平和と繁栄が現在より強化された一次元先に進んだ社会であるのかもしれない。

4. 防災の外交的意義

以上、防災をめぐる国際協力の位置づけにつき宇宙技術の利用状況と絡めつつみてきた。最後に、防災協力が日本外交にとってどのような意味をもつのかにつき検討することで本章のまとめとしたい。日本はこれまで幾多の災害を経験して培ってきた防災の知識や技術を持つとともに、途上国援助でも実績を積んできた経験から、防災分野では世界を牽引する有利な外交的立場にある。日本の国柄からすれば、自由と民主、法の支配を基盤とし、世界が防災に共同で注力できるような経済繁栄と政治的安定を享受する国際秩序を作っていきたいところである。しかし、世界には防災以外にもさまざまな経済・社会問題があり、何よりも世界の政治・安保の情勢は散乱し視界不良である。その意味で防災への取り組みは一人突出した国際課題ではなく、他の地球規模課題とともに歩を進めていくしかない。日本としては、以下のような国際防災に係る外交的意義を念頭に置きつつ、アジアのリーダーとして持てる経験と能力を使い、より効果的な支援を行う努力を続けるとともに、防災の国際主流化に向けた啓蒙努力を行っていくことがその課題となろう。その中で宇宙技術を利用した防災は今後主要な手段になっていくに違いない。

（１）人間の安全保障

日本政府はこの十年余の間、国際社会で「人間の安全保障」を主唱し、耳慣れないこの用語も今や人口に膾炙してきている。[33] 国家の安全保障（伝統的には国家防衛が中心）とは別に、人間一人一人の安全に注目し国際社会が経済社会分野における発展の取り組みを強めるべきとの主張である。日本はこれまで軍事分野における国際貢献では自らに制限を設ける一方で、経済社会分野では大きな国際貢献を行ってきたが、それを推し進めて、人道が重視され、協調を旨とする国際秩序を作っていくとの政策を強く打ち出している。防災面での国際協力はそうした日本の国柄にふさわしく、存在感を示しうる分野の一つである。存在

▼32　外務省では、「防災の主流化」を（１）各国政府が「防災」を政策の優先課題と位置づけること、（２）「防災」の視点をあらゆる開発の政策、計画に取り入れること、（３）結果として「防災」への投資が拡大されることの三点から成る概念としている。（外務省ホームページ）

▼33　「人間の安全保障とは、人間一人ひとりに着目し、生存・生活・尊厳に対する広範かつ深刻な脅威から人々を守り、それぞれの持つ豊かな可能性を実現するために、保護と能力強化を通じて持続可能な個人の自立と社会づくりを促す考え方です」（外務省ホームページ）。

感をいろいろな形で示し、世界に一目置かれ国際的信頼を獲ち得ていくというのが地道ながら日本外交の進むべき道であろう。

宇宙技術に関して言えば、災害に晒される弱者、災害により失われる経済的社会的損失を被る途上国を、科学技術、なかんずく人工衛星の働きによって救済していくという国際協力の課題を、日本の各種政策の中でどのように位置づけていくのかという新しい挑戦が浮上してきた。日本が持つ人工衛星、技術、ノウハウを、自らの災害対策に使うのみならず、一種の国際公共財として途上国の使い勝手（仕様）や継続利用をも考え合わせる時代に入った。国際的な災害協力に貢献していた観測衛星「だいち」の後継が二年近く飛ばなかったことで、実質二年半の間各種国際協力に支障が出てしまったのは一つの反省例である。

（2）パブリック・ディプロマシー

二〇一三年のフィリピン台風で、同国の最大援助国である日本はＪＩＣＡが統括する国際緊急援助スキームのもと自衛隊を含む援助隊を派遣した。フィリピンのかつての宗主国である米国も大規模な軍隊派遣で支援を行ったが、オバマ大統領は二〇一三年を振り返る一般教書演説（日本の施政方針演説に相当する）で、アジア外交の成果として唯一この支援に言及した。[34] 米国外交にとってフィリピンが引き続き重要な外交パートナーである事実とともに、外国の大規模災害時に緊急人道支援を行うことが顔の見える外交宣伝にもなると認識していることを示している。二〇〇八年の四川大地震の折に日本の自衛隊が真摯な救助活動を行ったことにより悪化していた日中関係が改善したことも記憶に新しい。東日本大震災の際には台湾から多額の寄付があったことで台湾の親日度の高さが話題になった。

このように災害関連の活動は、人道色の強い援助であるとともに、相手国国民に自国の魅力（ソフトパワー）をアピールする力がある。[35] 外交とは国と国の関係が基本だが、外国の世論に直接働きかける対外活動をパブリック・ディプロマシーと呼び、外交の世界では国際世論にアピールする重要性が増している。防災支援は総じて地味な協力といえるが、緊急援助のような例もあるし、支援がコミュニティに入りこんていく場合には「顔の見える」援助になる。前述したフィリピンのマヨン火山の例、レイテ島を襲った台風の例に見るように日本の支援により人的犠牲を免れたという事例も今後増えていくと思われる。日本が自らの経験に裏打ちされた先進的な防災技術、ノウハウを有していること、また災害分野の国際協力で豊富な実績を有し世界的なリーダーシップを発揮してきたことは重要な外交資産でもある。国際的に防災をリードする日本の顔は、政府のみならず、民間企業を含む多くの関係者がともに作り上げてきた成果であるが、この資産を生かし外交面のみならず、海外ビジネスにも役立つことが期待されている。

（3）アジアの地域秩序構築

センチネル・アジアという枠組みが衛星分野の防災協力として成長しつつある事例を紹介したが、地域規模の防災活動としては数少ない目に見える成功例となっている。アジアに限らないが、同じ地域に属する多くの国々は地震、台風など類似の災害を被りやすく、経済ネットワークによる利害関係も強いことから地域による取り組みが強まる傾向にある。[36] 国連でもそうした地域協力による対応が進んでいくことへの期待が強い。人工衛星による観測領域の情報共有という視点からも近隣国による協力には合理性がある。

宇宙技術は本来的に軍民両用であり、観測衛星は宇宙という領域外から地上の国々の意向にかかわらず国土を覗いたり、大気状況を調べることができるという特性がある。この「可視性」、「透明性」という性質を国際協力に生かすことができれば、地域の秩序作りに資するところが大きいと思われる。今、アジア

▼34　アジア部分は「我々は引き続きアジア・太平洋を重視し、同盟国を支えるとともに、さらなる安全と繁栄の未来をを築き、被災した人々には手を差し伸べる。まさに台風に叩き潰されたフィリピンに我々海兵隊や民間人は行った。彼らは『あなた方の親切は忘れない。アメリカに神の加護あれ』と返してくれた。」

▼35　「パブリック・ディプロマシー」とは、伝統的な政府対政府の外交とは異なり、広報や文化交流を通じて、民間とも連携しながら、外国の国民や世論に直接働きかける外交活動のことで、日本語では「対市民外交」や「広報外交」と訳されることが多い。（外務省ホームページによる説明）

にとって、平和と協調を旨とする地域秩序を如何に作っていくかは死活的に重要なテーマである。宇宙を使った協力促進はその一助となりうる。災害対応のみならず、海賊捕捉、海上テロ、海難救助を含む海洋監視、感染症や大気汚染といった広域問題の解決のために、地域全体で対処していく機運は徐々に高まっている。折しも行方不明になったマレーシア航空の旅客機捜索に当たって各国の衛星写真が重要な役割を担い[37]、その後の機体捜索では自衛隊を含む各国軍が参加する国際協力が行われた。また、災害対処の目的で合同軍事演習を行うといった事例が、軍同士の信頼醸成の意味でも重要性を増している。こうした協力が進めば衛星情報の共同活用によってアジアの共同体を強化するという課題も俎上に上がってくる可能性もある。紹介したセンチネル・アジアの取り組みは宇宙を使って地域規模の防災協力を行うということで先駆的取り組みといえるであろう。

日本はアジアの宇宙大国として中国やインドとともに主要な役割を担う能力と機会を持っており、米国やオーストラリアを加えれば、アジア・太平洋における地域秩序の強化に貢献することが可能である[38]。近年、安全保障を議論する日米２＋２閣僚会合で宇宙協力が浮上したり、日米豪の宇宙協議が行われているようになっているのもそうした趨勢を反映している[39]。

（二〇一四年四月記）

▼36　例えば、二〇一一年にＡＳＥＡＮでは地域の防災拠点としてジャカルタにＡＳＥＡＮ防災人道支援調整センター（ＡＨＡ（アハ）センター）が設立された。また、二〇〇八年に中国主導でＡＰＳＣＯ（「アジア太平洋宇宙協力機構」（Asia-Pacific Space Cooperation Organization）という国際機関が設置され、宇宙全般の協力が行われているが、防災も一つの活動分野になっている。ＡＰＳＣＯにはバングラデシュ・中国・イラン・モンゴル・パキスタン・ペルー・タイ・トルコが加盟。

▼37　二〇一四年三月にマレーシア航空ＭＨ３７０便の飛行中に失踪した。日本政府（内閣情報調査室）は、政府保有の情報収集衛星により撮影したオーストラリア・パースの南西二五〇〇キロ付近のインド洋に浮遊する物体の画像を、三月二十七日にマレーシア政府に提供したと発表した（二十八日邦字紙各紙）。軍事目的に利用する衛星については、一般に観測能力自体が機密であることから、提供の可否、その態様については慎重な検討を要するのが通常とされる。

▼38　本章では防災を中心に論じたが、被災後が安全保障に重要な場合もある。例えば、一九九〇年に起こったフィリピンのピナツボ火山噴火は、当時駐屯していた米軍のクラーク空軍基地を廃墟とし、これが米軍の撤退につながりアジアの安全保障環境に変化をもたらしたとされている。被災は一国の政治的安定や安全保障面に悪影響をおよぼすことから、防災のみならず被災後の復興支援も重要である事例となっている。

▼39　二〇一一年六月および二〇一三年十月、日米安全保障協議委員会「２＋２」で宇宙状況監視や宇宙を利用した海洋監視といった安全保障分野における協力が合意されている。

第9章 地球温暖化と宇宙

地球温暖化問題は、今どこに向かっているのであろうか。世界各地で起こる災害や自らの周りで起こる異常気象の多くは地球温暖化のせいであり人類文明の危機だと語られる。すべての異常気象が温暖化のせいではないにしても、温暖化は確かに進んでおり、国際社会が一体となって取り組まなくてはならない深刻な地球規模の課題であるとの認識はほぼすべての人に共有されている。一方で、世界の取り組みは、こうした深刻な危機感からすれば不十分であると不満を持つ人も多いが、それは、温暖化問題が国際社会の対立構造をあおりやすい性質をもっていることや、資金や技術が圧倒的に不足していることが原因であることは必ずしも知られていない。本章では、温暖化対策の取り組みが難しい理由を国際社会の構造から概観しつつ、特に宇宙技術がこの問題にどう役立つのかという切り口に焦点を当てる。そのうえで、日本が国際的に積極的な貢献を行うことの外交・安全保障上の意義について検討する。

気候変動分野[1]には、国連の下にＩＰＣＣ[2]と呼ばれ科学的知見・情報を集約し、国際社会（政府）に提供することを目的とした科学者の集まりがあり、五回目の評価報告書が二〇一三年から二〇一四年にかけて七年ぶりに順次発表された。その要約は概ね以下のとおりである。この報告書の内容が歴史的な合意とされる二〇一五年十二月のパリ協定に反映され、（イ）にある「二度未満」の国際合意[3]などが明記された。

（イ）二十一世紀末の温室効果ガスの濃度が約四五〇ｐｐｍにとどまれば、産業革命前からの気温上昇を二度未満に抑えるという国際合意を達成できる可能性が高い。

（ロ）この達成のためには二〇五〇年の排出量を二〇一〇年比四十～七十％削減する必要がある。二一〇〇年の排出量はゼロか、大気中からの回収によってマイナスにしなければならない。
（ハ）低炭素エネルギー（再生可能エネルギーや原子力）の電力供給に占める比率を現在の三十％から二〇五〇年には八十％以上に引き上げる必要あり。
（ニ）現状のままでは二一〇〇年に平均気温が三・七度～四・八度上昇する。
（ホ）海面上昇、洪水、極端な気象現象などによる災害被害、食料不足、健康被害などのリスクが増大する。

危機的状況に警鐘を鳴らすこの報告内容はこれまでの第一回から第四回までの報告と大きく変わるものではないが、世界的な取り組みにかかわらず温室効果ガスの排出総量が増大し続ける中で人類社会が直面する危機は深刻度を増している。他方、最新の科学的知見をもってしても将来予測は引き続き大きな不確定性をもっているし、対策には多大なコストが必要なことから、多くの国がその深刻さを認識しつつも、

▼1　「気候変動」（climate change）には温暖化のみならず、寒冷化などもあり、人為的起源か自然起源かで定義も定まっていないが、本章では、特に断らない限り、気候変動を温暖化とほぼ同義で使う。

▼2　国連の気候変動に関する政府間パネル（ＩＰＣＣ: Intergovernmental Panel on Climate Change）は、人為起源による気候変動、影響、適応及び緩和策に関し、科学的、技術的、社会経済学的な見地から包括的な評価を行うことを目的として、一九八八年に世界気象機関（ＷＭＯ）と国連環境計画（ＵＮＥＰ）により設立された国際組織。政策的に中立であることを標榜しており、何らかの政策を助言する機関ではないとの位置づけである。

▼3　二〇一五年十二月パリで開催されていたCOP21（国連気候変動枠組条約第二十一回締約国会議）で、二〇二〇年以降の温暖化対策の新しい国際枠組み「パリ協定」が採択され、世界の気温上昇を産業革命前から二度未満に抑えることが目標と明記された。「二度未満の国際合意」は、特にＥＵが目標として主張していたが、いわゆるグローバルな国際合意があったわけではなかった。

図表 9-1　世界平均地上気温

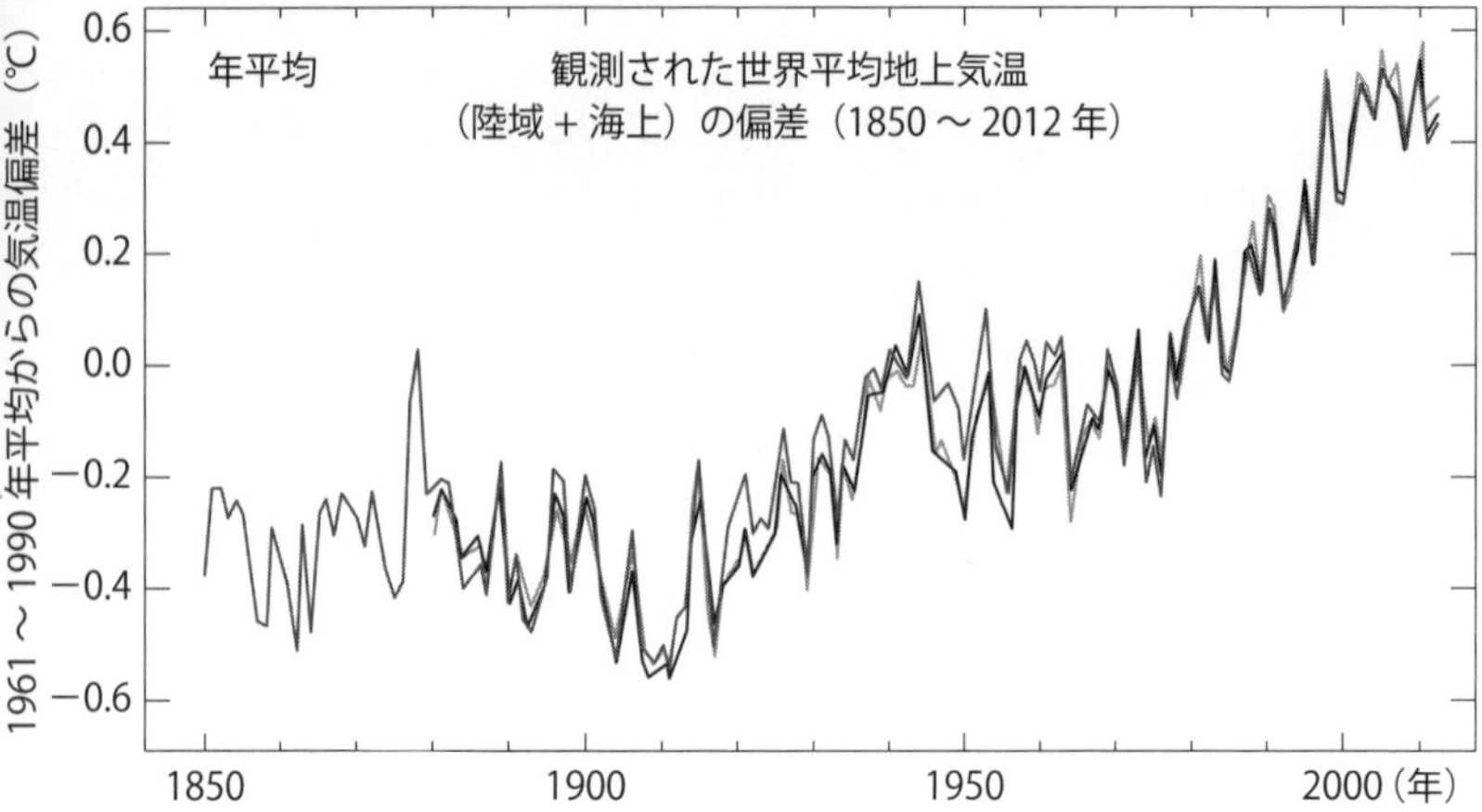

世界平均地上気温（IPCC 第 5 次評価報告書より）：気象庁

自国民に多大な痛みをもたらす対策に踏み切るのは政治的にも、経済的にも未だ難しいというのが現状である。ましてや一般の人々にとっては見えない温室効果ガスとの戦いが将来に向けて自らにかかわる問題になりそうだと意識しつつも、今自ら何かをなすべきか、なさざるかの思いは国により、人によりさまざまであるように思われる。

本章の構成としては、まず地球温暖化問題に対する国際的取り組みが構造的に難しい点を説明し、次に気候変動を観測する人工衛星がこの問題にどのように貢献しているのかをみる。最後に、地球温暖化問題への貢献は、主に「国際公益」に資するとの特徴があることを説明し、日本外交が長期的視点から温暖化問題に取り組む中で、宇宙を利用することの意義について俯瞰する。

1．地球温暖化問題をめぐる国際構造

地球温暖化問題とは、十八世紀半ばの産業革命以来の温室効果ガスの大量排出（原油やガスなどの化石燃料の燃焼や樹木の伐採）により大気の温暖化が進み気候や生態系が変化することにより、人間社会が約二六〇〇年の間に育んできたエネルギーの大量消費による高度文明が、今

後長期にわたり大きな厄災に見舞われる恐れが高いという世界的課題である。我々としては、国際社会が英知をもって真剣に取り組んでいるのだから、いずれ問題は何とか収束していくのであろうと考えたいところであるが、現実はそう簡単ではない。先進国を中心に国際社会が本格的に削減努力を始めた二〇〇八年以降ですら排出量は増え続け、五年間の削減目標の最終年であった二〇一二年の排出量も過去最高を更新した。今後も新興国を中心に世界の排出量が全体として拡大していくことは確実な情勢である。

そもそも温暖化問題には、国際的取り組みが困難な構造的要因が以下のようにいくつも存在する。

(1) 経済発展する権利

開発途上国にとっては、温暖化が進んだのは産業革命以来の先進国の責任であり、温暖化防止に当たり先進国と同じ責任を負わされることは不公平だし、開発の権利を否定するものとみなされる。大口排出国でもある中国やインドの主張である。そこで一九九二年のリオ地球サミット（国連環境開発会議）で妥協が成立したのが、温暖化の責任は、先進国と開発途上国が共通に負うものの、両者の責任の程度に差を設ける、すなわち「共通だが差異ある責任」という考え方であり、そのうえで、まずは先進国だけが法的な削減義務を負うという国際枠組みを設けることが合意された。

温暖化問題が世界的に認識されるはるか前から、すでに南北問題という先進国と発展途上国の対立が存在した。第二次世界大戦後、植民地が続々と独立していく過程で、地球の北半球温帯地域以北に集中している先進資本主義諸国と、以南に多く位置する発展途上国との間の著しい経済的格差から生じた経済的、政治的諸問題のことである。発展途上国は経済発展を求めて、一九六〇年代以来、先進国に対し資金と技術を要求してきたが、必ずしも格差の是正に成功してこなかった。そうした中で一九九〇年前後に急浮上した温暖化問題は、先進国と発展途上国が再び資金と技術を求めて対立する具体的かつ格好のテーマとなった。温暖化交渉の場は、開発途上国にも排出削減の努力を課すのであれば、そのための資金と技術を先進国が提供するべきであるとの一九六〇年代以来の途上国の主張を声高に繰り返す宣伝効果の高い機会になったのである。途上国の中には、先進国が温暖化問題を使って開発途上国の経済発展を阻止し、自らの優位を継続しようともくろんでいるといった見方さえあった。富める者と貧しき者の格差を縮めるという話となると解決が容易でないことは、世界規模の話にしろ、一国内の話にしろ明らかである。ましてや、発電所の熱効率の向上といった温室効果ガスの排出削減策にしろ、海面上昇に対する護岸工事のような気候変動によってもたらされる被害に応じた対策（以下、「適応策」という。）にしろ、温暖化対策は資金ニーズが膨大で、将来的に必要な費用見積もりすら困難なほどに不確定要素が大きい。これを誰が、どのように資金負担していくのかという問題なのである。

（2）国際競争力への影響

先進国のみならず、途上国も法的な削減義務を負うべきか否かの両者の確執は、経済の国際競争力の争いでもある。先進国にしてみれば、中国やインドといった新興国が経済発展を続ける中で、先進国のみが過度な削減義務を負えば国際競争力が下がり、いずれは逆転してしまうとの脅威感が現実のものとなっている。途上国からみれば、先進国が環境保全というハンデを背負えば史上初めて南北間の格差が縮小するチャンスともいえる。もちろん、先進国の間でも競争力の争いがあり、他国に比べ重い削減義務を負えば国際競争力を失うリスクがあるのであり、いずれの国でも国内世論、特にビジネス界にはそのような危機感が強いだろう。

（3）難度を増す国際合意

主権国家が並立する国際社会では、どの国であっても、自らの意思に反して合意を強制されることはなく、気候変動の世界でも合意を作るには二〇〇か国近い国々の全会一致（コンセンサス）を得るのが原則である。参加国が増えれば増えるほど、また厳しい約束事であるほど合意を得るのが難しくなっている。気候変動はその中でも最たる分野の一つであり、核軍縮や貿易自由化交渉、宇宙空間の平和利用といった分野での世界的合意形成が停滞しているのと同じである。

一九九七年に京都で温室効果ガス削減に関する歴史的合意ができ、合意実施の第一期となる二〇〇八年から二〇一二年の五年間において、先進国全体で一九九〇年比五％の削減を行うことが決まった（日本は六％減を約束した）。この合意は、先進国のみが法的義務として削減に取り組むという画期的なものであったが、当時の最大排出国である米国が議会の反対により最終的に不参加を決めてしまい、カナダも途中脱退したことで、歯欠け状態になった。その間、中国やインドといった途上国の排出が大幅に増えたことから、先進国だけの取り組み、ましてや一九九〇年比五％程度の削減ではとても温暖化の進行を食い止めることはできないことが明らかになった。ゲームの基本前提がこの十年で大きく変わってしまったということである。京都における合意の第二期となる二〇一三年から二〇二〇年までの期間は、かろうじて同じ先進国のみの枠組みが続けられることになったが、日本、ロシア、ニュージーランドは不参加を決め、主要参加国は欧州と豪州だけという状況になった。日本を含む不参加国の主張は、米国、中国、インドといった大型排出国が参加しないこれまでのやり方を続けても、効果的な温暖化対策にはならず、主要な排出国すべてが参加する国際枠組みがぜひとも必要というものであった。

近年は、二〇二〇年以降の新たな取り組みに国際交渉の焦点が移っており、世界一の排出国となった中国と第二位の米国を含むすべての国が参加する代わりに、国際交渉で各国の削減目標を決めるというやり方ではなく、各国が自主的に削減目標を策定して削減努力を行うという方向で合意を得る交渉が模索され、二〇一五年十二月にパリで先進国、途上国が同じ土俵で削減に取り組むという新しい枠組みがようやく合意された。[4] これは画期的な合意であり、COPと呼ばれる毎年の温暖化交渉が一九九五年に始まって以来苦節二十年の成果であるが、これはあくまで自主目標なので大幅な削減は期待しにくいとみられている。

▼4　「パリ協定」では、二大排出国である中国と米国も参加することになった。各国は削減目標・行動を自主的に設定し、国連に登録する。

（4）待望される画期的技術

問題は、排出された温室効果ガスは時間の経過によりどこかに消えていったり、樹木や海水が無限に吸収してくれるわけではなく、大気に蓄積し続け、濃度は高まっていくということである。さらに問題なのは、その高濃度が数百年も持続してしまうといわれていることであり、現在の不作為が何十世代にわたり悪影響を与え続けてしまうとの恐れなのである。いずれ原油や天然ガスを使い果たせば温室効果ガスの排出はなくなるので、それまで待つことができれば濃度は自然に下がってくるだろうという議論は通用しないようである。たとえば、石油の確認埋蔵量から可採年数はあと五十年とかいうものの、現在の技術で採掘できる量という定義なのであり、技術が進歩すれば可採年数は延びていく。気温上昇を産業革命前から二度以内に抑えるという「二度未満目標」を達成するには、大気中の温室効果ガスの濃度を現在の約四三〇ppmから四五〇ppm以内に抑制する必要があるといわれ、毎年一～二ppm増えている現在のペースが続けば、「二度未満目標」の達成はどんどん難しくなっていく。現時点でもうすでに〇・八度上がっている。冒頭のIPCC報告で記述されている二一〇〇年にはマイナスの排出量にしなくてはならないという意味は、人間が地中、海底から掘り出して使った石油やガスを燃やして生まれた温室効果ガスのすべて、ないしそれ以上を大気に出すことなく、回収して地中や海底に戻すということであり、それには新しい技術が必要なのである（森林を増やして光合成により二酸化炭素を吸収することも一定程度可能である。）。現在さまざまな実験が試みられているが、まだ成功の見通しは立っていない。将来合理的なコストでこの画期的な技術が実用化すれば、そのコストを誰が負担するのかという問題がまた出てくるものの、そこには希望の光がある。

そうした画期的な技術が生まれるまで、危機は拡大し続けることとなり、それまでは太陽光や風力といった再生可能エネルギーや原子力の割合を増やしたり、植林をすることによって排出をできる限り少なくして時間を稼ぐということになろう。ただ現状では、温室効果ガスを出さない再生可能エネルギーはコストが高く経済競争力に負荷がかかるという問題が明らかになってきているし、原発の利用拡大には承知のとおりさまざまな議論がある。

（5）科学的知見の不足

温暖化ガスの濃度が高まっていけば、気温が上がっていくことはまちがいないにしても、気候（「気候」は数十年から百年単位の長期的な変動であり、日々の天気の移り変わりである「気象」とは異なる。）はそれのみで変動するわけではなく、その他の要因にも影響されるので、今後の気候変動の予測は当然に難しい。温室効果ガスを見ても、人為的な要因で気候変動が起きている確率が九五％以上だとしても、気温上昇の程度や影響の大きさについての不確定要素が多いことはＩＰＣＣが認めている。これが温暖化懐疑論に反論の余地を与えている原因でもある。例えば、統計によればこの十年、大気の温度は下がっていて、温暖化は実際進行していないのではないかといった議論がある。もう一つの問題は、国際社会が抱えている課題は温暖化だけでないとの事実である。国際政治の不安定による軍事費の増大、テロとの戦い、貧困の削減、災害対策、経済・福祉対策など多くの国が限られた予算のやりくりに苦労する中、温暖化対策のみに限られた資源を割くことは難しい。ましてや不確実な温暖化予測に基づき、コストが高い対策を早計にとるわけにはいかないとの考え方も、国際社会の取組が劇的には進みにくい原因となっている。そうした中、目に見えない温室効果ガスそのものの排出削減努力、すなわち緩和策よりも、防潮堤の建設や災害に強い品種改良といった目に見えやすい現実的な適応策にプライオリティを移していくべきとの議論が出てきている。他方、対症療法である適応策に関心が行きすぎ、根本的治療である緩和策（温室効果ガスの排出削減）が敬遠されれば、取り返しのつかない事態になりうるとして、こうした方向への傾斜を戒める声も大きいのが現状である。両者のバランスをどのようにとっていくのかも科学的知見の集積という助けが必要であり、今後の課題となっていくだろう▼[5]。

（6）強い政治性

温暖化問題は、政治や経済によってその取り組み状況が左右されるのではなく、本来は科学に基づき、道徳的視点から取り組まれることが理想であろう。二〇〇七年に気候変動問題の普及・啓発の功績が認められノーベル平和賞を受賞したゴア元米国副大統領が、受賞直後、「気候変動は、政治の問題ではなく、全人類に課せられた道義的精神的挑戦」と述べているが、実際はそれほど単純ではなく政治、経済が絡まざるをえないのはこれまでみたとおりである。因みに、この時ゴア副大統領と共に受賞したのは組織体であるＩＰＣＣである。

いずれにしても、以上のようなさまざまな困難や将来の不確実性に関わらず、国際社会の取り組みは、危機が存在する限り続かざるを得ない。気候変動が飢餓や健康といった弱者への被害のみならず、結局は程度の差こそあれ先進国も途上国もなく人類共通の挫折をもたらす蓋然性は極めて高く、これを軽視することは倫理的にも、政治的にも困難だからである。いずれの国家、政治家にとっても、内外世論の反発を買うことにならないよう、温暖化問題を含めた環境問題への配慮は欠かせないし、逆に積極姿勢を示せば政治的なアピールになる。そのため、時には自国が如何に真剣に取り組んでいるかの美人コンテストになったり、逆に自国には責任がないとの政治的主張に走ったりすることもある。重要なのは、さまざまな主張や反対に関わらず、各国がそれぞれの国益は踏まえつつも、国際社会の全体利益のために出来る限りの削減努力を行うことであり、それは政治がリードしなければ進まない。こうして気候変動は、その国際交渉において時に首脳まで巻き込んだ丁丁発止のやり取りが行われる数少ない例になっている事実が示すように、極めて政治性の高い問題である。[6] 温暖化が進むにつれて主要な排出国である途上国にとっても、いよいよ先進国のみに「共通だが差異ある責任」原則を押し付けるだけではすまない状況になっており、この原則をどう解釈しなおすのかという視点からも高度に政治的な案件になっている。[7] ＩＰＣＣの今次報告書によれば、「この四十年間に排出された人為起源ＣＯ２は、一七五〇年から二〇一〇年までの累積排出量の約半分を占めている。世界的には、経済成長と人口増加が、化石燃料燃焼によるCO２排出の増加の最も重要な推進力である状態が続いている。」と指摘しており、新興国にも責任の一端があることは明らかである。例えば、産業革命以来排出した温室効果ガスの総量でいえば、中国はすでに日本を遙かに上回っていると推計されている。

強い政治性という観点からは、国内政治の視点も重要である。国際的に効果的な排出削減を行う必要が高くても、政治家は国内政治や国内世論の反発にも配慮しなくてはならない。多くの国民は、不確実な未来のために、エネルギーの使用抑制を今実践することで不便な生活に甘んじようとはしないし、コストも負担したくないであろう。

以上のような構造的特徴から、国際社会による温暖化対策の一体的、長期的、効果的な取り組みは容易でないことがわかる。もとより、現状のままでは冒頭のＩＰＣＣが期待するような大幅削減は困難であり、大気中の温室効果ガス濃度が徐々に上がり、温暖化の進行による被害が拡大していくことはほぼ確実なの

▼５　山口光恒「気温上昇目標、見直しを」（二〇一四年五月六日付け日本経済新聞19面、経済教室）

▼６　二〇〇九年のコペンハーゲンでの温暖化交渉では、通常は閣僚レベルの参加であるところが、オバマ大統領、鳩山首相、温家宝首相など主要各国の首脳が、交渉の最終段階で文書作成作業に直接かかわった。「米国国務省関係者によれば、首脳自身がドラフティングを行うのは第一次世界大戦後のヴェルサイユ講和会議以来のことだ。」（「環境外交」p.4、加納雄大）

▼７　本来は科学的知見を示す場であるＩＰＣＣ評価報告書の作成でも、原案にあった適応策の必要コストについて「途上国だけで毎年七〇〇億～一〇〇〇億ドル（七兆円～十兆円）かかる」ことや、被害について「穀物生産量が一〇年あたり最大で二％ずつ減少する」こと、「温暖化対策をしなければ洪水被害人口が対策をとった場合の三倍に増える」ことなどの具体的記述が、政府側から更なる調査が必要であるとの主張により削除されたように、その強い政治性が指摘されている。

であろう。そうすると、当面の間は大幅な削減が難しくても主要排出国が中心になってできる限りの削減努力を続けながら、一方で画期的かつ合理的なコストの削減技術が生まれるのを待望するというのが現実的な選択にならざるを得ない。その技術の決め手は先に述べた排出された温暖化ガスを回収し、地中や海底に貯留することだとされる。植林も二酸化炭素を吸収するので効果的だが、世界の人口が拡大していく中では限界があろう。[8] その間、対症療法ではあるが、気候変動による被害を軽減する適応策をも進めていくことが現実的政策となる。

そして不幸にも温暖化が予測どおりに進展していった場合、IPCCの第五次評価報告書でも言及されているとおり、全ての国が緩和の取り組みを本格的に開始し、使える技術を総動員し、世界単一の炭素価格を導入する[9]といった大きな痛みを伴うシナリオを実行しなくてはならない事態になるのかもしれないが、その先行きは不明である。

こうして、諸情勢が許せば、国際社会は大いなる危機感を持って直ちに臨戦態勢に入るのが理想であろうが、多くの国が引き続き温暖化の進展、さらには他国の努力を注意深く観察しつつ、現時点でとりうる最大限の削減努力を行っているというのが現状であろう。そうした各国の努力にかかわらず、今後世界全体の排出量は増え続けることが予想されている。国際社会としては地球の温暖化が実際どの程度進んでいくのかを正確に検証、予測し、世界中が臨戦態勢に入るべき時期を見極めなくてはならないだろう。以下に見る宇宙からの観測はそのための重要な役割を担うことになると思われる。

2. 地球温暖化に対する環境衛星の役割

最初に、宇宙からの観測が気候変動、特に温暖化対策にどのように役立つのかをみる。宇宙から地球環境を観測する人工衛星を便宜的に「環境衛星」と呼ぶこととするが、現在日本関連では五基の環境衛星が運用中、三基が開発中である。環境衛星を語る際、重要と思われるのは、地球の気候変動を予測していく上で、温室効果ガスのみがその決定要因（パラメーター）なのではなく、海流や海面水温、大気中の水蒸気量、雲やエアロゾル（大気中のほこりや塵の微粒子）、森林などの植生、太陽活動など多様なパラメーターが存在することである。これらのデータをコンピューター上のシミュレーションに取り込んで将来予測を行うわけだが、如何に多くの重要パラメーターに正確なデータをインプットできるかがシミュレーションの精度を決める鍵であり、そのデータを提供するのが環境衛星の役目である。人工衛星は超高度からの観測であるがゆえに、地球全体を俯瞰できるとの大きな特徴があり、環境衛星という新しい技術を使い気候変動問題への取り組みという国際公益に貢献することは、日本を含む宇宙先進国がなしうる国際責務といいうるミッションである。

まず、本章が温暖化問題を主課題としている関係で、温室効果ガス観測という目的に特化して打ち上げられた「いぶき」について、その概略を見た後に、より広い意味で気候変動に関わっているその他の環境衛星を紹介する。

（1）温室効果ガス観測技術衛星「いぶき」（GOSAT）および「いぶき2」

「いぶき」（GOSAT：Greenhouse gases Observing SATellite）は二〇〇九年一月に打ち上げられ、高度約

▼8　二〇一三年六月発表の国連による人口推計によれば、二〇一〇年の人口が六九・二億人であるのに対し、二〇五〇年に九五・五億人、二〇六二年に一〇〇億人を越え、二一〇〇年には一〇八・五億人となる。

▼9　西村六善「二〇二〇年以降の国際制度提案（国別制度から全球市場制度へ…）」http://www.seeps.org/meeting/2012/submit：「温度目標値で世界が合意し、科学に基づき設定された排出上限以上の排出を禁止することで目標値が達成される。政府間会議が炭素予算に所有権を設定し、世界市場で排出企業に売却すると単一の炭素価格が生まれ、次第に上昇する炭素価格（価格シグナル）が企業の低炭素技術投資や消費者の低炭素製品移行を起爆していく。

六六〇キロ上空を回っているが、そのセンサーは地表面で反射された太陽光および地球から宇宙へ放射される赤外線を宇宙で観測し、この赤外線を詳しく分析することにより、大気中の温室効果ガス（二酸化炭素、メタンガス）[10]の濃度を算出することができる。これまで地球上では約二六〇か所に観測地点があるにすぎなかったが、「いぶき」（GOSAT）は地球を約一〇〇分間に一周するので、一つのセンサーで地球表面のほぼ全体の五万六〇〇〇か所をほんの三日間で計測ができる。温室効果ガスの濃度分布を測定するには、設置環境や機材の更正精度等さまざまな要因が絡む難しさもあり、これまで各国の測定に任せざるを得ず正確さを欠いていた。「いぶき」によって、世界は初めて温室効果ガスを測る『共通のものさし』をもつことになりそうである。

すでに世界の排出量の増大は中国を含む新興国の排出増によるところが大きくなっているが、「いぶき」による当初二年間の観測結果をみても、同様の傾向が出ており、今後の解析によってさらに明確な推定が出てくる見込みである。[11]二〇一七年度にはさらに精度を上げた「いぶき2」が打ち上げ予定であり、その目標は、温室効果ガスの高精度観測に加えて、人為起源の温室効果ガスのみを取り出した推定へのステップを踏み出すことである。現在の「いぶき」では排出量そのものではなく、排出量から吸収量を差し引いた「吸収排出量」[12]のみの測定だが、この情報自体も有効である。さらに、「いぶき2」は一酸化炭素の検出とともに、人為起源の二酸化炭素を分離するための研究にも取り組む。[13]同時に、温室効果ガスの分布を国単位で計測する方向での取り組みも行われている。今後「いぶき」シリーズの試行錯誤が成功すれば、各国の削減努力の成果がより正確にモニターでき、遠くない将来、各国がそれぞれ人為的な温室効果ガス排出の目標値を達成しているかどうかを公平に判断することができるようになると期待されている。[14]

日本の「いぶき」に続き、米国も二〇一四年七月に同じ目的の温室効果ガス測定衛星（OCO—2）を打ち上げたので、[15]観測方式が異なる両者のデータを重ね合わせ、地上でのデータと比較することでさらに精度の高い事実の把握と時系列データが入手できることになる。欧州でも二〇二〇年打ち上げの構想があり、現在でも日米欧でほぼリアルタイムのデータ伝送が行われる等緊密な協力が行われている。

（２）気候変動関連のその他衛星

日本が関係する環境衛星として、以上の「いぶき1」、「いぶき2」（予定）に加えた以下の三基（以上計五基）、並びに欧米と日本との協力プロジェクト三機について、愛称とともに、その役割を簡単に紹介する。

（イ）だいち2号（ALOS-2：Advanced Land Observing Satellite）

全地球の表面を精密に観測する衛星で、二〇一四年五月に打ち上げられた。地図作成、地域観測、災害状況把握、資源探査など、気候観測に限らない多目的衛星だが、温暖化対策として特に重要な森林観測に

▼10　温暖化の要因となる温室効果ガスのうち、二酸化炭素が約六割、メタンガスが約二割を占めるとされる。

▼11　二〇一四年十二月の環境省発表によれば、平成二十一年六月から平成二十四年十二月までの三年半に大都市等とその周辺で取得された「いぶき」データを解析した結果、「世界の大都市等においてその周辺よりも二酸化炭素濃度が高い傾向が見られた。さらにその濃度差と化石燃料消費量データから算出した濃度差との間に正の相関があることから、〃いぶき〃は大都市等における化石燃料消費による二酸化炭素濃度の上昇を捉えている可能性が高いことが分かった」としている。

▼12　「いぶき」のデータでは排出量の算出は困難で、「吸収排出量」の推定を行っている。「吸収排出量」とは、吸収量と排出量の差で、例えば一〇〇排出して三〇吸収していれば「吸収排出量」は七〇になる。また排出量が七〇でも吸収していなければ、「吸収排出量」は同様に七〇になる。

▼13　また、排出量が判っても人為起源と自然起源があり、その分離が可能になれば、より正確な排出削減努力が計測できる。

▼14　地上データは数こそ少ないが衛星よりも精度の高い観測ができるので、両者の連携は不可欠である。すなわち、衛星観測は、精度はそこそこだが同じ測定器で地球全体を観測することが可能な一方、地上観測は、精度は高いが、観測できる場所が限られ、かつ異なる測定器で観測するため、測定器間のばらつきの調整が必要である。

▼15　NASAが打ち上げたOrbiting Carbon Observatory-2で、二酸化炭素の地球上の発生源と貯蔵場所を特定するのが目的。第1号は打ち上げに失敗して失われた。

有効で、森林や植生の変化を監視することにより、温室効果ガスの排出削減の把握や検証に役立つ。例えば、前任の「だいち」がアマゾンの違法伐採に役立ったように、森林の増減の把握に効力を発揮する。東日本大震災時にも活躍したように洪水や火山噴火などの災害予測や被害状況把握にも強みを発揮する。

(ロ)「しずく」(GCOM-W：Global Change Observation Mission-Water)

二〇一二年に打ち上げられ、海面水温や風速、大気や土壌に含まれる水分量、積雪の深さなど水に関連する多様なパラメーターを計測し、世界中の気候関係の研究者が地球全体の水循環メカニズムの解明のため利用している。例えば、海面水温で言えば、「しずく」に搭載されたセンサーは海面から放射されるマイクロ波の強度を〇・五度の精度で測定する。「しずく」は雲の影響を受けないという強みがあるため、海面水温からの漁場推定、北極海の海氷面積の減少など地球規模での環境変化の把握を行ったり、▼16 エルニーニョ、ラニーニャや大規模干ばつといった異常気象の監視にも役立てられている。また、気象庁が降水予測精度の向上のために数値天気予報や台風解析で利用しているのみならず、米国や欧州の気象機関においても使用されている。

(ハ)気候変動観測衛星(GCOM-C：Global Change Observation Mission-Climate)

二〇一六年度打ち上げ予定なので、まだ愛称は決まっていない。大気中に浮遊して日射を和らげている大気中のちり(エアロゾル)や雲、二酸化炭素を吸収する陸上植物や海洋プランクトンの分布など、多種多様なパラメーターを観測する点は「しずく」と同じである。これにより地球の熱の出入りや生態系の分布が温暖化に伴ってどのように変化していくのかを理解し、将来の気候変動を予測するのに役立つ。また、植物プランクトンの観測は漁場推定に、エアロゾル観測は黄砂の飛来状況監視に、そして植物活性度の観測は作物生育状況・収量推定にも利用される予定である。

(ニ)熱帯降雨観測衛星(日米共同ミッション、TRMM：Tropical Rainfall Measuring Mission)

一九九七年に打ち上げられた日米共同ミッション機であり、二〇一四年六月末現在、軌道上で運用を続けている。地球全体の降雨量のうち約三分の二を占める熱帯・亜熱帯地域で降る雨の分布を正確に測定することを目的とする。日本は、世界初の衛星搭載降雨レーダと衛星打ち上げを担当した。三年二か月の設計寿命を大きく超えて運用を継続しており、降雨レーダによって蓄積された十六年以上に渡る熱帯の三次元の降水データによって、熱帯・亜熱帯域の降水システムの全球的特性の理解が大きく進み、気候モデルの検証にも使われるようになった。

(ホ)全球降水観測主衛星(日米共同ミッション、GPM主衛星：Global Precipitation Measurement)

二〇一四年二月に種子島から打ち上げられ、米国との共同ミッション機であることから、ケネディ駐日大使も打ち上げの様子を視察した。前項のTRMM衛星の後継・拡大ミッションであり、熱帯地方のみならず、ほぼ地球全体を対象とした降水観測により、気候変動が降水に及ぼす影響の解明に貢献するほか、洪水予警報や台風の進路予測、数値天気予報の精度向上などに役立つため、アジアなどの発展途上国での利用が計画されている。主衛星は日米協力により製造され、日本は、雨雲スキャンレーダー（二周波降水レーダー）と衛星の打ち上げを受け持った。さらにGPM（全球降水観測）計画全体として、このGPM主衛星が、パートナーである各国機関（米、日、欧、フランス、インド等。日本の「しずく」も参加）により打ち上げるマイクロ波放射計を搭載した複数の衛星（コンステレーション衛星群）と連携することで、高頻度の全球降水観測が可能となる。

(ヘ)雲・エアロゾル観測衛星(日欧共同ミッション、EarthCARE：Earth Clouds, Aerosols and Radiation Explorer)

欧州との共同ミッション機で、二〇一六年度に打ち上げ予定。気候変動予測に当たり不確実性が生じる要因の中でとりわけ大きいと言われているのが雲とエアロゾル（ちり）の相互作用を通した地球大気の放射収支の変化であり、これらを観測することで、気候変動予測や気象予測の精度向上に資する。日本は雲分布を立体的に観測するセンサーを開発するが、これまでの約十倍の高感度で観測を行う予定である。

▼16　日本では、南極観測船「しらせ」が利用したり、日本漁船の漁場探しの効率化に役立っている。

（3）環境衛星の強み

地球の気候システムは、複雑なバランスの上に成り立っており、地球誕生からの長いサイクルでみると、気候は自然に変動している。これまでどう変化してきて、これからどう変化していくのか、さらには人間社会が及ぼしている影響はどれくらいなのかを知るためには、宇宙から地球全体を長期間に渡って観測し、この変動の仕組みを理解していくことが不可欠である。宇宙技術の進展により、ようやくそうした観測が可能になった今、環境衛星により全球規模で観測を行う重要性がクローズアップされている。

その利用に当たって重要と思われるのは、①長期継続的な運用が必要であること、②観測成果は国際公益に資すること、③宇宙先進国を中心とした共同責務である、という三点であろう。敷衍すると以下のとおりである。

①長期・継続運用

地球温暖化問題においては、多くの国が二〇三〇年、二〇五〇年といった節目の年に向けた削減目標を掲げるにいたっており、また前述した国際科学者集団であるＩＰＣＣは二一〇〇年の排出量をゼロかマイナスにしなければならないとして二一〇〇年を長期的な節目の年としている。こうした中長期目標を節目とし、温暖化の進行状況をみながら、国際社会は今後どこまで削減対策に資源をつぎ込むのかを決めていくことになると予想されることから、環境衛星の精度をさらに上げる努力を行うのみならず、その運用も長期戦にならざるをえない。現在は、気候変動のメカニズムそのものが大変複雑で未解明であることから、上記でも見たように気候変動にかかわる多くのパラメーターを観測して、より精度の高い予測シミュレーションを試行錯誤しながら作っていく段階にある。

したがって息の長い継続利用が必要であるが、日本で心配されるのは、環境衛星が総じて多目的であるという特性から、利用したい官庁が複数に分かれ、併せて衛星の製造、打ち上げが高価なため、現行の予算システムでは環境衛星の必要性が過小評価されやすいことである。気象衛星は気象庁、温室効果ガス観測衛星は環境省の所管と分かりやすいが、その他の環境衛星がもつトータルな効用が行政の場で語られる機会が多いわけではない。上記でとりあげた「だいち」は国際的にも活躍したが、後継の「だいち2」が打ち上げられず、「だいち」の運用終了から約二年半観測の空白が生じ、国際協力にも支障が生じた。

②国際公益に資する観測

環境衛星による観測データは、全世界に供給され、人類の課題である気候変動の解明に役立てられるという意味で、単なる国益でなく、国際公益と呼ぶべき側面がとりわけ強い。国際社会が健全な自然環境を共有するために必要な国際協力と言ってもいい。そのため、観測衛星の有用性の多寡を評価する場合、他の目的で利用する人工衛星のように安全保障、産業振興、科学技術の発展といった通常の評価基準とは異なる別の尺度が必要になってくる（例えば、「国際公益」への貢献といった尺度）。上記でみた観測衛星の多くが、何らかの形で宇宙先進国を中心とした各国との緊密な協力の下に行われているという事実も環境衛星が主に国際公益に資する財であることの証左と言えよう。なお、「国際公益」の論点については次項3.においてもう一度触れたい。

③宇宙先進国による共同責務

環境衛星を製造、打ち上げ、運用する技術、資金力を有する国は世界の中でも一部にすぎず、温暖化の世界における「共通だが差異ある責任」も踏まえつつ、産業革命を主導した宇宙先進国が中心となって人工衛星を使った環境関連情報を世界と共有するという役割を果たすことは自然である。その意味で、国際分業、責任分担という側面が意識されなければならない。人工衛星は高価であるし、相互に強みのある技術を有効活用する意味でも、必要なコスト負担を国際分業で進めていくことが望ましい。日本の環境衛星で現在稼働中なのは五基（単独打ち上げの「だいち」、「いぶき」および「しずく」と日米共同のTRMM及び

▼17　上記（2）の（ニ）及び（ホ）のGCOM2機も米国の観測衛星システムNPOESSとの協力が二〇〇七年に決まっている。

GPM。）であり、気象衛星「ひまわり」二基（一基は予備）[18]を合わせても、日本の観測衛星（環境衛星を含む）は、数にして二桁を超える米国や欧州と比べて少ない。また、「だいち」の例で述べたように、これまで日本の観測衛星は単発の打ち上げで終わり、持続的に打ち上げられていないことにより継続的なデータを取得できないという批判が内外にあることにも留意する必要がある。

（4）環境衛星の国際的利用

こうした国際公益に資する観測衛星の利用を促進していこうとの国際的試みは、二〇〇五年にできた全球地球観測システム（Global Earth Observation System of Systems、以下「GEOSS」という。）[19]と呼ばれる国際枠組みの設定により結実した。その背景には、二〇〇三年のエビアン（仏）G8サミットにおいて、地球温暖化による砂漠化の急速な進展、水資源の不足、自然災害による被害増加などの危機を回避するためには、地球規模の諸現象について、正確かつ広範な規模で観測情報を取得、流通させる必要があると認識されたことがある。[20]このサミットで、小泉純一郎総理が、地球観測サミット（閣僚級会合）を開催することを提案し、第一回が米国、[21]第二回が東京でおこなわれた。第三回のブラッセルにおいて、GEOSSの構築へ向けた十年実施計画（二〇〇六年―二〇一五年）がまとめられ、日本を含む世界各国で協力を進めていくことが決まった。このシステムでは、九つの社会的貢献分野[22]が設けられ、日本では総合科学技術会議（内閣府）において三分野（気候変動、水循環、災害）が重点化されることが決まった。なお、米国や欧州は全分野を対象としている。この国際協力枠組みは二〇一六年以降も継続することが国際的に決定しており、次期GEOSS十年計画を設定すべく検討作業が進行中である。過去十年の国際レビューも行われており、総じて宇宙からの観測の協力は地上よりも進展していると評価されているようである。

3．環境衛星を気候変動に活用する外交意義

これまで見てきたように、環境衛星は、宇宙から地球温暖化を観測したり、より広く気候変動の状況を把握していくという国際公益に貢献しているのみならず、宇宙の多面性という特徴から、気象（天気）予測の精度向上、災害予測、汚染物質の観測、漁場の特定など日本自身の多様な（国内上の）国益にも役立っている。

ここでは、環境衛星による国際貢献を念頭に置きつつ、気候変動問題に日本が積極的な関与を行っていくことの外交的意義について整理してみたい。以下の四点に集約できるだろう。

（イ）日本の国力に応じた国際責務を果たす、

（ロ）国際交渉で有利なポジションを確保する、

▼18　気象観測では、欧州（ＥＵＭＥＴＳＡＴ）や米国（ＮＯＡＡ）が静止衛星（地上三万六〇〇〇キロの遠方からの観測）のみならず、地球から数百キロと近い軌道を回る周回衛星も所有しているのに対し、日本の気象庁は静止衛星（「ひまわり」）のみの所有であるが、ＪＡＸＡが所有するＧＣＯＭ等を利用して天気予報の精度を高めている。

▼19　世界全域を対象として、既存および将来の人工衛星や地上観測など、多様な観測システムが連携した包括システムを今後十年間で構築し、政策決定者や公衆など利用者が必要とする情報を重点的に提供するというのが構築の方針である。

▼20　内閣府資料「地球観測サミットについて」

▼21　地球観測サミットでは、地球観測に関する政府間会合（ＧＥＯ：Group of Earth Observation）が設立され、現在八十九か国、欧州委員会、五六機関が参加。

▼22　災害、健康、エネルギー、気候、水、気象、農業、生態系、生物多様性の九項目が公共的利益分野として設定された。日本では何に重点を置くかを総合科学技術会議（内閣府）が、わが国の地球観測の推進戦略としてとりまとめ、災害、地球温暖化、気候変動を優先して行うことになった。ＪＡＸＡ（宇宙航空研究開発機構）ではその一環として、上記のように、気候変動予測の精度を上げ、温暖化対策の立案に貢献できるような衛星の計画を立てた。

（ハ）日本自身の国家安全に資する、
（ニ）望ましき国際秩序の構築に役立つ、

（1）国際責務を果たす

地球環境問題に関与していくことは、すなわち国際公益に役立つことであり、国際社会の一員としての重要な責務といえる。ましてや日本のような世界第三の経済大国の場合は、普通の国に比して重い責務となる。日本は一九九七年に京都議定書採択時の議長国として自ら重い削減義務を引き受け、歴史的な国際約束の採択に貢献したが、この実績や積極的な途上国支援を含め、これまでの長い国際交渉の過程で一貫して重要な役割を果たしてきた。また、削減努力の面でも、日本は、京都議定書に基づく排出削減義務の第一期（二〇〇八〜二〇一二）終盤に東日本大震災により原子力発電が使えなくなるとのハンデを負いながら、一九九〇年比六％削減という国別目標を懸命に達成し、その責任を果たした。一方で、その後については現状の国際枠組みを継続したまま（京都議定書の延長）では、全排出量の三割にも満たない一部先進国のみの削減努力に不当に頼る体制を固定化し、温暖化問題のトータルな解決がかえって困難になるとの理由により、日本は京都議定書第二期（二〇一三〜二〇二〇）への不参加を決定した。鳩山首相は二〇〇九年に前提条件付きながら二〇二〇年の目標を一九九〇年比二五％削減と高く掲げたが、その後原発利用が不透明になった状況の下、二〇一三年秋には同目標を実質約三％増へと修正を余儀なくされた[23]。当時、国際社会の一部からは、日本の取り組みが、東日本大震災という特殊事情があったにせよ後退したと認識された点は残念であった。こうした中、温暖化問題という国際社会が直面する最重要の課題に、日本が引き続き積極的に取り組んでいる姿勢を示していく必要があるし、国際責務でもある。そのためにも、使用可能なツールを適時、適切に動員していくべきだが、人工衛星を使い気候変動のメカニズムを解明する努力は、日本の姿勢を外交的に示すこととなるし、顕著な成果が出せれば日本の名声を高めることにもなる。

（２）国際交渉で有利なポジションを確保する

温暖化交渉は、先進国対途上国の構図で理解されることが通常であるが、内実はそれほど単純ではない。一九九二年以来、温暖化交渉が延々と続いているが、国によって立場はそれぞれである。先進国の中でも、欧州はより理想的な環境論者と目される一方、日米を含むその他先進国は現実論者であるとされ、異なる交渉グループに属している。同じ交渉グループにいる日米の間にも、米国はエネルギー大国、日本は非資源国という重要な相違点がある。途上国も一枚岩ではない。中国やインドといった新興途上国は成長中の自国経済に影響が出ないよう先進国の責任を強調し、自らの責任を少なくしようとするし、逆に、将来の海面上昇で国土の沈没が危惧される太平洋などの小島嶼国は途上国であってもすべての国による取り組みを支持しており、先進国の立場に近い。産油国は国際社会がエネルギー消費の節約に努めれば、エネルギー価格が下がるなどの悪影響が出ることを懸念する。

いずれにしても、こうして関係国の利害が大きく異なる温暖化問題の交渉では、国際競争力へ悪影響やエネルギーの長期需給動向に関連して、自らの国の利害が大きく損なわれるおそれがあり、それを避ける

▼23　二〇〇九年九月鳩山首相がニューヨークの国連気候変動サミットで、二〇二〇年に温室効果ガスを一九九〇年比二五％削減すると演説した。そこでは、「すべての主要国の参加による意欲的な目標の合意が、わが国の国際社会への約束の「前提」になる」との条件を付けている。一方、二〇一三年十一月安倍政権は、地球温暖化対策に関する閣僚会合で、二〇二〇年の温室効果ガス排出量を二〇〇五年比で三・八％削減するとの新たな目標を決定した。これは京都議定書や鳩山政権と演説と同じ基準年である一九九〇年比に直すと約三％増となる。その後、二〇一五年六月安倍政権は、二〇三〇年度の温室効果ガスの排出量を二〇一三年度比二六％削減することを決定した。一九九〇年比では十八％減とされている。なお、目標の基準年をいつにするかにルールはなく、京都議定書の際は、ＥＵが目標達成に有利な基準年（一九九〇年）を設定することに成功したとされている。

ためには交渉の中心に加わっている必要がある。日本としては京都議定書の第二期約束に参加しなかったこともあり、交渉における発言力が低下しないよう引き続き外交努力を行っていかなければならない。因みに日本は世界の温室効果ガス排出全体の約四%を占めており、国別では中国、米国、インド、ロシアに次ぐ第五位の排出国である。国際社会に限らないが、多数の構成員がひしめく組織では、自他ともに認める一部の有力メンバーが組織の重要事項の方向性を決める力を持つのが常である。日本としては、これまで同様、交渉の主要プレーヤーとして発言権を確保するためには、多様な外交資源を不断に使って強い関与の姿勢を国際社会に示していくことが肝要である。宇宙からの観測手段を持ち、他国の削減状況をより的確に把握する術を有することは、国際貢献でもあるのみならず、交渉カードとしても有効であろう。

(3) 日本自身の国家安全に資する

温暖化問題はもちろん日本自身の国家安全にも直接関わっている。二〇一三年十二月に閣議決定された国家安全保障戦略の中でも取り組むべき重要な一分野となっている。[24] 日本のような島国は、その地政学的条件から、国家としての資源が乏しく、一旦海上封鎖に遭えば即座に干上がってしまうという意味で大きな脆弱性を有している。[25] 例えば、温暖化の進行により、日本自身の食料生産が減る恐れがあるのみならず、エネルギーや食糧が十分に国際流通されなくなれば、国家間の緊張が高まりやすくなったり、国際テロや難民流入が増えることとなり、日本の安全に悪影響を及ぼすかもしれない。

IPCCの評価報告書の中にも、「気候変動は、貧困や経済的打撃といった十分に裏付けられている紛争の駆動要因を増幅させることによって、内戦やグループ間暴力行為という形の暴力的紛争のリスクを間接的に増大させうる。」との記述や、「多くの国々の重要なインフラや領土に及ぼす気候変動の影響は、国家安全保障政策に影響を及ぼすと予想される。例えば、海面水位上昇による土地の水没は、小島嶼国や広範な海岸線を持つ国家の領土一体性にとって大きなリスクである。海氷、共有水資源、遠洋漁業資源における変化といった越境する気候変動の影響の中には、国家間の対立を増大させる可能性があるものがある……。」といった記載がある。[26] 要するに、気候が大きく変動すれば世界政治が混乱する恐れが高いということである。

（4）望ましき国際秩序の構築に役立つ

国際社会全体に広く裨益するいわゆる国際公益といえる分野は、環境問題のほか、食料増産、貧困削減、伝染病対策、人権擁護、紛争の防止、海洋の安全などが挙げられる。こうした国際公益の拡大に向けて真剣に取り組む外交姿勢は、個々の人間の安全を重視し、国際社会のバランスある発展に協力していこうとする国際協調主義に基づくものであり、日本が望ましいと考える自由・民主主義、法の支配に基づく国際秩序構築に相通ずる。国際社会は、各国家が基本的な構成員であり、気候変動問題に積極的に取り組み、国際社会に秩序と安全を与える営みを積極的に行おうとする国家ないし国家群は、優れた価値、体制の保持者として、長期的にみて国家を超えて各国国民の支持を獲ち得ていく可能性が高いだろう。逆に、自国の国益に固執しすぎて、国際公益の伸長に消極的な姿勢をとる国家や体制は、長期的に世界の人々の信頼

▼24　日本の国家安全保障戦略（二〇一三年十二月閣議決定）の気候変動部分：「気候変動分野では、国内の排出削減に向けた一層の取り組みを行う。優れた環境エネルギー技術や途上国支援等の我が国の強みを生かした攻めの地球温暖化外交戦略を展開する。また、全ての国が参加する公平かつ実効的な新たな国際枠組み構築に積極的に関与し、世界全体で排出削減を達成し、気候変動問題の解決に寄与する。」

▼25　日本では、今次ＩＰＣＣ総会に先立つ二〇一四年三月、環境省の研究班が温暖化影響の最新予測を公表し、洪水や熱中症被害の拡大など、深刻な日本の将来像を示した。同報告では、災害、食料など五分野の影響を二〇世紀末との比較で示し、温室効果ガスが増え続けた場合、平均気温は三・五～六・四度、海面は六十～六十三センチ上昇。最悪の場合、砂浜は八三～八五％消失し、洪水による被害額は二十世紀末の約三倍、最大約六八〇〇億円に上るとした。

▼26　ＩＰＣＣ第五次評価報告書第二作業部会報告書

を失っていくであろう。

気候変動問題というと、身近に起こる異常気象であったり、化石燃料の過剰利用にまつわる人間社会の末路といったイメージでとらえられることが多いであろうが、以上の諸点に鑑みれば、気候変動問題は国家の外交・安全保障にも深く関係していることがわかる。そもそも国家安全保障とは、つきつめれば国民の生命と財産を守ることであり、日本に限らず一般に三つの分野における努力が必要である[27]。一つは、防衛力の増強等により必要な抑止力を強化し、我が国に直接脅威が及ぶことを防止すること。もう一つは、日米同盟の強化、域内外パートナーとの関係強化等により、アジア・太平洋地域の安全保障環境を改善することである。最後に、国際秩序の強化、紛争の解決に主導的な役割を果たすこと等を通じ、グローバルな安全保障環境を改善する努力である。日本の場合、自由と民主主義、市場経済、法の支配といった価値に基づく国際秩序作りが目標となる。というのも、それが日本のような資源に乏しい海洋国家が活躍するのに適した国際環境だからである。気候変動のような国際公益に資する貢献は、この三つ目のグローバル・レベルでの努力に属する。これら三つの努力をバランスよく行っていくことが日本外交の目標であり、安全保障の一環となる。

4. 次なるステップへ

気候変動問題は、冷戦時代の核戦争の恐怖、冷戦後のテロの脅威などと並び、人類が直面する深刻かつ厄介な地球規模課題であるが、我々一人一人の生活様式が数百年にもわたり子孫に大きな災厄をもたらすかもしれないという特徴をもっている。国際協調が最終的に成功し、事なきを得ることになるのか、または最悪の事態として災害の頻発や食料の不足により想像を絶するような数の人が亡くなったり、よりよい土地やエネルギーの獲得を求めて世界的な紛争につながっていくことになるのかは現時点で予想不能である。国際社会は一九九二年に取り組みを開始し（リオデジャネイロの地球サミット）、一九九七年には京都で先進国が率先して法的義務を伴う削減努力を開始することに合意するなど画期的なスタートを切った。しかし、これまでの試みを通じ、先進国のみによる現状程度の削減努力では全く不十分であることがわかり、過去の取り組みは一旦挫折することになった。その後、仕切り直しが行われ、二〇一五年末にパリで世界のすべての国が自主的目標を作って削減努力を行うとの合意ができた。首尾よく歴史的な合意はできたが自主的取り組みには限界があることも明らかであり、その意味で、国際社会に対する警戒警報が鳴り続けていることに変わりはない。世界が削減努力を行いつつ、更なる一歩を踏み出すためには、おそらく精緻な科学的評価に基づく厳しい現実に後押しされる必要があるのであろう。

こうした状況下、人工衛星は人類社会が直面する最悪の事態を回避するために、小さからぬ役割を長期的に果たすことになりそうである。

第一に、何よりも温室効果ガスの大気中濃度や排出量の推移、気候変動のさまざまな変化を監視し、国際社会により精緻な科学に基づく警鐘を鳴らすことにより、必要な行動を促すことができる。環境衛星の性能を高め、より精度の高い観測結果が示されることとなれば人類はこれまでとは異なる次元の取り組みを始めなくてはならないはずである。

第二に、自主的目標であっても、環境衛星によってより精緻な排出実績が国別に計測できることになれば、目標未達成に対する道義的責任がより明確になるし、有効な対策を講じることにも役立つであろう。

第三に、温暖化の結果起こるであろう数々の災害の予防、減災にも人工衛星は貢献できるし、食料増産、資源探査、森林保全など気候変動に関連する重要な分野でも役割を果たせそうである。すなわち温暖化による被害を弱める適応策としての貢献である。

こうして宇宙からの貢献可能性については、地球環境問題や持続的発展に焦点を当てた国際会議である

▼27　国家安全保障戦略（二〇一三年十二月閣議決定）における国家安全保障の目標三点。

二〇一二年の国連持続可能な開発会議（リオ＋20）の成果文書においても、地球観測システムが重要であること、情報に基づく意思決定が必要であるといった点が指摘されている。[28]

環境衛星は、気候変動問題を解決する直接の手段を提供するものではないが、客観的なデータを提供することにより問題の解決を促進し、補助するという地味ながらも不可欠な役割を担うのであり、その開発、運用能力をもつ日本外交の重要な手札になるのかもしれない。

日本は、二〇一一年の東日本大震災時の原子力発電所の事故によって、それまで描いていた全発電量の三十〜四十%ないしそれ以上の割合を原子力に頼り、温室効果ガスの削減にさらに積極的に取り組むという青写真に大きな変更を迫られることになった。[29] しかし、特殊事情があったにしても、地球温暖化という最大級の世界的課題は確実に歩を進めているのであり、責任ある大国である日本がその歩みを止めることで失われる国益は大きいと言わざるを得ない。

（二〇一四年九月記）

▼28　リオ＋20成果文書「二七四条 我々は、空間技術に基づくデータ、現場モニタリング、並びに持続可能な開発の政策立案、プログラム策定及びプロジェクト運営のための信頼のある地理空間情報の重要性を認識する。……全球地球観測システム（GEOSS）を通じたものも含めた地球観測システムの開発を通じた努力を認識する。……二七六条　我々は、持続可能な開発の問題に関して情報に基づく政策上の意思決定を推進する必要性と、これに関して科学政策のインターフェースを強化する必要性を認識する。」

▼29　原子力政策大綱（平成十七年十月）：基本的考え方「我が国において各種エネルギー源の特性を踏まえたエネルギー供給のベストミックスを追求していくなかで、原子力発電がエネルギー安定供給及び地球温暖化対策に引き続き有意に貢献していくことを期待するためには、二〇三〇年以後も総発電電力量の三十〜四十%程度という現在の水準程度か、それ以上の供給割合を原子力発電が担うことを目指すことが適切である。」

第10章 世界の食料安全保障と宇宙

国際社会が直面する主要な地球規模課題に対して、宇宙がどのように貢献しているかについて、災害分野、気候変動をそれぞれ取り上げてきたが、この章では農業に焦点を当ててみたい。

南北問題の争点である開発の世界においては、ベーシック・ヒューマン・ニーズと呼ばれる貧困、医療、教育、農業といった分野が代表的であるが、その中でも現時点で宇宙の活躍が先行しているのは農業分野であると思われる。本章では、地球規模課題の一つである食料危機問題が国際社会においてどのようにとらえられているのか、特に、宇宙が世界の食料安全保障に対していかなる貢献を行いつつあるのかについて概観する。

1．世界の食料安全保障

（1）日本の食料安全保障

一般に食料安全保障[▼1]とは、自国民に必要な食料を安定的に供給することであり、これを確保することは国家の経済と社会の安定の基礎である。日本人は、今飽食の時代に生きているにもかかわらず、「食料安全保障」という言葉には比較的なじみが深い。それは第二次世界大戦中、軍人も一般国民も飢えや栄養失調に苦しんだ経験をもち、その後もその経験がさまざまな機会に伝えられてきたことにより、食料を自給できる体制を確保しておく必要があるという認識がかなり浸透している。日本の食料自給率はカロリーベースで現在三九％（二〇一三年）であり、その低さが長く強力な農業保護の理由の一つだったし、「食料安全保障」という用語も国民の間でよく理解されている。一方で、現在、安倍政権が農業の国際競争力を高めるため農政改革に取り組んでいるように、長く続いた保護政策が日本の農業の力を弱め、一般国民には高い食料を買い続けることを余儀なくするとの負の側面があったことも否めない事実である。世界では、国家間の関税を相互にゼロにするなど市場をより自由化するＦＴＡ（自由貿易協定）交渉が花盛りであり、先進国は自国産業の競争力強化のため、また途上国では海外投資の呼び込みのために大きな努力を図っている。日米交渉が注目を集めた大型ＦＴＡ交渉であるＴＰＰ（環太平洋パートナーシップ協定）もそうであるが、日本はこれまで農業を開放できないために交渉全体が不利になりやすく、自動車や電機・電子といった競争力の強い部分が割を食うことで、全体として日本の経済力に不利になってきたとの見方も根強い。

こうした時代の推移の中、食料安全保障は日本の安全保障政策全体の中で、その重要性を相対的に減らしていると思われる。二〇一三年十二月に閣議決定された国家安全保障戦略には、日本の「食料安全保障」についての記述が少ししかない。[2] 一九八〇年に大平内閣で閣議決定された総合安全保障政策の中では、大部の記載があったのと比べると隔世の感がある。当時の記述を見ると、「食糧の供給停止あるいは供給困難の起こる可能性は目下のところ少なく、起こっても限定的で短期的なものと考えられる。とは言え、食糧は国民生活の安全保障にとって基礎的な物資である。したがって、いざという危機が起こる確率が低くても、それが万一起これば、その及ぼす影響は、広くかつ深い。」との認識の下、諸対策が書き連ねられている。因みに当時は「食料」ではなく、「食糧安全保障」との漢字を使い、穀物、特に主食のコメが関心の中心にあったことがわかる。食料安全保障の相対的重要性が低下している背景には、さまざまな理由が考えられるが、世界的な食糧危機が起こっても、日本はお金の力で食料調達が可能だといった議論もその一つである。また、日本が戦争に巻き込まれるシナリオとしてソ連の侵攻が主たる対象であった当時と比べ、日本の安全を脅かす脅威が多様になっているということもあろう。日本が食糧調達に窮するような事態では、同様にエネルギーの調達なども厳しくなるので食料安全保障のみを強調するのはバランスを欠くといった指摘もある。

（2）世界の食料安全保障

国内における食料安全保障問題を世界に引き伸ばすと、地球規模課題としての国際食料安全保障ということになる。世界のすべての人々に必要な食料を供給し、飢餓をなくそうという課題であり、本章の主題であるが、世界はまだこの実現に成功したことがない。最新の数字では、世界は総人口の十一・三%、約八億人が飢餓という恒常的なカロリー不足の状態にあり、途上国では約一〇九〇万人の子どもが五歳の誕生日を迎える前に命を落とし、このうち六割は飢餓や栄養不良に関連した病気が原因とされている。インドを筆頭に、アジアとアフリカにとりわけ飢餓人口が多い[3]。

八億人の飢餓人口をどうみるかであるが、二〇〇〇年に「二〇一五年までに飢餓に苦しむ人口の割合を

▼1　FAO（国際連合食糧農業機関）による食料安全保障の定義（一九九六年世界食料サミット行動計画）「食料安全保障は、全ての人が、いかなる時にも、彼らの活動的で健康的な生活のために必要な食生活上のニーズと嗜好に合致した、十分で、安全で、栄養のある食料を物理的にも経済的にも入手可能であるときに達成される。」（農林水産省ホームページ）

▼2　「リスクを抱えるグローバル経済」の項の中で、「食料や水についても、気候変動に伴う地球環境問題の深刻化もあり、世界的な需給の逼迫や一時的な供給問題発生のリスクが存在する」と記述している以外には、地球規模課題の一つとして「食料問題」が挙げられている。

▼3　二〇一五年のFAO報告によれば、世界全体の飢餓人口は七億九五〇〇万人で、インドがその二四%を占める。中国が一億三四〇〇万人で第二位。そのほか、コンゴ、バングラデシュ、インドネシア、パキスタン、エチオピアなどに集中している。

一九九〇年の水準の半数に減少させる」という目標が立てられ、実際、開発途上国における栄養不足人口の割合は、一九九〇－九二年の二三・三％から二〇一四―一六年の十二・九％まで下がり、およそ半減することに成功した。成功の背景には、国際社会が飢餓の減少に向けて努力したことが挙げられる。二〇〇一年の米国同時多発テロを契機に、大量の飢餓が放置されれば途上国の政治的安定に悪影響を及ぼし、国際社会全体にも波及していく恐れがあるとされ、貧困がテロの温床であることが強く意識されるようになった。記憶に新しい二〇〇八年の世界的な食料価格高騰の危機の際には、世界の三十か国以上で暴動が起こり、一部は「アラブの春」の契機となって、多くの政権が倒れた。その後、現在のシリアやイラクでの大混乱につながっており、テロが跋扈している。食料価格の乱高下は、貧困層の食料へのアクセスに大きな悪影響を及ぼすのである。こうして国際社会の危機感が飢餓減少に比較的いい結果をもたらしたと言われている。人口大国の中国が急速な経済発展により飢餓を大幅に減らしている点も指摘しなければならない。

では、長期的にみると楽観できる事態かというとそうとはいえない。二〇五〇年には世界人口が現在の七十億人から九十一億人に膨れ上がると予測されており、人口に食料生産が追いつくのかという根源的な課題が待ち受けている。農業を扱う国際連合食糧農業機関（以下「ＦＡＯ」という。）[4]によれば、二〇五〇年における九十一億人の世界人口を賄うには二〇〇五／二〇〇七年の実績に比し七十％の食料増産が必要であるが、この実現は直感的にも容易ではなさそうである。

一九七〇年に世界的シンクタンクであるローマクラブが発表した「成長と限界」が当時世界を震撼させたことをご存じであろうか。同書の要旨は以下のようなものであり、成長をむさぼる国際社会への警告の書となった。

「もし人類が、自然が与えることができる量以上のものを消費し続けるシナリオを進んでいくとするならば、二〇三〇年までに世界的な経済崩壊と人口の急激な減少が起こるかもしれない。このまま八十億人の人口増加が進めば食料が不足する。食料が不足すれば大規模化や遺伝子組み換え等の技術により食料を増産する。食料を増産すれば大量の石油エネルギー等の天然資源を消費する。天然資源を消費すれば地球温暖化等の環境汚染が拡大する。環境汚染が拡大すれば食料増産のための耕作地と収穫量が減少する。収穫量が減少すれば食料不足になり人口は減少する。」

さらに遡ると、一八世紀末に、イギリスの経済学者マルサスが十八世紀に「人口論」を著し、人口の増加が生活資源を生産する土地の能力よりも不等に大きいと主張し、人口は制限されなければ幾何級数的に増加するが、生活資源は算術級数的にしか増加しないとして農業生産の限界を警告した。

こうした警告は、一九六〇年代に本格化した米国発の「緑の革命」によって杞憂として受け止められることになった。緑の革命では、高収量品種の導入や化学肥料の大量投入などにより穀物の生産性が飛躍的に向上し、穀物の大量増産が可能になった。マルサスの悲観論は、テクノロジーによって人類の危機克服は可能との楽観論にとって代わられ、現在に至っている。

果たして楽観は妥当なのであろうか。二〇〇八年の世界食料危機では、いくつかの地域で不作になったことがきっかけとなり世界的に穀物価格が急騰したのであるが、コメの価格も高騰した。その後パニックは沈静化したものの、危機以前に比べると穀物価格は相対的に高値で推移しており、今後十年くらいは続くであろうと言われている。これは近い将来に起こる世界的食料不足の序曲であるという識者も少なくない。農業は気象をはじめさまざまな要因に左右されるので将来について確かなことは誰にもわからないが、世界の食料供給が需要に追い付かず、遠くない将来、大量の人口減を招来する事態が二〇五〇年を待たずとも来る可能性があり、気候変動以上に喫緊の地球規模課題であるとの見方もある。大量に食料が不足す

▼4　FAO（Food and Agriculture Organization）一九四五年に設立。ローマに本部。職員数約三〇〇〇人。その使命は、「世界の人々の栄養と生活水準の向上」、「農業生産性の向上」、「農村に生活する人々の生活条件の改善」、「世界経済への寄与と人類の飢餓からの解放」。

れば、貧しい国では食料を求める暴動が起こり、国境を越えた不安定が伝播したり、経済難民が押し寄せたり、肥沃な土地を求めて紛争や戦争が誘発される恐れがある。こうした最悪の事態が来るとすれば、震源は人口が多いアジアであろうと言われており、日本にとって対岸の火事ではありえない。

2．世界の食料増産の隘路

こうして世界ではまだ八億以上の人が飢餓に苦しんでいるわけだが、その原因は食料が世界的に足りないからではなく、彼らが貧しくて買えないからである。この事実は勘違いされていることが多いように思われる。特にインドやバングラデシュなどの南アジアやアフリカに多いが、これらの飢餓は、それ自体大変な人道問題であるが、各国の政策（所得再分配政策など）や海外援助によりある程度軽減が可能である。二十一世紀に入り、米国で衝撃的な同時多発テロが起こり、テロ対策としても貧困削減が注目され、国際社会の援助動向が貧困削減に向かった。また、中国などの新興国の経済発展などにより飢餓人口が減り、飢餓人口全体は減少傾向にある。ただし、今後さらに減っていくかどうかについては、世界の経済動向や援助動向に左右されることもあり、予断は許さない。

本章の焦点の一つは、今後新たに加わってくる二十億人の人々を世界は物理的に食べさせていけるのかであるが、筆者は二〇〇八年の食料危機後にFAOの幹部に将来の生産見通しをたずねたことがある。「食料増産にはさまざまな制約があり、それらを克服できるかが世界的な課題である。しかし、これまで我々が提案してきた各種の対策がうまく進んでいけば、世界の人口増に応じた食料供給は将来的に可能である。」という国際機関職員らしい優等生的な答であった。しかし、多くの対策がうまく採られればとの条件付きであり、現時点で世界が一丸となれる世界食料増産に向けたシナリオや処方箋があるわけではない。日本でもそうであるように、農業問題の対処は多くの国にとって極めて大きな政治問題であり、その分コンセンサス作りは難しい。

（1）食料増産の構造的制約

以下では、食料増産に関するさまざまな制約や問題について、代表的なものをいくつかを紹介するが、二〇五〇年までのわずか三十数年で現在から七十％増の生産拡大を実現することが可能というよりは、減少に向かう要素すらいくつもあるということになる。

①生産性の伸び鈍化

一九四〇〜一九六〇年代に起きた「緑の革命」の浸透などにより、世界の穀物の単収の伸びは、一九六〇年代の三・〇％、一九七〇年代が二・〇％、一九八〇年代に一・七％、一九九〇年代には一・三％となったが、伸び率は次第に低くなっている。緑の革命の主要要素である高収量品種の導入、化学肥料、農薬の大量投入、灌漑施設の整備などはアフリカなどを除けばかなり行きわたり、今後は単収の伸びが鈍化していくと見込まれている。世界は緑の革命の成功で安心し、生産性拡大への関心が薄れ、公的な研究費を激減させた。二〇〇八年の世界食料危機後に先進各国は研究投資の向上を謳ったが、特に途上国農業をターゲットにした研究は不足しているとされている。単にエネルギー集約型農業をアフリカなどにも普及すればよいという考え方は正しいにしても、高コストや高度な知識を必要とすることを考えると簡単ではない。例えば、気候変動による干ばつや水害に強い品種が必要になるが、その研究強化や助成も必要である。

②土地の不足

地球上の陸地の約三八％が農業（農地や牧草地）に使用されており、その拡大は限界に来つつあるとも言われている。世界の農地面積は、一九六〇年代以降、七億ヘクタール程度で推移している。新しい農地開発が行われる一方で、農地の砂漠化も進んでいる。今後も農地拡大の余地はあるとの議論もあるが、農地の大幅拡大は人口増による都市化を踏まえると容易ではないし、森林が切り開かれるならば環境に対しより大きな負荷を与えることになる。新規開発の余地が最も高いのはアフリカであると言われ、「緑の革

命」が及んでいなかった地域でもあり、世界の熱い視線が注がれている。▼5

③土壌の劣化

土地の不足のみならず、土壌の質も重要である。劣化の原因としては、強風による土壌侵食や、過耕作や降雨による土壌侵食、灌漑農地における塩害などが言われる。気候変動の進展により海面が上昇し塩害が増えるし、乾燥地も増えると予想されている。農作物の生長に必須の養分である窒素、リン、カリウムの三要素は、化学肥料として「緑の革命」を支えてきたが、その大量使用により、土地劣化が進むとともに、三要素そのものが有限であり、供給は不足し価格が上がっていくと見込まれている。

④水不足

文明は淡水を使い尽くしつつあり、これまで農業は利用できる淡水全体の約七十%を使用してきた。▼6人口増による都市化を通じ、希少な淡水が農業から生活用水に移る傾向があるとともに、過剰な地下水汲み上げにより、地下水位が低下している。一度下がった水位はなかなか戻らず、灌漑用水の不足など農業生産に悪影響を与える。すでにインド、中国、サウジアラビア、米国などでしばしばこの問題が報告されているが、その他にも水利をめぐる国際紛争はこれまでも多発している。

⑤先進国の農業補助金

今後、世界の食料供給を最大にしていくためには、これまで以上に限りある資源の最適配分をしていかねばならないが、先進国が自国の食料安全保障、自国産業の保護のためにさまざまな補助金を与え、国際競争力を維持していることにより、途上国の農業発展は事実上妨げられてきた。日本も高関税により途上国からの食料輸入を実質的に妨げているといえる。この問題は長引くＷＴＯ交渉の最重要課題の一つになっているが合意はできていない。果たして農業の比較優位がどの地域にあるのかも定まっているわけではない。

⑥途上国の資金不足

アフリカをはじめ開発途上国は国家政策として自らの努力により、農業生産拡大の施策をとっていく必要があるが、さまざまな国家ニーズの中で、豊富な資金がない途上国にとり農業中心の予算配分は簡単ではない。そこで、先進国によるODA拡大が期待されるが、灌漑施設や貯蔵庫の整備、農業市場の構築、生産現場から市場までの輸送インフラの整備などには多額の資金が必要であり一朝一夕にはできない。民間による農業投資も期待されるが、短期的な利益回収が見込まれるほどに有望でなければ投資はなされない。

⑦新興国の需要拡大

しばしば指摘されるところであるが、中国やインドなどの新興国が豊かになれば、肉食が拡大し、その分穀物が不足するし、土地への負荷が高くなる。すなわち、牛肉一キロ・グラムを生産するえさとして穀物十一キロが必要であり、豚肉一キロだと七キロ、鶏肉一キロだと四キロの穀物がそれぞれ必要とされる。人口増加のみならず、世界経済が成長を続ければ、肉食のための穀物需要はさらに増大していく。人々にとって、世界のために肉食をやめて菜食にするという緩和策の実行は言うほど簡単ではないだろう。

⑧石油の減少

食料生産には、化学肥料、農薬、農業機械、生産物の貯蔵、輸送など大量の石油が必要であるが、特に世界の主流である投入型の農業でその傾向が強い。これから新興国の台頭で石油需要は増え、石油価格は長期的に上がっていくと予想されており、それにともなって食料価格も長期的に高くなっていかざるを得ない。石油の代替となりうるバイオ燃料は、米国のトウモロコシやブラジルのサトウキビが有名であるが、人間の食べる食料と競合する。バイオ燃料は環境に優れ、原油高対策としてもてはやされた時期もあったが、二〇〇八年の世界食料危機の主因とも言われ、今後その利用が高まっていけば、短期的には食料価格の高騰のリスクとして、長期的には大量飢餓へのリスクとなる。

▼5　Roger Thurow、"The Fertile Continent";Froreign Affairs　二〇一〇年十一／十二月号

▼6　「90億人の食糧問題」ジュリアン・クリブ（シーエムシー出版）p.16

⑨無駄の軽減

食料の特徴であるが、生産、保存、輸送、小売りなどの各段階で腐敗したり、傷むことにより無駄が出やすい。アフリカなどでは、貯蔵庫、輸送インフラ、マーケットの未整備などによってこの無駄が起こっている。先進国の人々も多くの食料を大量に廃棄している。農水省の調べでは、日本でも二〇〇九年度に一七八八万トンの食品廃棄物が発生しており、全体の約二一％が捨てられている計算となる。こうした状況を世界的に是正して節約を励行することは世界的食料危機の対策として有効であろうが、実行には困難を伴うだろう。

⑩気候変動

気候変動問題も、今後の食料問題を予測していく上で、大きな不確定要素である。気温の上昇は特に熱帯地方などで悪影響を与える。コメも穀物の中で最も高温に弱いと言われている。温暖化によって干ばつや洪水がより深刻な程度で頻発するとも言われている。FAOによれば、「気候変動は、すでに影響を受けやすく食料が不足している農民、漁民、森林に依存する人々の生活状況を悪化させる。飢餓と栄養不足は増加するだろう。不安定な環境での農業に依存する農村では、即座に不作と家畜の喪失が増大する危険に直面するだろう。危険にさらされるのは主に沿岸部、氾濫原、産地、乾燥地、極地の住民である。」と報告している。[7]

⑪武力紛争

食料不安、特に食料価格高騰は、紛争や暴動を引き起こし、民主主義体制の崩壊や内戦を起こす傾向があるとされ、逆に、冷戦後、世界で多発している紛争は、食料生産を阻害する原因になる。例えば、二〇一一年にソマリアなどアフリカ東北部では、武力紛争により子供の栄養失調比率が四十％を超えたとされる。[8]

（2）なぜ将来の世界食料危機に直ちに立ち向かえないのか

以上のように広範にわたる深刻な制約を考え合わせると、世界は遠くない将来、絶対的食料不足により大量の飢餓を生み出し、広範な政治的不安定に陥る可能性がある。これは同じく世界的課題である気候変動問題に匹敵する、ないしそれ以上におぞましい事態であろう。気候変動問題も、大気中の二酸化炭素濃度が上昇し、一旦上がった気温は数百年にわたり元には戻らないので、さまざまな災厄を長期、持続的にもたらすことになるが、大量の命が食料問題ほどに短期間で失われることにはならないだろう。

それでは、なぜ国際社会は、食料問題に対し気候変動問題ほどには悲観的になっていないのであろうか。農産物需給の将来予測について、FAOをはじめとする重要な国際機関は、それまでの生産性向上のパターンが将来も続くとの楽観的ともいえるモデルを使っており、長期的な資源不足の傾向、特に、気候変動、エネルギーや水の需給逼迫がもたらす潜在的悪影響を大部分見過ごしているとの批判がある。[9]悲観的な予測は、投機などのパニックを引き起こす恐れもあるといった政治的な機微もありうるのであろう。

また、多くの専門家は、「緑の革命」の成功体験から、テクノロジーによってさまざまな困難を今後も克服できるとの強い信念があるとされる。農業は自然に左右される面が多いことから将来予測が難しく、何とかなるだろうとの楽観論に流れやすいということもあるかもしれない。また、食料供給国には米国やロシアなど世界をリードする大国が多いので、食料需要国の将来不安には十分な考慮が働きにくいといったことや、超大国米国が食料安全保障には自由貿易こそがその解決策と考えていることも一因であろう。逆に、途上国側には、いずれ経済発展に成功すれば自国農業への積極投資が可能になるとの楽観があるのかもしれない。

自然災害もそうであるが、農業もその対策は基本的には自国で行わざるを得ない。温暖化問題は世界が

▼7　FAOの二〇〇七年パリの気候変動会議での発言。
▼8　「世界の農業と食糧問題」（ナツメ社）P.140
▼9　「食の終焉」（ポール・ロバーツ、ダイヤモンド社）p.34

大気を共有しているので一体の取り組みがどうしても必要になるが、食糧問題は各国の自助努力がまずは求められ、国際社会による一体としての取り組みを遅らせている傾向がある。

さらに考えれば、人口が増えすぎて食べ物がなくなり、大量の死者が出るというのは、歴史上繰り返されてきたことであり、将来起こるとしてもそれは自然の摂理であり致し方ないとの諦観をもつ人もいるかもしれない。

もう一つ、真剣な世界的取り組みを遅らせている要因が存在する。世界の農業思想には大きく二つの潮流があるとされる。一つは、これまで西側先進国で広まり、援助の世界ではかつて世界銀行を中心に実践されてきた考え方で、緑の革命において、灌漑や農薬、化学肥料で大成功したエネルギー大量投入型の大規模農業には比較優位があり、米国やブラジルなどの農業大国に任せていれば世界中の穀物必要量は供給できるので、途上国はむしろ安い労働力を生かして工業を誘致し、穀物は輸入すればよいとするものである。もう一つの考え方は、農業は単に自国民に食を提供するのみならず、多くの貧しい国では国民の多くが農業に従事しており職をも提供している、また、国土を保全し、環境にもよいといった複合的効果がある、よって、途上国は自らの農業インフラを整備して、地産地消（自給自足）にすべきであるという思想である。

両者ともに、説得力があり、前者は大量生産を実現し、世界の飢餓を減らしたという実績を持つし、後者は貧困削減など食料弱者の利益を包含し、環境とも調和しやすく持続的である。どちらがより正しいかは一概に決められない問題のように思われるが、現実世界では前者の論理が優勢であり、これまで援助の世界でもアフリカに対する農業援助は総じて軽視されてきたとみられている。日本はどちらかといえば後者の立場で、途上国への農業支援を重視してきたが、逆に国内農業保護のため途上国の農産品が日本に入らないよう高関税をかけることで実際上途上国の農業振興を阻んできたという側面もあり、一概にはいえない。

いずれにしても、国によってさまざまな立場があるが、増え行く世界人口を見通し、さまざまな生産の隘路を踏まえると、世界の食料生産量を最大にもっていくには二つの思想のどちらを選ぶのかという二者択一ではなく、両者を共に推進していく、すなわち先進国でも更なる生産拡大努力を行い、途上国もまた農業自立を図っていくという考え方でいくのが折衷的であり説得力もあると思われる。▼10 少数の食料生産大国のみに世界の食料生産を任せた場合、多くの供給国はいざ大きな世界的飢饉が起これば、自らの国民への供給を優先するであろうし、これは大多数の食料輸入国にとり国民の安全を脅かすことになってしまう。潜在的に有望視されるアフリカなどの途上国で農業開発が進めば、地産地消が可能になるのみならず、比較優位をもち食料輸出国に転じることが可能になれば、世界全体として供給力が高まり、食料危機への強靭性は高まることになろう。他方、世界の生産量が高まっていけば、農産物の価格が下がり、先進国のみならず、途上国の農家すらかえって困窮してしまうこともありうるという意味で、農業は本質的に利害の調整が難しいという致命的な困難を抱えている。先進国が途上国にどれほどの援助を与えるかについてはこうした視点も考慮せざるを得ないという現実がある。

(3) 世界の食料拡大策

世界が取り組むべき生産拡大の施策についても少し触れておきたい。主に以下のようなものがあろう。

①先進国による農業関連のＯＤＡ供与の拡大

まず思い浮かぶのが、先進国から途上国への条件のいい援助の提供である。しかし、農業以外にも、世界にはさまざまな課題があり、多くの先進国が厳しい財政状況にある中、途上国向けの農業援助だけに優先度を与えることは難しい。したがって、援助の絶対量を増やしていかねばならないが、先進国の財政事情はますます厳しい状況になっている。

②適切な農業貿易ルールの設定

▼10　一例として、「90億人の食糧問題」ジュリアン・クリブ（シーエムシー出版）

先進国による市場歪曲的な農業補助金を極力撤廃することで、途上国の農産物のハンディキャップを減らしていくことが望ましい。先進国が途上国農産品にボランティアで供与している特別低関税についても更なる利便を与えることが可能である。

③途上国向けの農業生産性向上のための公的研究費の大幅拡大

緑の革命後に減っていった農業生産拡大のための研究費を世界的に再び増やす必要がある。穀物メジャーなど世界的な農業企業による生産拡大のための私的研究も必要だが、資金力のない途上国の生産拡大に資するような公的研究の拡充がより望まれている。[11]

④上記で挙げたさまざまな将来制約への対処

土地不足、土壌劣化、水の不足、エネルギー価格の上昇など制約緩和に向けた手法の開発や行動が必要である。気候変動に備えた品種の改良や、水や化学肥料を節約する手法の開発などがその対策となる。さらに、肉食を少なくする食生活や食の無駄を少なくするような工夫を世界的に啓蒙していく必要も出てこよう。

いずれにしろ、問題は、国際社会が将来の農業問題にどれだけの関心を払い、優先度を与えられるかにかかっており、人類は、環境を破壊せず、資源を節約して増え続ける世界人口に対応する新しい農業システムを考案するとともに、真剣な取り組みを開始する国際的コンセンサスを遠からず作らなければならない。その中で、宇宙技術は上記（1）で挙げた食料増産の構造的制約に対処するうえで重要な役割を果たすことができそうである。

3．宇宙からの貢献

前述した食料危機が二〇〇八年に起こりその後遺症が続いていた二〇一一年、フランスで行われたG20サミットにおいて、特に農業問題に焦点が当てられ、数ある対策の中の一つとして宇宙利用が以下のとおり明記された。

「我々は、農産品の国際市場をより効果的なものとするため、市場の情報及び透明性を改善することにコミットする。……全球農業監視イニシアティブは、作物生産予測及び気象予報データを強化するため，世界の異なる地域の衛星モニタリング観測システムを調整するであろう。」

すなわち、世界のさまざまな地域で行われている衛星観測システムを活用し、データを集約することによって、主要穀物（米、大豆、トウモロコシ、小麦）の客観的な収量情報を国際機関、各国、市場などに提供し、投機や誤解による農産物価格の乱高下を抑えようとの目論見である。確かに二〇〇八年の食料危機は、投機行動や流言飛語によるパニックが起こったことが一因としてあったのであり、世界の食料需給の正確な情報を伝えることの意義は高い。

この例にみるように、農業分野で宇宙からの観測による役割が世界的に注目され始めている。農業を営む上で、土壌の状態を知ることや農産物の生育状況を把握することは非常に重要な課題であるが、従来は農地に足を運ぶことでしか知り得なかったこれらの情報が、人工衛星からの観測データを利用することで、広範囲に渡って正確に把握できるようになっている。実際、欧米を中心に農業分野における衛星情報の実利用が始まっており、本章の主題である大規模食糧危機への対処においても将来に向けた貢献が期待されている。

（1）日本における食料安全保障

まず日本の農業において、衛星利用がどの程度のレベルにあるのかを簡単にみてみたい。

肝心の稲作であるが、衛星観測によって水田の作付面積の計測が行われている。すでに天候や作物の生育タイミングなどが好条件の場合には約九五％の精度予測を挙げるまでになっている。日本では長年にわ

▼11　“The Fertile Continent” Roger Thurow; Foreign Affairs Nov/Dec 2010

たる人力による監視システムが出来上がっており、作付面積計測では人力と衛星利用が併用されている状況である。コメの収量予測については技術的な難しさのみならず、日本の稲作の特徴として、夏季の一〜二か月の天候が収量に大きく影響を与えること、また、日本列島が南北に長く収穫時期が地域によって異なるため、予測には短い周期での観測が必要となる。技術的には、日本の観測衛星は雲を透過できるマイクロ波センサー（合成開口レーダー）に強みを持っており、精度向上が期待できる状況にある。

北海道では、小麦の収穫時期を特定するために衛星利用が実用化されている。小麦のタンパク含有量を衛星で測定することにより、小麦の水分含有量を推定し、最適な乾燥状況の時に刈り入れるのである。また、一部地域であるが、コメや茶の高品質化のために収穫時期を衛星によって特定することも行われている。コメはタンパク含有量が少ない方が甘味や粘りが出ておいしいとされておりタンパク含有量を計測し、お茶では茶葉の窒素含有量を衛星によって調べるのである。その他にも、自然災害により不作になった地域では農協共済により損失が補てんされるが、その場合も衛星による被害計測が利用されている。[12]

このように、日本のような先進国においては、衛星利用がすでに作付面積の把握や収量予測を超えてさらに先を行く試みが行われている。これをスマート農業と呼び、施肥、灌漑、刈取時期最適化、自動耕作などの取り組みに使われており、今後、日本農業の国際競争力を高める上でさらに活用されていくに違いない。[13]

また、世界の主要な農業生産地における状況を早めに把握することは、食料不足に備えた対応をとる上で重要であり、[14] 日本の農林水産省が発表する海外の作況情報として、日本の宇宙航空研究開発機構（以下、「ＪＡＸＡ」という。）が観測した土壌水分量や降水量などが活用されている。さらに、さまざまな特性を持つ複数の衛星データから得られる収穫前までの降水量、ＰＡＲ（光合成有効放射量）、植生指標、土壌水分量などを利用して、米国の小麦やブラジルの大豆など収量予測を行う手法の研究開発も行われている。

（２）アジアにおける地域食料安全保障

次に、アジアの状況をみる。日本のみならず、中国、インド、韓国なども独自の観測システムを持っているが、ここでは日本が観測衛星によりアジアでいかなる貢献を行っているのかをみてみたい。その代表的協力例は、二〇一一年に立ち上がったAsia-RiCE（アジア稲作監視）である。これは前述したフランスにおけるG20サミットの宣言で採用された全球農業監視イニシアティブの一環であり、日本が中心になりアジアの宇宙機関・農業機関とともに観測衛星を利用した稲作の監視を行っている。[15] コメは、小麦、トウモロコシ、大豆と並び世界の四大主要穀物の一つであり、その生産消費の約九十％がアジアにあることから、稲作生産の監視はアジア各国の食料安全保障の観点からも、世界的な穀物需給の視点からも重要である。この協力によって得られたアジアにおけるコメの作況見通しは、FAOに毎月送られ、世界全体の穀物の生産状況の正確な情報流通に貢献している。Asia-RiCEの取り組みは開始後間もないことからベトナム、

▼12　石塚直樹「農業分野における先進リモートセンシングの高度利用」（農業環境技術研究所成果発表会２０１４）

▼13　例えば、内閣府が、二〇一四年十一月に発出した次世代農林水産業創造技術（アグリイノベーション創出）研究開発計画では、農業のスマート化として、「人工衛星や各種センシングからの情報を解析・利用し、施肥、耕耘、収穫、水管理等の各工程を自動化・知能化することにより、施肥量の三十％削減、気象災害の五％削減、水管理に係る労働時間の五十％削減等を行う。これらの要素技術を統合することにより、高品質化、環境負荷軽減を図りながら、稲作全体の労働時間半減や資材費低減等を図り、さらに、農業構造改革との連動により、コメの生産費四割削減を目指す。」としている。

▼14　前述の一九八〇年「総合安全保障」においても、食料安全保障について、以下のような記述がある。「最後に、情報収集能力の問題がある。日本は、世界でも屈指の食糧輸入国であるのに、国際需給などについての政府の情報収集能力は、アメリカの農務省などに比べて、極めて貧弱である。それは強化されなくてはならない。」

▼15　大吉慶、貫井智之、祖父江真一「地球観測衛星データの食料安全保障分野への利用」、システム農学30（1）、pp.27-33、二〇一四。

タイ、インドネシア、フィリピンの四か国の作況状況を報告するにとどまっているが、今後拡大していく予定である。報告内容としては、タイを例に挙げると、「今月、タイでは二期作目のコメの刈入れが、生産の約四七％を占める地域で行われる予定である。収穫は年初めの冷たい天候が影響してあまりよくなく、一部地域では収穫を通常より遅らせている。南部の稲作地域で灌漑の普及していないところでは干ばつ被害が出ている。結果として、米収量見通しはよくなく、西部では被害は少ないがペストも報告されている。……」といった記述式である。例えばこの中で「冷たい天候」や「干ばつ被害」の程度と広がりを客観的に評価するために、「しずく」や「ひまわり」などの衛星によって観測された地表面温度、日射量、土壌水分量などが用いられている。因みに、日本はタイと共同で「だいち」（ALOS）などの合成開口レーダーを利用して水稲作付面積推定の実証実験をおこなっている。宇宙からの観測結果と地上での実測を照合した結果、タイの天水田地区は九十％、他の灌漑田地区では七六％の一致をみている。作付面積の推定は衛星からレーダーを照射し、水田に張られた水面から特徴的な反射が起こることを利用しておこなわれるが、東南アジアではエビなどの養殖池も多く誤差が出やすい。したがって、さらに精度を上げていくとともに、国全体をカバーする推定が目指されている。

途上国にとってなぜ農業の監視が必要なのかと言えば、国家として農業統計、特に作付面積と収量は農業政策の基盤情報であるにもかかわらず未整備であるからである。途上国では農業統計データの収集は限られた数の農家へのインタビュー調査が主流であるため、広域を面的にカバーした客観的情報は有益である。衛星の利用が可能になれば、広域の観測により監視の省力化が可能となるし、観測の結果、収量が少ないと予想されれば、備蓄の放出準備や海外からの早めの買い付けなどが可能になり国家安全保障に資するのである。

Asia-RiCEの枠組みの下では、作付面積推定と作況見通しを実施する

表 10-1a　米の収穫量

順	国　名	（千 t）
1	中　国	204,285
2	インド	152,600
3	インドネシア	69,045
4	ベトナム	43,662
5	タ　イ	37,800
6	バングラデシュ	33,890
7	ミャンマー	33,000
8	フィリピン	18,032
9	ブラジル	11,550
10	日　本	10,654

【2012 年】

表 10-1b　小麦の収穫量

順	国　名	（千 t）
1	中　国	120,580
2	インド	94,880
3	USA	61,755
4	フランス	40,301
5	ロシア	37,720
6	オーストラリア	29,905
7	カナダ	27,013
8	パキスタン	23,473
9	ドイツ	22,432
10	トルコ	20,100

【2012年】

ための能力開発が行われており、JAXAが中心となり、ASEAN地域の食料安全保障にかかわる正確なタイムリー情報を提供することを目的としたAFSISプロジェクト▼16が実施されている。また、アジア開発銀行などとも連携して、インドネシア、ベトナム、タイ、ラオス、フィリピンなどで、農業監視能力の向上のための人材育成協力プロジェクトが行われている。この枠組み以外でも、日本はアジアの宇宙先進国として、メコン流域各国、インドネシアにおける干ばつ状況監視の支援をしている。干ばつは日本ではなじみが薄いが、例えば、インドネシアでは農地の被害としては洪水より干ばつの方が大きい。

人工衛星による収穫予測の難しさであるが、国により、作物により異なるが、水稲は特に難しいとされる。東南アジアのコメ生産は、年二回以上耕作され、雨季は降水量が多すぎると洪水被害で収量が減少し、乾季は雨が少ないと干ばつで収量が減少するという特徴がある。さらに水田は〇・一〜一ヘクタールと小区画なため、畑作に比べて水稲収量予測が特に難しい。日本の観測衛星である「だいち」、「だいち2」のレーダーは、雨天および曇天でも観測できることから、JAXAなどが、このだいちのレーダーによる耕作地分布の把握や、他のさまざまな衛星により観測される農業気象データを駆使して広域の穀物収量を推定する独自の実証研究を行ってきている。

将来的に、アジアのコメの収量予測が独自に大まかにでもできるようになれば、日本の食料安全保障にも資することになる。例えば、中国、インド、インドネシアなどの大規模生産国、ベトナム、タイなど主

▼16　ASEAN Food Security Information System。ASEAN+3農業大臣会合の合意の下で、日本の農水省が援助して、二〇〇三年から食料安全保障情報システムプロジェクトが実施されている。ASEAN+3は東アジアの地域協力枠組みでASEAN十か国と日本、中国、韓国の十三か国からなる。

要なコメ輸出国の収穫は、アジアのコメ価格に大きな影響を及ぼすことになるし、毎年のように続く北朝鮮の飢饉に対し独自の収穫予測を行うことも日本の安全保障にとり重要な情報となろう。二〇〇八年の世界食料危機の際は、コメが不作ではなかったにもかかわらず、国際価格が大幅に高騰した事例もあり、独自の情報は有用である。

（3）国際食料安全保障に対する宇宙の貢献

欧米における穀物の収量予測はすでに実用化している。米国がその先駆けとなった。多くの主要穀物生産地域で起こった一九七二年の異常気象は、世界の食料需給を崩し、特にソ連では冬穀物地域の減収が顕著で、世界的規模での穀物の買い付けにより補ったため、世界の食料備蓄を最低レベルに減少させた。このような世界の食料事情の悪化は、人工衛星を利用した世界的規模での作物の収量予測を推進する原動力となった。米国では、一九七五年から広域穀物収量予測の実用実験がはじまり、観測衛星のランドサットにより、小麦の作付面積、出穂日、生育状態、作柄などを推定した。農業大国である米国では、自国のみならず世界の生産状況を予測しておくことにより、安定供給や価格の変動を抑えることが重要なのである。

また、米国以外でも、欧州、オセアニアなど畑作農業先進国では、一九九〇年代にＧＰＳによる農業機械の位置計測が可能となり、宇宙観測による作物生育情報やＧＩＳ（地理情報システム）による空間情報を農作業に反映する精密農業と呼ばれる作物栽培管理技術が普及段階に入っている。精密農業とは、複雑で多様な農作物栽培に対して、農地条件や生育条件に基づいてばらつきを管理して、地力維持や収量と品質の向上および環境負荷軽減などを総合的に達成しようとする高度な作物栽培管理技術である。アジアでも、日本の現状や東南アジアにおける協力状況を説明したが、すでに中国、インド、韓国などでも農業における衛星利用が行われている。

いずれにせよ、将来的に農業分野における衛星の実利用が世界レベルで広がっていく可能性が高い。上記でも触れた二〇一一年のＧ20サミット時に打ち上げられたイニシアティブにより、各国、地域レベルでの衛星観測データが集められ、世界中の穀物生産の作況（生育状況）がＦＡＯで公表されるようになっており、投機行動や流言飛語によるパニックを起こりにくくする上で一定の成果を収めている。

しかし、二〇〇八年の食料危機以降も世界の食料価格は総じて高値で推移している。作付面積推定と作況見通しを数か月前に行う短期予測の精度が高まったとしても、中長期的な供給不足による懸念が払しょくされるわけではない。根本的には世界の食料生産が需要に追い付かなくなる兆候を見つけて早めに手を打つ必要がある。将来に向けて深刻さを増しうる地球規模課題である大規模飢饉に備えるには、宇宙の利用について更なる研究強化と技術進歩が期待されるところである。これまで見てきたように、現状では、国際社会が来るべき深刻な事態に真剣に取り組んでいる状況にあるとは言えない。したがって、当面は、状況の変化をより正確かつ客観的な形で監視していくことが重要であろう。気候変動問題ではＩＰＣＣという大規模な科学者の集まりが国連によって設立され、そこでさまざまな分析が集約、統合されることで、科学的視点から世界に警告を発してきている。その科学データをもとに、先進国、途上国双方が話し合いいかなる具体的措置をとるかを決めてきた。農業の場合も、いずれ同じようなプロセスがとられる可能性がある。世界的な知見を一堂に集め、農業生産の拡大や資源の節約につき警告を行い、援助拡大を含む対策を国際社会に提言するのである。そうした本格的な取り組みが行われることになる日は遠くないのかもしれないが、このグローバルな課題に不可欠なのは、グローバルな監視が可能な観測衛星であり、技術の進歩と解析手法の改善が進むことによって、将来に向けて大きな進展が期待できる。

（４）世界飢饉に備える上で必要な情報

長期的に起こりうる世界飢饉に備えるのに必要な情報は以下のようなものであり、上記で挙げたさまざまな食料増産への制約について将来的動向を客観的に把握していく上で重要である。すなわち、すでに述べたようにＦＡＯなどの農産物将来予測モデルには、長期的な資源不足の傾向、特に、気候変動、エネルギーや水需給がもたらす潜在的悪影響を見過ごしているとの批判があり、こうした影響に関し、より精度の高い情報を提供していくことができるのである。

①耕作分布マップ

現状把握という意味で、世界を網羅する精度の高い農業マップの作成が必要であろう。ここで生産しているのは小麦、ここは菜種、ここは牧草地といった世界マップである。耕地の増減や作付けの現状を把握し、その後の変化を宇宙から広域でみることで、地球全体の食料生産の現状と増産の潜在性をフォローしていくことが可能である。現在そのような地図はわずかであるが[17]、葉のクロロフィルと細胞構造が太陽光の特定の波長に特徴的に反応する特性を生かして、耕作地全体の地図を作成し、それに各国の農業統計データを割り振って各作物の耕作地分布を推定している。これには米国の衛星センサーであるＭＯＤＩＳの観測データが用いられているが、日本でも二〇一六年度に打ち上げ予定の環境衛星ＧＣＯＭ－Ｃ[18]にこの機能をより高精度化したセンサーを搭載する予定である。さらには、この耕作地分布を基本ベースに、気象予測や作物暦データベースを合わせることで世界全体の長期傾向予測がある程度できるようになることが期待されている。

②作況観測

衛星観測により一国全体を網羅するような広域かつ高精度での作付け面積の提供はまだ実現できていない。さまざまな観測データを統融合し、いつ、どこで、どのような作物が、どれくらい収穫できるかをリアルタイムで予測し、グローバルには作物取引の最適化を、ローカルでは予測に基づいて圃場管理を最適化することで収量を最大化することが中長期的な目標になると思われる。そのためにはさまざまな衛星情報と、地上観測データ、収穫量などの社会統計データ、作物学や植物生理学などをベースにした数値モデルの融合が不可欠になる。そこでは、衛星によるリモートセンシング分野だけでなく、農学や生態学、水文学、気象学といったさまざまな関連分野の専門家が連携して研究開発を実施していく必要がある。

③気候変動

気候変動の動向については、日本、米国、欧州などさまざまな気候観測衛星が運用されており、多様なパラメーターが観測可能となっている。気温、二酸化炭素の濃度、湖、河川など淡水の面積、水量などの変化をみることにより、温暖化の動向のみならず、より広く気候変動の状況が把握され、農業生産の長期予測に重要な情報を与えることになる。温暖化は、二酸化炭素の濃度増加により生産力が増すとのプラス効果を強調する見方がある一方で、洪水や干ばつの頻発、極端事象が顕著になっており、総じて農業生産に不利に働くとの見方が有力である。海面の上昇は、耕地面積の減少と塩害をもたらすであろう。また、衛星観測は干ばつや洪水による農業被害について早期警戒や被害の迅速な評価を行っているという意味でも大きな貢献が可能になりつつある。

④耕作適地の把握

現在の土壌劣化の状況把握も重要であり、宇宙から土壌の水分量や炭素含有量を図ることにより乾燥度や肥沃度の変化がわかり、潜在可耕地の拡大、縮小の変化を把握できる。ＦＡＯが二〇〇八年に衛星観測に基づいて行った調査によれば、一九八一年から二〇〇三年の間に世界全体の土地の二四％が劣化したと推測している。[19] この調査は米国の気象衛星ＮＯＡＡに搭載されている可視・赤外放射計が、植物の緑色の葉が可視領域の波長を吸収し、近赤外線領域の波長を強く反射することを利用して植生の領域を識別することにより、土地の生産力を推測した。劣化した土壌が再度改善している例も少なくないことが明らかになっている。この推測手法によれば乾燥地よりも湿地においてより土壌が劣化した結果になっているが、

▼17　Monfredら、Global Geochemical Cycles.22.GB1022。

▼18　ＧＣＯＭ―Ｃ（Global Change Observation Mission-Climate）は、気候変動に影響をおよぼしているとされる地球上の様々なデータを取得して、温暖化などの気候変動メカニズムの解明や黄砂の飛来状況監視、海洋プランクトンの観測による漁場推定などに使用する予定の人工衛星（ＪＡＸＡホームページ）。

▼19　ＦＡＯ、ＵＮＥＰ（国連環境計画）、ＩＳＲＩＣ（世界土壌情報センター）が共同実施。この調査結果によれば、日本でもこの期間に全陸地の三四・六％が劣化した結果となっている。

「劣化」の定義の定め方を含めこの手法には強い異論もあり、更なる試行錯誤が必要であろう。いずれにしろ、土壌の劣化、回復の推移は将来の農業の生産性にとって極めて重要な指標であり、土壌劣化の状況把握に当たって衛星観測が重要な役割を果たすことになることはほぼ間違いない。

⑤地下水の汲上げ状況の把握

地下水は乾燥地域の農業にとり、死活的に重要であるが、気候変動による干ばつの頻発や地下水の過剰汲み上げにより、地下にある帯水層の水が減少していることが人工衛星により観測されるようになっている。NASAのGRACE（Gravity Recovery and Climate Experiment）という二基の観測衛星により重量波の観測を行い、微弱な重力の変化を調べることで地下水の貯蔵量を推定できる。観測の結果、巨大な帯水層があることで有名な乾燥地域である米国の中西部、中東北部、北西インド、中国北部平原、南アフリカ中央部（guarani besin）、オーストラリアのカニング盆地などの七地域で大量の地下水が喪失する現象が確認されている。帯水層の水は一旦減少すると、回復に長期間かかるとされ、地下水の管理が重要となるが、これまではほとんど必要な管理がなされていないとされる。地下水は、特に乾燥地域の灌漑農業に重要であるが、汲上げが過剰になれば、雨水が足りない時のリザーブとしての水源を失うことにもなる。人工衛星は、上記の七地域のような広域の概況を把握するのに不可欠であるが、より細かい推量については、地上における更なる観測がその管理上も必要である。

4．今後の課題

一九六〇年代初めに「緑の革命」が本格化し始めた時、世界の人口の三人に一人は飢餓に直面するか、飢餓が引き起こす疾病で死んでいた。二十一世紀初頭までにこの数字は八人に一人にまで低下するという画期的な実績を残した。

上記でも触れた二〇一一年のフランスにおけるG20サミットでは、「我々は、農業生産及び生産性を持続的に増加させることにコミットする。二〇五〇年までに九十億人以上に達すると予想される世界の人口を養うには、同期間に農業生産が七十%増加する必要があると見込まれている。我々は、特に最貧諸国において、また小規模自作農の重要性に留意しつつ、責任ある公的及び民間の投資を通じて、農業に更なる投資を行うことに合意する。」などと謳っている。しかし、公共投資・支出全体に占める農業分野への割合は、世界の全ての地域において長期的に減少傾向にあるといわれ、農業分野へのODAの割合も相対的に低いままであり、全体として長期低下傾向の状況を脱していない。

思うに、農業は我々が通常考える以上に複雑な課題である。日本国内でみれば、農業は生産者と消費者との所得移転の問題であったり、食の安全の問題、地域社会や過疎の問題であったりする。世界では、富める先進国と貧しい途上国との争いである南北問題の側面であったり、人道問題であったり、貿易交渉の難題であったりする。しかし、長期的に見れば、限りある土壌から、増え続ける人口に足る食料を供給し続けることが難しいことは道理である。マルサスがいうように人口制限をしないのであれば、いつか人道上も、国際政治上も破局と言わざるを得ない事態に至る恐れがあり、その場合にはもちろん日本にも深刻な影響が及ばざるを得ない。

折しも二〇一五年二月十二日、米国のNASAなどが、温室効果ガス排出量の増加継続により、「megadrought」と呼ばれる大規模な干ばつが三十年以上継続するリスクが高くなっており、その確率は現在の十二%から二十一世紀半ばに温室効果ガス排出量の増加が止まった場合でも約六十%に到達すると推測されていると発表した。

二〇〇八年に世界で食料危機が起こったのは、複合的な要因が絡んでいるとされ、多くの議論がなされてきたが、のど元を過ぎて再びこの問題がわきに追いやられつつあるようにも見える。食料問題だけが世界の主要課題ではなく、喫緊の難題が押し寄せてきていることも影響している。

おそらくは遠くない将来に到来するであろう世界的食料危機までの間、国際社会は、気候変動や土地の変化を注視し、その状況に応じて、世界の農業政策につき決断することになろう。国際社会が決断するに当たって、国連機関であり農業専門家を多数擁するFAOは決定をするための基本情報を提供することはできても、決定の主体にはなりえない。決定するのはあくまでFAOを構成する各主権国家が、政治的判断によって、コンセンサスを作らなければならない。世界農業の将来に対する見方について、現状国際社会には分裂があり、コンセンサスを作るのは難しい点についてはすでに述べた。

それまでの間、国際社会は危機を軽減するための努力を少しずつでも進めていかなければならないだろう。先進国が途上国に農業援助を急増させることは難しくても、農業潜在性の高い途上国に援助を行ったり、途上国自身が限りある資源を国内政策として優先的に農業に割り当てていくことが奨励されねばならない。日本は農業分野のODAでは、米国に次いで世界第二位であり、途上国から感謝されてきた。日本としては更なる努力を続けていきたいが、農業分野のインフラ支援は莫大な資金が必要であり、途上国自身の自助努力なくして大きな成果は望めない。その中で、公的な農業研究への支援が重要とされており、日本も例えば、これまで一九七一年以来長く支援を行ってきたフィリピンにあるコメ専門の国際研究機関であるIRRI（国際稲研究所）に対し、援助を大幅に増加し再度テコ入れを図るといったことは検討可能であろう。

こうした中、地球規模課題としての農業問題で、観測衛星が果たす役割は着実に高まっており、世界農業の状況を宇宙からつぶさに観測し、現状把握、早期警戒、収量予測を行うことで、国際社会に対しより客観点な危機シグナルを送ることができる。グローバルな課題には、グローバルな手段が有効であるし、宇宙の役割はかけがえのないものとなるであろう。米国でも、宇宙関連予算の中で、「宇宙」探査よりも「地球」観測の比率が高まっているように、宇宙開発自体が、人類の危機に対しより大きな比重を置かざるを得ないという状況になってきているように思われる。

（二〇一五年三月記）

第11章 エネルギーと宇宙

地球規模課題に対する宇宙からの貢献という視点から、これまで災害、気候変動、農業という三分野を取り上げてきたが、最後のテーマとしてエネルギーをみてみたい。

エネルギーはそもそも地球規模課題なのであろうか。ここで改めて地球規模課題とは何かであるが、「一国や一地域だけで解決することが困難であり、国際社会が共同で取り組むことが求められている課題」と説明されることが多い。エネルギーは国際社会が営む経済活動にとって不可欠の存在ではあるものの、世界が一体となって共同で取り組むことで解決ないし緩和すべき地球規模課題とは少し異質かもしれない。再生不能な化石燃料が枯渇に向かい、代替エネルギーの開発・利用が不十分となれば、世界経済に深刻な悪影響を与え、我々の生活の利便性も大きく損なわれるであろうが、失敗すれば将来的に人間が大規模に死に至るような形の大厄災をもたらすわけではないからである。他方、二酸化炭素を大量に排出する化石燃料を現在のペースで利用し続ければ地球温暖化が加速し、世界全体で省エネや再生可能エネルギーへのシフトを促進しなくてはならないという意味では、エネルギー問題は気候変動問題と密接に関連しており、地球規模問題であると言ってもいいであろう。

本章では、これまでの三章同様に、宇宙技術が地球規模課題にどのように貢献できるのかについて、外交的視点から検討する。まずは宇宙太陽光発電の開発構想や地球観測衛星による資源探査の現状を紹介しつつ、将来的に世界の資源、エネルギー問題にどう貢献できるのか、また、その背景としてエネルギー・

資源は将来的に枯渇し人類は危機に直面することになるのかについても焦点を当てる。

その際、エネルギー・資源は先進国、途上国を問わず各国の経済発展に不可欠な戦略物資であり、安全保障に深くかかわっているとの特徴を念頭に置く必要がある。これらの需給がひっ迫すればその争奪をめぐって国家間の紛争にもなる。日本はといえば、「エネルギー安全保障」という言葉がよく使われるように、石油不足が敗戦の要因となった苦い経験を持ち、現在もエネルギー自給率が極端に低いことにより、世界のエネルギー危機に対し殊更脆弱な国である。こうした安全保障の視点についても説明する。

1．資源・エネルギー分野における宇宙技術の貢献

エネルギー分野における宇宙技術の代表例として宇宙太陽光発電と資源探査の観測衛星を紹介する。

（1）宇宙太陽光発電

宇宙太陽光発電とは何かであるが、現在地球で実用化が進んでいる太陽光発電と同じ原理を使い、地上ではなく宇宙において発電する構想である。宇宙空間では、昼夜、天候を問わず二十四時間、地上より強い太陽エネルギーを利用できるので、ここに巨大な太陽電池とマイクロ波送電アンテナを配置し、太陽光エネルギーを電気に変換した後にマイクロ波に変換して地球上に設置した受電アンテナへ送電、地上で電力に再変換するのである。化石燃料に頼らない社会を構築するアイデアとして一九六八年に米国のPeter Glaser博士が提唱したものとされている。その後、米国、欧州ではさまざまなタイプの宇宙太陽光発電のコンセプトがまとめられたが、最近では、財政上の問題や政策上の方針などにより、国家としての継続的な研究は行っていない。実用化がそれだけ難しい技術であることがわかる。日本は、エネルギー自給率が低いこともあり、引き続き研究開発をおこなっており、世界的に先行している。

将来に向けて宇宙太陽光発電が、地球規模課題の解決に向けて国際社会に貢献できるようになるのかに

ついては、技術開発がうまく進展していくのかもさることながら、世界的なエネルギー需給の将来見通しやさまざまなエネルギー分野における技術進展状況、さらには温暖化の悪化による再生エネルギー利用の逼迫度などが今後どうなるのかにも大きく影響されることになろう。日本ではそうした状況をにらみつつ然るべきペースで研究開発が進められていくことになると思われるが、将来この技術が実用化するに至れば、日本の国益になるのみならず、地球規模課題への一解決法として、国際公益に貢献することは間違いない。

他方、宇宙太陽光発電は、夢の構想であるゆえに大きな長所を有するが、同時に大きな課題も存在している。▼1

(イ)長所

①昼夜、天候を問わず発電可能なので、大量の安定電力が送電可能。

地上の再生可能エネルギーである太陽光や風力は天候などにより出力が変動するため、火力発電などで調整する必要があるなどの問題があるが、宇宙太陽光発電の場合は、昼夜、天候の影響を受けにくく、エネルギー源として安定している。また、強度の高い太陽光（地上の約一・四倍）を利用できるので、地上の太陽光発電と比較して、最大十倍のエネルギーが利用できる。さらには、地上における自然災害（地震等）の影響を受けにくく、電力を必要としている地域にピンポイントで柔軟に送電できるし、地上送電網整備の負担が軽減されるとの利点もある。

②発電時に温暖化ガスを排出しない。

石油、天然ガス、石炭などの化石燃料と比べ、発電時に温暖化ガスや廃棄物を排出しないので、気候変動問題の軽減に貢献できる。また、経済性からみた利点として、発電時に燃料費を必要としないし、紛争や需給逼迫に伴うエネルギー価格急騰の影響を受ける心配も少ない。

▼1　JAXAホームページhttp://www.ard.jaxa.jp/research/hmission/hmi-ssps.html

(ロ)課題

①コストが高すぎる。

宇宙への資材の輸送費をはじめ、大規模宇宙構造物の建設、運用・維持、廃棄にかかわるコストを他のエネルギー源と競合できるまで下げる必要がある。宇宙デブリ、太陽フレア等による損傷や破壊への対処も重要課題となっている。現在の技術水準では、宇宙構造物が故障しても地上のように修理できるわけではない。

②宇宙から地上へ正確に送電する技術開発が難しい

技術的に最も重要なのは、高効率で安全な発電、送電、受電技術の研究開発である。上空三万六〇〇〇キロ・メートルもの超高度に設置する太陽光パネルで発電した電力を電波に変換し、地上の受電施設に送る構想であるが、正確に送れなければ、人の健康、航空機などに悪影響を及ぼす恐れもある。

二大課題であるコストと技術の困難性について、前者のコストに関連して一例を挙げれば、大規模なインフラ（太陽光発電パネルや送電施設）を宇宙に建設するためには、その資材をロケットで宇宙に輸送する必要がありロケット打ち上げ費用がかかる。原子力発電一基分に相当する一ギガ・ワット（GW）級の発電を行うためには約一万トンの重さの資材が必要であると大まかに見積もられている。これを現在の日本の主力ロケットであるH2Aで運ぶと千回以上の打ち上げが必要になるとの試算になる。日本の主力ロケットであるH2Aの打ち上げ費用は八〇—一〇〇億円と言われ、それを数十分の一まで下げないと現状では地上の発電と比べて国際競争力をもつことができない。世界のロケット市場では、コストの半減に向けてしのぎを削っているのが現状であり、数十分の一に下げる技術自体が一つの大きな未来技術であることから、このハードルだけでも相当に高い。まずはロケットを使い捨てではなく、何度も繰り返し再利用できる技術を確立する必要があると言われている。

二〇一五年十二月、米国の民間宇宙企業であるスペースX社が打ち上げたロケット（ファルコン9）の

第一段部分が地上に戻り着陸することに成功した。通常、切り離された第一段部分（エンジン機関）は使い捨てなので、これを何度も再利用できれば大幅なコストダウンが可能になり、コスト安による宇宙利用の拡大に向けた大きな第一歩になることが期待できる。こうした技術が進展していけば、ロケットの打ち上げコストが現在の数分の一になり、宇宙太陽光発電が地上で競争力をもつことも夢ではなくなるかも知れない。

将来、例えば五十年後、百年後のエネルギー価格がどの程度になっているかは予測不能であるが、宇宙太陽光発電の実用化にはコストが重要な要素になることは疑いないであろう。

現時点では、長期間かかると見込まれる最終目標への途中段階として、無線エネルギー伝送技術を使って比較的早期に実現可能な「踊り場成果」の創出を目指すことも検討されている。例えば、成層圏に長期間滞空するドローンへの送電、月面の影領域に入る探査機への送電、消費電力が大きい地上のマルチコプタへの送電などさまざまな可能性が考えられる。離島や長期パトロール船への送電もありうるかもしれない。

アメリカやヨーロッパは国家としての研究を行っていないが、中国が関心を持ち始めているとの報道もあるところ、エネルギー自給で大きな困難を抱える日本としてどのようなタイムフレームでこの構想を進めていくのか自体が一つの重要な検討課題であろう。

（2）地球観測衛星による資源探査

宇宙太陽光発電の他にも、地球観測衛星によってエネルギー資源を探査する技術がある。これはすでに実用化しているのみならず、内外ですでに探査プロセスの不可欠な一部になっていることから、日本でも宇宙システム開発利用推進機構（Japan Space Systems）が中心となり研究開発が進められている。観測手法として、陸上での石油探査、海洋での石油探査、鉱物資源探査の三つに分類が可能である。

(イ)陸上における石油、天然ガスの探査

石油は数百キロメートル規模の広大な海底に堆積した有機物から形成されるが、その地層全体にかかる圧力や熱によりその埋蔵地域では、特徴的な地質構造が共通してみることができる。このような地層は堆積盆地と呼ばれるが、観測衛星によって堆積盆地の特徴ある地形を探すとともに、同じく周辺の地質を観測することによって、探査初期における「ここ掘れワンワン」の候補地を見つけることができるのである。その後、さまざまな調査や評価を経て高い埋蔵量が推定できればボーリングへとつながっていく。石油、天然ガスの探査は億円単位のコストがかかるので、人工衛星による観測だけですべてが完結するわけではないが、衛星観測により、複数の候補の中から可能性の大小を絞り込む作業を行うだけでも探査費用の大幅削減につなげることができ、探査において人工衛星利用は不可欠になっている。すでに世界では主要な油田はほぼ発掘され尽くされ、陸上における新規油田の発見率は低下しているので、既存油田地域の周辺を人工衛星で観測して得られた地質構造を解析することで石油埋蔵の潜在性の高さを調査する重要性がむしろ高まっている。

日本では、一九九二年に初めて資源探査を主目的にした観測衛星「ふよう1号」が打ち上げられ、現在は米国と共同開発したセンサーであるアスター（ASTER）を搭載した米国NASAの観測衛星Terraが利用されている。同時に、雲や植物を透過する合成開口レーダ（SAR）センサーをもつ観測衛星「だいち」が二〇〇六年から、また後継の「だいち2号」が二〇一四年から稼働しているので、天候に左右されずに地形をみるために利用されている。

(ロ)海域における石油、天然ガスの探査

海域では、陸上と異なって衛星による地形や地質の観測という手法が使えないので、海底から滲み出し海面に浮いてきた石油がその粘度によって波が立たなくなっている状況を衛星で確認し、それを繰り返し観測することで海底油田の所在を推定する手法が用いられている。日本では、上記の「だいち」シリーズ

が有効であることが確認されており、実際に海外でも利用された事例が出ている。特に、衛星情報は海洋油田開発では不可欠な存在になっており、海洋の油汚染の探知にも利用されている。

(八)鉱物資源の探査

石油と天然ガス以外の鉱物資源については、上述の国産センサーASTERにより有望な鉱床を探すこととなる。ASTERは、自然の光の反射光の強さの微妙な違いによって、方解石、粘土鉱物など反射光が特徴を持つ十二種類の鉱物を特定しその含有量を推定することができる。金、銀、銅鉱石などを直接探知するわけではないが、十二種類の鉱物の分布を見ることにより、金鉱床、銀鉱床、銅鉱床といった存在が有望だとの手がかりを見つけることができる。鉛や亜鉛といった鉱物資源の探査も技術的に可能と言われている一方で、同じ鉱物資源であるレアメタル探査においてはまだ研究段階にあるようである。

センサーを高度化し、現在の十二種類より多くの鉱物を探知できるようになればさらに識別精度が上がるので、我が国のみならず、欧米、中国などが研究開発競争を行っており、日本でも高性能のハイパースペクトルの開発が行われている。国家安全保障や企業秘密などの観点から、探査事例が公表されることは多くないようであるが、例えば、日本資本一〇〇％による海外資源開発プロジェクトとして二〇一四年に本格生産が開始されたチリのカセロネス銅鉱山は、探鉱にあたって人工衛星のデータが利用された。この鉱山の場合標高四二〇〇メートル上の高地であり、リモートセンシングがなければ開発プロジェクトとして進まなかっただろうともいわれている。

こうした意味で、資源探査衛星は、国際公益に資するというよりは、国際競争に勝つための手段として当面は国益に資するための利用になりそうである。

以上の資源探査衛星について長所、短所を見ると以下のものとなろう。

①長所

人工衛星の強みである宇宙という超高度から、特に探査が難しい陸上の僻地や治安不安地域、さらには海洋を広域にわたり、かつ繰り返し観測できる。すでに実用化されており、今後更なる技術開発により、探査精度の高度化が進められることが期待できる。センサー技術の高度化により多様な鉱物資源の識別精度を高めるとともに（ハードウエアの向上）、探知された情報の解析を高める（ソフトウエアの向上）ことが今後の課題となっている。

②短所

短所というよりは限界というべきであろうが、人工衛星は陸上でも、海洋でも表面を観測するにとどまるので、地中や海底に眠る資源・エネルギーを高い確度で見ることは困難であり、あくまで予備調査である広域・構造調査の段階での役割が主要なものとなる。

2. エネルギーの将来枯渇

以上のような宇宙を活用した技術革新がいかに有用であるかを占う上で、まずエネルギー資源が将来的にどうなっていくのかを見通すことが重要であろう。エネルギー資源がいつ枯渇するのかについては二百年来論争が続いている。米国の自然経済学者であるJohn E. Tilton[2]によれば、資源枯渇の長期的な脅威について、専門家の間には意見の一致がほとんどなく、一方に悲観論者、その多くは科学者とエンジニアから構成され、彼らは石油などの鉱物資源に対する世界の需要を地球が未来永劫満たすことはできないと確信している。もう一方は楽観論者で、多くは経済学者からなるが、彼らは市場のインセンティブ、適切な公共政策、代替材料、リサイクル、新技術の助けを借りれば、地球は遠い将来まで世界の需要を満たすことができると考えている。

以下では、エネルギーの枯渇は、将来のいつ頃、どのように起こるのであろうか、また、枯渇を免れるとすれば、どういう事態なのかについて簡単に見ていくこととしたい。

（1）今後数十年の短中期的見通し

エネルギーが枯渇するという場合、よく引用されるのが、化石燃料などの「埋蔵量」である。特に、石炭、石油、天然ガスの埋蔵量については「確認可採埋蔵量」という指標がよく用いられる。この意味は人類がすでに発見し「技術的・経済的に採掘が可能」であると現時点で確認されている量であり、採掘技術や経済的な状況が変化すれば常に変わりうる数値なのである。

世界の石油確認埋蔵量は二〇一四年末時点で一兆七〇〇〇億バレルであり、これを二〇一四年の石油生産量で除した可採年数は五十二・五年となっている。回収率の向上や追加的な石油資源の発見・確認によって、一九八〇年代以降、可採年数はほぼ四十年程度の水準を維持し続けており、時間の経過とともに減るイメージがある埋蔵量はむしろ増えている。同様に天然ガスは五十六年、ウランは九十三年、石炭は一〇九年、鉄七十年、銅三十五年、ニッケル五十年などとなっている。近年の米国におけるシェールガス革命による数字は含まれていない。

したがって、探査やその他の手段によって、時間とともに企業は埋蔵量を増やすことが可能である。実際、世界的な埋蔵量の増加が定期的に起こっている。例えば五十年といった短中期でみれば、エネルギー資源の脅威は緊急の懸念ではないとのコンセンサスは専門家の間で広く受け入れられているようである。

（2）長期的な見通し

より長期で見ると、新興国を中心としたエネルギー資源の需要拡大により、いずれは枯渇の脅威に直面しそうであるが、エネルギー資源の探査活発化や技術の進歩によりその脅威を軽減する市場の力が働くの

▼2　持続可能な時代を求めて――資源枯渇の脅威を考える――John E. Tilton（西山孝、安達毅、前田正史共訳、二〇〇六年三月、オーム社）。以下、この項では基本的に同人の論に基づき展開する。

表 11-1　世界の原油埋蔵量、可採年数の推移（単位：10 億バレル）

年	年末埋蔵量（R）	年間生産量（P）	可採年数（年）（R/P）
1985	707.6	20.6	34.4
1990	1009.2	23.7	42.6
1995	1016.9	23.8	42.8
2000	1046.4	26.2	39.9
2005	1200.7	29.6	40.6
2010	1383.2	29.9	46.2
2014	1700.1	32.4	52.5

出典：JX エネルギー石油便覧（Statistical Review of World Energy, June, 2015.）

で、資源枯渇の見通しについて結論を出すことは難しい。市場の力が今後も有効に働くような開かれた国際社会が存在し続けるという前提は必要であるが、市場の働きによって以下のようなメカニズムが期待できる。

資源エネルギーの供給不足が差し迫り、価格が上昇すると、その動きを打ち消すさまざまな力が働くようになり、価格の上昇を緩和することになる。探査が活性化すると、新規鉱床発見の可能性が上がる。研究開発により新技術が生み出されると、これまで利用できなかった場所や岩石からエネルギー資源の生産ができるようになる。リサイクルも増加するし、比較的豊富に存在する資源や再生可能な資源が、拡大する供給不足に悩む資源に代替する。また、価格の上昇は資源の使用を減少させることにもなる。これは消費者に高価格な財とサービスの購入を躊躇させ、消費者は購入する品目の組み合わせを工夫することによって、その使用を減らすことになる。

（3）枯渇はゆっくり起こる

エネルギー資源が長期的に枯渇に向かうにしても、そのXデーは突然やってくるのではなく、枯渇前の期間には、価格がゆっくりと何年、何十年をかけて上昇するという形で起こりそうである。枯渇が重大な危機に近づいてくると、資源を探査し生産するための費用が上昇し、重大な供給不足が現実に起こるはるか以前に、迫ってくる希少性の兆候、例えば高すぎる価格といった形であらわれてくるとみられる。

エネルギー資源は多様であり、今後も人類社会はさまざまなエネルギー資源を組み合わせて使っていくことになる。エネルギーごとに質もさまざまであり、現在開発されている高品質で低費用の資源は、総量の中でほんのわずかな量を占めるにすぎない。それがなくなると、より質の低い大量の資源が残され、質の悪さに見合うだけの技術変化がなければ発見や利用に多くの費用がかかることになる。

（4）現在は技術革新への猶予期間

現在のように質が高く、アクセスしやすい資源が稀少化していく前に、画期的な技術が生まれていけば、人類が現在に比しても高価すぎないエネルギー資源を入手し続けることは将来的に可能であるかもしれない。その意味で、国際社会は今、技術革新が起こるのを待つ猶予期間を生きているといえるのかもしれない。いずれにしても、再生不能な鉱物資源に頼る世界は持続可能ではない。遠くない将来には、環境を損なうなどの重要な社会資産を破壊することなく、別の資源から将来の需要を満たすことができる新技術が開発されなければならないだろう。人類がこの課題の取り組みに失敗するならば、資源枯渇の脅威はより重大なものとなり、稀少性が最終的に将来世代の経済発展と福祉に重要な制約をかけることにならざるをえない。もしわれわれが問題にうまく対処することができるなら、資源枯渇の脅威は後退し、かえって資源をよりいっそう利用できることになるということも可能なのかもしれない。その一つに上述の宇宙太陽光発電があるだろう。

（5）気候変動問題への対処

こうして我々は技術革新の継続によって、将来的にエネルギー資源を入手可能な価格で利用し続けられるのかという大きな課題に直面している。同時に、世界はエネルギー源の九割を石油、石炭、天然ガスという化石燃料に頼っていることから、必然的に温室効果ガスの大量排出による気候変動の恐怖にも晒されている。我々はエネルギー枯渇を遅らせるためにも、また気候変動対策としても、二酸化炭素の排出の多い化石燃料ではなく、排出の少ないエネルギーを利用する方向に大きく舵を切らねばならないが、そのためにはこれまで不可能と考えられてきたような大きな技術革新を待つ必要がある。気候変動の世界では、現状の排出抑制努力では温暖化を抑えるのに不十分であるとの見方が多く、大気中に排出された後に、若しくは排出される前の二酸化炭素を地中や水中に封じ込めるといった画期的技術が合理的なコストで実用化されることが強く待望されているところである。

米国で起きたシェール革命は、気候変動の視点からみて画期的技術が生まれるまで猶予期間を引き延ばすこととなり、エネルギー問題、気候変動問題双方に資する技術進歩の重要例である。シェールガスの存在は一八二一年には確認されていたが、地中にあるシェール層からの天然ガス採掘は技術的な困難により開発・生産ができなかったが、一九九八年に米国のミッチェルエナジー社が、水圧破砕を応用したシェールガス生産技術を確立し、開発が進んだ。二〇〇〇年初頭からは、シェールガスと同様、シェールオイル（石油）の開発も進んでいる。シュールガスは天然ガスであり二酸化炭素を排出するものの、石油、石炭に比べればその排出割合が少ないクリーンエネルギーである。石炭から天然ガスへのシフトでは温室効果ガス排出の問題を解決できないとしても、次世代のテクノロジーや政策上のイノベーションが定着するまでの時間的猶予が得られるということである。こうしたイノベーションが続くことによって、今後二酸化炭素排出量が大きく削減されていく可能性は十分にある。[3]

以上のような見方をとれば、いわゆるエネルギー枯渇という恐怖は、見通しうる将来までなさそうであり、新エネルギーや代替エネルギーの技術革新が続くのであれば、人類はこの問題を克服する、もしくは相当期間先延ばしすることができることになるかもしれない。もちろん、現在は九割を占めている世界の化石燃料への依存を大幅に減らし、原子力、水力、さらには太陽光や風力といったエネルギーに移行していくことは言うほど容易ではないことも確かである。こうした情勢の下、将来に向けた技術革新のラインアップの中に、宇宙太陽光発電が入ってくるのか否かは、すでに述べたとおり、他のエネルギーと比べて技術的にもコスト的にも競争力を持てるようになるのかが鍵であるが、その他の外的要因として、化石燃料の枯渇状況、エネルギー分野におけるさまざまな技術進歩、さらには気候変動の悪化状況など多くの要素が関わってくるのであろう。

3. エネルギーと安全保障

冒頭、エネルギーの需給がひっ迫すればその争奪をめぐって国家間紛争にもなりうることから、エネルギーの安定供給は国際的な安全保障にとって重要な課題であると述べた。また、前項で長期的な需給見通しをみたが、短期的な供給と価格不安定はこれまでもあったように今後とも起こることはまちがいない。戦争、災害、ストライキ、政治不安、カルテルなどがその原因になってきたし、需要が予想より急速に拡大したり、新しい鉱山や精錬設備への投資が不十分になる時もある。さらに、エネルギー資源市場は不安定を繰り返し、世界経済が好況なときには供給不足と高価格に、世界経済が不況なときには供給過剰と低価格になる。資源枯渇とは対照的に、こうした市場混乱の影響は一時的なもので、数年しか続かず、十年や二十年以上続くことは稀であるとされているが、しばしば起こる不安定化は世界経済にとって十分である。いずれの国にとってもエネルギーは戦略物資であるがゆえに、エネルギー価格の高騰は物価上昇につながり、貧困層の生活を直撃することで政治不安をもたらす。こうして、エネルギー資源の供給途絶や価格の急騰といった不安定は、世界経済を大小の混乱に陥れるのみならず、政治的不安定をもたらし、エネルギー争奪が契機となって紛争が起きたり、軍拡競争が起きうるという意味で重大な安全保障問題なのである。

例えば、日本人にとり身近な東日本大震災による原発事故、尖閣諸島周辺での紛争、南シナ海における

▼3　Robert D.Blackwill, Meghan L.O'Sullivan「America's Energy Edge」: Foreigen Affairs　March/April 2014

領土紛争にもエネルギーが関わっている。また、日本から地理的に遠いものの国際的に大きなニュースとなっているイランをめぐる問題、ロシアによるクリミア併合、シリア・イラクにおいて活動するイスラム過激派武装組織ＩＳＩＬ（イラク・レバントのイスラム）など国際紛争の多くは、エネルギー問題と直接、間接に絡み合う形で、状況への対処を複雑かつ困難にしている。こうした問題が起こるたびに、エネルギー需給の不安定を如何に爆発させないよう調整していくかが国際社会の最重要課題になっているし、今後も状況に変わりはないはずである。

日本のエネルギー安全保障という一国家の視点でみると、日本の脆弱性は明らかであり、世界第三位の石油消費国であるにもかかわらず、日本のエネルギー自給率は約五％（二〇一二年度、原子力を除く。）同一位、二位の米国、中国のみならず、他の先進国と比べても極めて低い。[4] 古くは第二次世界大戦の敗戦の一因としてエネルギー供給の途絶があった。二〇一三年十二月に閣議決定された日本初の「国家安全保障戦略」の中で説明されているとおり、資源ナショナリズムの高揚や、新興国を中心としたエネルギー・鉱物資源の需要増加とそれに伴う資源獲得競争が激化するなかで、世界的な需給の逼迫や一時的な供給問題発生のリスクは身近な懸念となっている。最近では、日中二国間関係の悪化に起因したとされる中国によるレアアースの輸出制限、インドネシアの新鉱業法による鉱石の輸出禁止などが日本人の記憶に新しい。

この供給途絶のための対策として、この戦略では①中東から石油を運ぶシーレーンの安全を確保する、②中東に過度に依存しないように供給源を多角化する、③中東諸国等との関係強化の三点を挙げているが、いずれもエネルギー資源小国である日本の脆弱性を克服する決定打になるとはいいがたく、とりうる有効な政策を着実に行うとともに、世界の平和と安定のための秩序作りに関係国とともに力を尽くしていくしか途はないのであろう。

他方、以上のような外交政策とは別に、日本として自身の国産エネルギーの確保、再生エネルギー利用における技術革新に向けての研究開発を推進していくことは、日本の安全保障の弱点を補っていくための重要政策である。日本は世界で六番目に広い排他的経済水域をもつが、そこには銅、鉛、亜鉛、金、銀、またゲルマニウム、ガリウム等のレアメタルを含有する多金属硫化物鉱床の存在が確認されている。また、将来の国産エネルギー資源として期待されているメタンハイドレートとよばれる天然ガスが海底に存在し、実用化が目指されている。準国産エネルギーとも位置付けられている原子力についても、気候変動の視点も踏まえると、多くの国民の強い反対に関わらず、安全性を強化することで長期的に利用を続けることは安全保障上やむをえない選択なのであろう。

エネルギー資源は市民生活にとっても、経済・産業にとっても不可欠な戦略物資であり、それゆえに国家の安全保障に深く関わっているのみならず、世界平和にとっても大きな不安定要因となってきたし、今後も同様である。逆にいえば、この分野で日本の国際貢献が可能となれば国際公益への寄与度は極めて高いということである。世界は新しい技術革新を待っているし、日本の国益からも来たるべきエネルギー危機を軽減するような画期的な技術が待望される。それまでの猶予期間とは、エネルギー資源の枯渇が近づいて価格が暴騰するか、気候変動が取り返しのつかない状況に至るまでの間であろう。

その意味で、特に未来技術である宇宙太陽光発電については、圧倒的なエネルギー量を持つ太陽光を利用する技術であることから大きな潜在力があるとみていいだろう。今後の研究開発に当たっては、日本自身のエネルギー安全保障、科学技術の進歩、ビジネス振興という視点のみならず、エネルギー資源の枯渇の長期的見通し、気候変動の行方、エネルギーが国際安全にもたらす本質的な不安定性といった地球規模の大きな変数を視野に入れつつ、計画的に進めていくことが肝要と思われる。

世界では再び月探査ブームが起きつつあり、日本でも二〇一九年度に無人探査機を月面着陸させる方向

▼4　東日本大震災による原発停止前の数字によりエネルギー自給率の国際比較（二〇〇八年度実績、IEA／OECD「総合エネルギー統計」）をみると、日本は七％（十八％）、米国六五％（七五％）、中国九三％（九四％）、イギリス七三％（八十％）、ドイツ二八％（四十％）、八％（五一％）、イタリア十五％（十五％）となっている。（　）内は原子力を国産とみた場合の数字である。

で検討がなされていると報じられている。月には太陽風によってヘリウム3という物質が豊富であるとされ、核融合発電によって大量かつクリーンな発電が可能であるとも言われている。こうした形で宇宙技術が遠い将来、エネルギー問題に貢献する時代が来ないとも限らない。

4. 宇宙開発における地球規模課題の位置づけ

こうして本章の主題であるエネルギーもまた、前章までに見てきた災害分野、気候変動分野、食料分野と同様に、宇宙技術が地球規模課題に貢献しうる一分野なのである。

二〇〇八年に制定された宇宙基本法において、地球規模問題に対する宇宙からの取り組みはどのように位置づけられているのであろうか。条文には地球規模課題という語句や類似の用語は出てこない。しかし、宇宙開発利用について、第一条で「世界の平和及び人類の福祉の向上に貢献することを目的とする。」、第五条において「人類の宇宙への夢の実現及び人類社会の発展に資するよう行われなければならない。」などと規定している。[5] また、宇宙基本法が総合的な国家施策として作成を求めている宇宙基本計画（平成二十七年一月）においては、宇宙政策の三つの目標の一つである「民生分野における宇宙利用の推進」の中で、「宇宙を活用した地球規模課題の解決と安全・安心で豊かな社会」を目指す旨定めている。

要するに、地球規模課題に対する宇宙の貢献は今や国家として推進すべき宇宙利用の柱として位置付けられているということである。

今後、日本政府が地球規模課題で国際的な貢献を行っていくに当たり、宇宙技術をどの程度の優先度をもって活用していくのかについては、宇宙基本計画の記述を読むだけでは判断が難しい。地球規模課題への対処は、同計画の中で、「民生分野における宇宙利用推進」の一つとして整理されている。宇宙利用は自然災害を予測したり、食料危機に備える上で有効であることが明らかになっており、世界の人々がより安全、安心な生活を送ることに貢献できるからである。日本がこうした国際貢献を行う上で、宇宙開発にどこまで力を入れるのかは、気候変動、災害、食料といった問題が世界的にどう推移していくのか、深刻化を増すのかによるであろう。また、宇宙技術が進展して、より有益な対処ツールになっていくのかにもよる。

地球規模問題に対する日本の真剣な姿勢がもたらすメリットは、国際貢献にとどまらない。これまで四章（8章から11章）にわたって強調してきたように、同計画のもう一つの柱である日本の「宇宙安全保障の確保」[6]のためにも重要な政策なのである。すなわち、日本がこうしたグローバルな貢献を行うことで、同時に、日本の国家イメージを高め、日本が今後とも繁栄していくうえで有利な国際環境を形成していくのに役立つのである。それは自由、民主、市場経済、法の支配といった理念を旨とする国家秩序であろう。島国日本は自由でグローバルな経済ネットワークの中でよりよく生き延びていくだろう。宇宙先進国である日本がこのような貢献を他の宇宙先進国と共に行っていくことは国際責務になりつつあるし、この責務をしっかり果たすことは日本外交、日本の繁栄に重要であるということである。この観点から言えば、日

▼5　関連の条文として主に以下のとおり。
第1条（目的）「宇宙開発利用に関する施策を総合的かつ計画的に推進し、もって国民生活の向上及び経済社会の発展に寄与するとともに、世界の平和及び人類の福祉の向上に貢献することを目的とする。」

第5条（人類社会の発展）「宇宙開発利用は、宇宙に係る知識の集積が人類にとっての知的資産であることにかんがみ、先端的な宇宙開発利用の推進及び宇宙科学の振興等により、人類の宇宙への夢の実現及び人類社会の発展に資するよう行われなければならない。」

第6条（国際協力等）「宇宙開発利用は、宇宙開発利用に関する国際協力、宇宙開発利用に関する外交等を積極的に推進することにより、我が国の国際社会における役割を積極的に果たすとともに、国際社会における我が国の利益の増進に資するよう行われなければならない。」と定めている。

▼6　その主要な内容は、①宇宙空間の安定的利用の確保、②宇宙を活用した我が国の安全保障能力の強化、③宇宙協力を通じた日米同盟等の強化である。（平成二十七年一月九日、宇宙開発戦略本部）

本として地球規模課題に向けた宇宙研究開発、そして国際宇宙利用を着実に進めていくことの意義は大変大きい。

（二〇一五年八月記）

あとがき

本書執筆の目的は、宇宙開発がいかに多目的、多面的であるかについて考え、特にこれまで必ずしも注目されてきたとはいえない外交、安全保障に焦点を当てることであった。宇宙技術が軍民両用であり、ほとんどの宇宙技術が民用、すなわち気象、通信、放送など国民生活の利便性向上のためのみならず、軍用にも使えることや、地球規模問題に貢献できたり、宇宙先進国であることそのものが外交力として役立つこと、宇宙空間を安全に保つためには国際的取り決めが重要であることなどを強調してきた。それゆえに、宇宙開発が主に外交、軍事、安全保障のためにあるかのような印象を読者に与えたり、宇宙開発の多目的性という最大の特徴を伝えることができなかったとすれば筆者の文章力の未熟さとしか言いようがない。本書の副題を「地球の平和をいざなう宇宙開発」としたのはこのような誤解を払しょくしたいという意図もあったし、観測衛星がさまざまな地球規模課題に対処している状況を説明することで宇宙が世界平和に貢献できる点をわかりやすく説明しようと試みた。しかし、この同じ観測衛星が、軍事気象衛星や偵察衛星として安全保障目的（軍事）に使われることがあるのも現実であり、世界では宇宙の平和利用という場合、侵略目的に使うのでなければ軍事利用は合法ということになってきた。また、ロケット開発は、人工衛星を宇宙空間に運ぶうえで不可欠な手段であるが、ロケット技術が弾道ミサイル開発に使われているのも事実である。日本の場合、専守防衛を国是としており、他国を攻撃する兵器をもたないし、宇宙利用はもっぱら防衛目的に限定されているという意味で、宇宙の「平和利用」をより厳格に運用してきている点は改めて指摘しておきたい。

もう一点、本文では十分に触れていず、読者の誤解を招くことのないよう説明を加えたいことがある。地球規模課題への対処について、観測衛星は重要な役割を果たすようになっていると述べたが、衛星は万能ではないという点である。災害を監視する衛星は災害そのものの発生を防止することはできない。できるのは災害の予兆や被害状況をはるか高度から広域に観測し、被害を軽減することである。地球環境衛星も、長期的に気候の変化を観測し、変動の要因を追及するための役割を果たすことはできても、二酸化炭素を大気中から除去できるわけではない。地球観測衛星のような宇宙技術は地球規模課題に直接対処できるツールではないのである。有効ではあってもあくまで間接支援にとどまる。

さはさりながら、地球規模課題に限らないが、広域の課題に対処していく上で宇宙の役割はますます高くなっている。そのメカニズムは以下のようなものである。

①課題の現状を把握し、過去から蓄積された情報を利用して今後の推定に利用できる、

②推定した結果から、将来に向けた対応策（ニーズ）を検討し、効果測定に利用できるツールを開発する、

③把握した現状を国内外に広報し、問題意識を共有、向上することを通じ、必要な対策（ニーズ）の実施につなげる。

実は、観測衛星が感知、撮影した大量のデータや映像を解析し、実用に供することができるようになったのは、衛星に載せたレンズやセンサーの性能向上のみがその要因ではない。解析技術の向上も一つの主要要因である。課題のメカニズムを解明するためには、研究者の努力と人的ネットワークの活用が必要である。また、ＩＴ技術の向上も不可欠な要因である。地上でデータを集積、計測するＩＴ技術が革新的に向上したのは技術者の努力や情報共有技術の向上があったからである。もちろん、現場でデータを利用、管理する高度な人材も必要である。こうして衛星技術、ＩＴ、人材の三位一体があって、地球規模の課題に対応できるようになったのである。宇宙技術が今後さらに地球規模課題に貢献していくためにはこの三者がそれぞれ強化され、融合していく必要があるであろう。さらに言えば、途上国の人々が自ら宇宙から

のデータを使いこなすようになるため、途上国の人材を国際協力によって養成するという課題も存在するであろう。日本がアジア地域における宇宙利用促進、人材養成に貢献してきた点は第7章で説明したが、協力の余地はまだ大きく、日本の支援体制は十分とはいえない。

宇宙技術は万能ではないという説明を最後に行ったのは、地球規模問題に対する宇宙技術の貢献がそれほど大きいものではないと言うためではない。ＩＴ技術の進歩や研究者、技術者の努力と相伴って、このような壮大な役割がなしうるようになった点を指摘したかったのである。宇宙という超高度から地球を観測することは人工衛星がなしうるかけがえのない役割であり、その役割は今後ますます拡大していくことはほぼまちがいない。地球規模課題に対する貢献のみならず、宇宙研究開発は、多様な分野で人類社会やそれぞれの国家に大きな恩恵をもたらすことになるであろう。もちろん、こうした努力や進歩にかかわらず、まだ対応できない課題が多いことも事実であるが、徐々に事象の把握ができる分野が増えている。これまで取り上げてきた分野以外にも、医療、教育、感染症といった重要分野でも将来的に大きな貢献を行いうるとの期待は高い。

一方、こうした宇宙技術の活躍の場である宇宙空間は宇宙デブリによって混雑し、衝突などの危険が増している。宇宙利用国の間で宇宙デブリの増加を抑制するよう規制を強化していくとともに、宇宙空間を間違っても戦場にすることがないよう国際的な合意を作っていく必要性が増している。すなわち、宇宙空間が国際社会の共通財産であり国際協力を進める場であるという共通認識を高める努力がますます重要になっている。これらはみな主に外交が果たすべき役割である。

以上を要すれば、第一に、宇宙開発は日本、そして世界の平和のためにあるということ、第二に、国際社会を平和へいざなうために宇宙外交の責務は重く、課題は多いということである。そのことを多くの読者と共有したいというのが本書の目的である。

末尾ながら、「推薦の辞」を寄せていただいた五代富文様に心よりのお礼を申し上げる。本書の半分近い原稿が、五代氏が主宰する「宙の会」に掲載していただくこととなり、これが本書執筆につながった。

寄稿のたびに、長きにわたり日本の宇宙開発の頂点におられた方らしい的確なコメントをいただいた。このたび、推薦の辞の執筆をお願いした際は、氏の曾祖父であり明治初期の大実業家であった五代友厚氏が世間的に注目され、氏自身も何かとお忙しい時期だったにもかかわらず、快諾いただき本書の内容に沿ったすばらしい小論を書いてくださった。現在もなお、宇宙学会の重鎮として国内外で精力的に活躍する氏に対し、改めて感謝と敬意を表したい。

星山　隆

二〇一六年四月一日

推薦の辞

元宇宙開発事業団副理事長、国際宇宙航行連盟会長
宇宙政策シンクタンク「宙の会」代表幹事
五代富文

宇宙技術は軍事にも、また民間にも使用される、いわゆる軍民両用（デュアルユース）の代表的な分野である。ロケットは惑星探査機や人工衛星を打ち上げるが、再突入技術を備えれば攻撃のための弾道ミサイルになる。また、気象、通信、観測、測位衛星など、それぞれ用途の程度に差はあるものの、基本的には軍用、民事用いずれにも使いうるので区別がつきにくい。

それでは、宇宙技術の基本であるロケットと宇宙航行技術は、どのように始まったのであろうか。軍事からか民事からか。九十年にわたる宇宙開発の流れから宇宙の使われ方を概観してみたい。

近代の宇宙開発は、一九三〇年前後に欧州を中心にひろがった宇宙探検旅行ブームの夢から始まり、そのターゲットは月探検だった。

十九世紀末、ロシアのツィオルコフスキーがロケット飛行の基本理論をたて、一九二六年には米国のゴダードが初の液体ロケットを飛行させ、同じ頃、ドイツのオーベルトが著した宇宙旅行、ロケットの著作が欧米における宇宙旅行ブームを一気に加速させた。

一九二七年のドイツに続いてフランス、イギリス、米国に宇宙旅行協会が設立され、ロケット飛行技術の発展と啓蒙が大いにすすんだ。月への飛行をめざし、青年時代のフォン・ブラウン等多くの市民が液体

ロケットの試験を進めていた。

一九二九年公開のドイツのサイレント映画「月世界の女」は、フリッツ・ラングが監督し、月に憧れを抱く飛行士、飛行の可能性を説く天文学者、金採掘を目指す実業家たちが月へ飛ぶSF映画で大ヒットした。宇宙技術は、地球外宇宙空間を冒険し利用しようという夢、希望から始まった。


ちなみに同じ頃日本では、戦前の国情もあり宇宙旅行を目指す風潮はなかった。日本にも宇宙旅行協会が設立されたのは欧米に遅れること四半世紀、一九五三年のことである。しかもこれは、欧米宇宙研究のとりまとめ役の国際宇宙航行連盟（IAF）から促されたもので、青少年への科学の啓蒙という形で始まった経緯がある。


戦前における欧米の宇宙開発は、地球外へ飛び出したいという民間人の願望から始まったといえるが、ロケット技術は第二次世界大戦において新兵器として大発展し、ドイツの弾道ミサイルV2号に代表されるように軍用が主流となった。

米ソ対立の冷戦中に、大陸間弾道ミサイル、軍事偵察衛星の開発・配備が急速に進むと同時に、科学観測、通信衛星など広く社会にも利用され、宇宙技術のデュアルユース路線が広く展開されるようになった。

一九三〇年代にフォン・ブラウン達が目標としていた市井の月旅行プランは、米国の権威を示す冷戦のシンボルとして、一九六〇年代末にアポロ計画に変貌した。その成功は、米国の力がソ連を大きくリードすることを内外に示した。

アポロ計画に使われたサターンロケット自体は巨大すぎて、そのまま軍用に供されることはなかったが、アポロ計画で培った宇宙技術は、米国の軍民すべての分野における技術を飛躍的に向上させ、二十世紀後半の米国の優位性の確立に大きく貢献した。

冷戦時代、宇宙運搬手段のロケット（弾道ミサイル）は、核弾頭とのセットで世界戦争に対する抑止力とされてきた。それを持つ国として米ロ英仏中が核五大国と認識されている。大規模な国際紛争に対する抑止力として、核ミサイルはまさに破滅的な手段となるため、各国は核ミサイルの改良と保持をしながらも、実際に使われることがないよう、核軍縮外交交渉と条約改定がくり返し行われている。

最近の宇宙活動の特徴として、新しい民事宇宙の活発化がある。国が開発した事業を民間が肩代わりするだけでなく、民間が宇宙観光事業を興すために自ら開発を始めるなど、一世紀前では夢にすぎなかったことが現実のものとなっている。

宇宙活動は、産業誘発や科学・技術研究、軍事活動支援など、さまざまな面を持っているが、世間では、その時々の宇宙活動をメディアを通して、例えばロケット打ち上げ、宇宙探査機、宇宙飛行士、情報収集衛星など、個々の事象を狭い範囲、視野で知ることが多い。

しかし、宇宙活動ははるかに広い総合的な活動であって、科学技術力、将来産業力、環境・災害監視力、国際協力と外交力という多面的な力を備えていることを理解することが重要だ。

宇宙政策シンクタンク「宙の会」では、これらの力をまとめて、〝静かな抑止力〟とよんでいるのは、ホットな抑止力そのものである核・ミサイルに対して、宇宙活動の大きな意義を述べたものである。

星山隆さんが「宙の会」の場で発表されてきたいくつかの論文を含めて、このたび新たに著した「日本外交からみた宇宙――地球の平和をいざなう宇宙開発」では、外交という観点から宇宙開発、宇宙活動を説いている。多くの宇宙活動が展開されている現在、宇宙に関心を持つ人も増え宇宙に関する書籍が数多く見られるが、その多くは、科学者の著した解説書、宇宙活動の記録などである。静かな抑止力の一環である外交という切り口で宇宙を説く本書を、広い視野で宇宙開発を知りたい方々が一読することをお勧めしたい。

五代富文（ごだい・とみふみ）

日本を代表する宇宙工学者。元宇宙開発事業団副理事長、国際宇宙航行連盟会長、宇宙政策シンクタンク宙の会代表幹事。

一九三二年、東京生まれ。宇宙開発事業団（ＮＡＳＤＡ／現・宇宙航空研究開発機構：ＪＡＸＡ）で、初の国産大型ロケットＨ―Ⅱロケット開発を主導し、大型国産ロケット路線を確立した。同事業団の副理事長、文部科学省宇宙開発委員会参与を歴任。日本国内では日本航空宇宙学会会長、日本ロケット協会会長を、国際的には国際宇宙航行連盟（ＩＡＦ）会長、アメリカ航空宇宙学会（ＡＩＡＡ）理事も務めた。五代友厚は曾祖父にあたる。

［著者紹介］
星山 隆（ほしやま・たかし）
駐重慶日本国総領事。1982年外務省入省。在フィリピン日本国大使館経済部参事官、外務省情報通信課長、世界平和研究所主任研究員、在イタリア日本国大使館公使などを歴任。2013年1月より2015年8月まで宇宙航空研究開発機構（JAXA）調査国際部参事。2015年9月より現職。アジア政経学会会員。著書に『21世紀日本外交の課題』（創風社、2008）、「*Self-Portrait of Japan-Japan's Foreign Policies Unreported by Malaysian Media*」（University of Malaya Press、2011）

日本外交からみた宇宙
——地球の平和をいざなう宇宙開発

2016年10月 5日 第1刷印刷
2016年10月15日 第1刷発行

著者———星山 隆

発行者———和田 肇
発行所———株式会社作品社
〒102-0072 東京都千代田区飯田橋 2-7-4
tel 03-3262-9753 fax 03-3262-9757
振替口座 00160-3-27183
http://www.sakuhinsha.com
本文組版——有限会社閏月社
装丁———小川惟久
印刷・製本——シナノ印刷(株)

ISBN978-4-86182-598-9 C0031